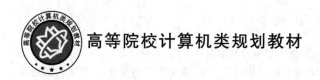

高等院校计算机类规划教材

数据库原理及应用

（第 5 版）

主　编　宋　威　钱雪忠
副主编　钱　瑛　徐　华　陈国俊

北京邮电大学出版社
www.buptpress.com

内 容 简 介

本书突出重点地介绍了数据库系统的基本概念、基本原理和基本设计方法，同时以 SQL Server 为背景介绍了数据库原理的应用。本书力求对传统的数据库理论和应用进行精炼，保留实用的部分，使其更为通俗易懂，更为简明与实用。

全书共有 6 章及 14 个实验，具体内容包括：数据库系统概述、数据模型、数据库系统结构、关系数据理论、SQL 语言、关系数据库设计理论、数据库设计、SQL Server 数据库管理系统及 14 个基于 SQL Server 的实验。

本书内容循序渐进、深入浅出，每章或各实验都给出了适量的实例，各章后有适量的习题以便于读者巩固所学知识。

本书可作为计算机各专业及信息类、电子类等相关专业的本科、专科"数据库原理及应用"类课程的教材，也可以供数据库应用技术人员及其他相关人员参阅。

图书在版编目（CIP）数据

数据库原理及应用 / 宋威，钱雪忠主编 . -- 5 版 . --
北京：北京邮电大学出版社，2025. -- ISBN 978-7
-5635-7416-2

Ⅰ．TP311.13

中国国家版本馆 CIP 数据核字第 2024HZ8860 号

策划编辑：彭　楠　　责任编辑：彭　楠　廖国军　　责任校对：张会良　　封面设计：七星博纳	

出版发行：北京邮电大学出版社
社　　址：北京市海淀区西土城路 10 号
邮政编码：100876
发 行 部：电话：010-62282185　传真：010-62283578
E-mail：publish@bupt.edu.cn
经　　销：各地新华书店
印　　刷：保定市中画美凯印刷有限公司
开　　本：787 mm×1 092 mm　1/16
印　　张：17.25
字　　数：459 千字
版　　次：2005 年 9 月第 1 版　2025 年 1 月第 5 版
印　　次：2025 年 1 月第 1 次印刷

ISBN 978-7-5635-7416-2　　　　　　　　　　　　　　　　　　　　定价：49.00 元
・如有印装质量问题，请与北京邮电大学出版社发行部联系・

前 言

数据库技术是计算机科学技术中发展较快的领域之一,也是应用较广的技术之一,它已成为各类计算机应用系统的核心技术和重要基础。

随着计算机技术飞速发展及其应用领域的扩大,特别是计算机网络和 internet(互联网)的发展,基于计算机网络和数据库技术的应用系统得到了飞速的发展。当前,计算模式已由单用户→主从式或主机/终端式结构→C/S 结构→B/S 结构(Web 网页)→手机 APP 或微信小程序(公众号),发展到了 Web 服务、云计算与集群大数据时代。然而,数据库及其技术一直是它们的基础与后台支撑,并在发展中得到不断地完善改进与功能增强。目前,数据库技术已成为社会各行各业进行数据管理的必备技能。数据库技术相关的基本知识和基本技能必然是计算机及相关专业的必学内容。

"数据库原理及应用"类课程就是为使学生全面掌握数据库技术而开设的专业基础课程,且现已是计算机各专业、信息类、电类专业等的必修课程。该课程的主要目的是使学生在较好地掌握数据库系统原理的基础上,能理论联系实际,较全面地、透彻地掌握数据库应用技术。本书追求的目标也正是如此。

本书围绕数据库系统的基本原理与应用技术两个核心点展开。

本书的第 1 部分 数据库原理知识被编排成 6 章,第 1 章较为集中地介绍了数据库系统的基本概念、基本知识与基本原理,内容包括数据库系统概述、数据模型、数据库系统结构、数据库系统的组成、数据库技术的研究领域及其发展等;第 2 章借助数学的方法,较深刻透彻地介绍了关系数据库理论,内容包括关系模型、关系数据结构及形式化定义、关系的完整性、关系代数、关系演算等;第 3 章介绍了实用的关系数据库操作语言 SQL,内容包括 SQL 语言的基本概念与特点、SQL 语言的数据定义、数据查询、数据更新、视图、数据控制等功能介绍及嵌入式 SQL 语言应用初步;第 4 章是关于数据库设计理论方面的内容,主要介绍了规范化问题的提出、规范化、数据依赖的公理系统等;第 5 章介绍数据库设计方面的概念与开发设计过程,包括数据库设计概述及规范化数据库开发设计六步骤等;第 6 章为 SQL Server 简介,介绍了 SQL Server 数据库特性及体系结构等。

思政

本书的第 2 部分 数据库技术被编排成 14 个实验(可根据课程实验要求与课时而选做):实验 1,数据库系统的基本操作;实验 2,数据库的基本操作;实验 3,表与视图的基本操作;实验 4,SQL 语言——SELECT 查询操作;实验 5,SQL 语言——更新操作命令;实验 6,嵌入式 SQL 应用;实验 7,数据库索引及存取效率;实验 8,存储过程的基本操作;实验 9,触发器的基本操作;实验 10,数据库安全性;实验 11,数据库完整性;实验 12,数据库并发控制;实验 13,数据库备份与恢复;实验 14,数据库应用系统设计与开发。本书的第 1 部分除基本知识之外,还有章节要点、小结、适量的习题等,以配合对知识点的掌握。讲授时可根据学生、专业、课时等情况对内容适当取舍,带有"*"的章节内容是进行取舍时的首选对象。本套教材提供了 PPT

演示稿。

  本书实验(操作技术)循序渐进、全面连贯,一个个实验可以使读者充分利用较新的 SQL Server 数据库系统来深刻理解并掌握数据库概念与原理,充分掌握数据库应用技术。此外,读者还能利用 Java、Python、C♯ 或 C 语言等开发工具进行数据库应用系统的初步设计与开发,从而达到理论联系实践、学以致用的教学目的与教学效果。

  本书可作为计算机各专业及信息类、电子类等专业的数据库相关课程教材,同时也可以供参加自学考试人员、数据库应用系统开发设计人员、工程技术人员及其他相关人员参阅。

  本书主编为宋威、钱雪忠,副主编为钱瑛、徐华、陈国俊,参编人员有王燕玲、林挺等。另外,研究生南丙誉、段载鑫等参与了校稿、技术支持等相关工作。编写中得到江南大学人工智能与计算机学院数据库课程组教师们的大力协助与支持,使编者获益良多,谨此表示衷心的感谢。

  由于时间仓促,编者水平有限,书中难免有错误、疏漏和欠妥之处,敬请广大读者与同行专家批评指正。

  联系方式 Email:xzqian@jiangnan.edu.cn 或 520045003@qq.com

编者于江南大学蠡湖校区
2024 年 8 月

目 录

第 1 部分 数据库原理知识

第 1 章 绪论 ··· 3
  1.1 数据库系统概述 ·· 3
    1.1.1 数据、数据库、数据库管理系统、数据库系统 ··· 3
    1.1.2 数据管理技术的产生和发展 ··· 5
    1.1.3 数据库系统的特点 ··· 8
  1.2 数据模型 ·· 11
    1.2.1 数据模型的组成要素 ··· 12
    1.2.2 概念模型 ··· 14
    1.2.3 基本 E-R 模型的扩展* ··· 18
    1.2.4 层次模型概述 ··· 18
    1.2.5 网状模型 ··· 21
    1.2.6 关系模型 ··· 23
    1.2.7 面向对象模型* ··· 25
  1.3 数据库系统结构 ·· 28
    1.3.1 数据库系统的外部体系结构 ··· 29
    1.3.2 数据库系统的三级模式结构 ··· 32
    1.3.3 数据库系统的二级映像功能与数据独立性 ······································· 34
    1.3.4 数据库管理系统的工作过程 ··· 35
  1.4 数据库系统的组成 ·· 36
  1.5 数据库技术的研究领域及其发展* ·· 37
    1.5.1 数据库技术的研究领域 ··· 37
    1.5.2 数据库技术的发展 ··· 38
    1.5.3 数据库行业发展趋势 ··· 41
  1.6 小结 ··· 45
  习题 ·· 45

第 2 章 关系数据库 ·· 47
  2.1 关系模型 ·· 47

2.2 关系数据结构及形式化定义 ································ 48
2.2.1 关系 ································ 48
2.2.2 关系模式 ································ 51
2.2.3 关系数据库 ································ 52
2.3 关系的完整性 ································ 52
2.4 关系代数 ································ 54
2.4.1 传统的集合运算 ································ 55
2.4.2 专门的关系运算 ································ 57
2.5 关系演算 ································ 63
2.5.1 抽象的元组关系演算* ································ 63
2.5.2 元组关系演算语言 ALPHA ································ 65
2.5.3 域关系演算语言 QBE* ································ 72
2.6 小结 ································ 72
习题 ································ 72

第 3 章 关系数据库标准语言 SQL ································ 74
3.1 SQL 语言的基本概念与特点 ································ 74
3.1.1 语言的发展及标准化 ································ 74
3.1.2 SQL 语言的基本概念 ································ 75
3.1.3 SQL 语言的主要特点 ································ 76
3.2 SQL 数据定义 ································ 77
3.2.1 字段数据类型 ································ 77
3.2.2 创建、修改和删除数据表 ································ 79
3.2.3 设计、创建和维护索引 ································ 82
3.3 SQL 数据查询 ································ 83
3.3.1 SELECT 命令的格式及其含义 ································ 83
3.3.2 SELECT 子句的基本使用 ································ 85
3.3.3 WHERE 子句的基本使用 ································ 87
3.3.4 常用集函数及统计汇总查询 ································ 89
3.3.5 分组查询 ································ 90
3.3.6 查询的排序 ································ 91
3.3.7 连接查询 ································ 91
3.3.8 合并查询 ································ 93
3.3.9 嵌套查询 ································ 94
3.3.10 子查询别名表达式的使用* ································ 98
3.3.11 存储查询结果到表中 ································ 99
3.4 SQL 数据更新 ································ 99
3.4.1 插入数据 ································ 99
3.4.2 修改数据 ································ 100
3.4.3 删除数据 ································ 101

3.5 视图 ... 101
3.5.1 定义和删除视图 ... 101
3.5.2 查询视图 ... 102
3.5.3 更新视图 ... 103
3.5.4 视图的作用 ... 103
3.6 SQL 数据控制 ... 104
3.6.1 权限与角色 ... 104
3.6.2 系统权限和角色的授予与收回 ... 105
3.6.3 对象权限和角色的授予与收回 ... 106
3.7 嵌入式 SQL 语言* ... 106
3.7.1 嵌入式 SQL 简介 ... 106
3.7.2 嵌入式 SQL 要解决的 3 个问题 ... 107
3.7.3 第四代数据库应用开发工具或高级语言中 SQL 的使用 ... 111
3.8 小结 ... 115
习题 ... 116

第 4 章 关系数据库设计理论 ... 118
4.1 问题的提出 ... 118
4.1.1 规范化理论概述 ... 118
4.1.2 不合理的关系模式存在的问题 ... 118
4.2 规范化 ... 121
4.2.1 函数依赖 ... 121
4.2.2 码 ... 123
4.2.3 范式 ... 127
4.2.4 第一范式 ... 127
4.2.5 第二范式 ... 128
4.2.6 第三范式 ... 129
4.2.7 BC 范式 ... 131
4.2.8 多值依赖与 4NF ... 132
4.2.9 连接依赖与 5NF* ... 135
4.2.10 规范化小结 ... 136
4.3 数据依赖的公理系统* ... 137
4.4 关系分解保持性* ... 141
4.5 小结 ... 141
习题 ... 142

第 5 章 数据库设计 ... 144
5.1 数据库设计概述 ... 144
5.1.1 数据库设计的任务、内容和特点 ... 144
5.1.2 数据库设计方法简述 ... 145

5.1.3 数据库设计的步骤 ………………………………………………………………… 146
5.2 系统需求分析 ………………………………………………………………………… 149
　5.2.1 需求分析的任务 …………………………………………………………………… 149
　5.2.2 需求分析的方法 …………………………………………………………………… 150
5.3 概念结构设计 ………………………………………………………………………… 152
　5.3.1 概念结构设计的必要性 …………………………………………………………… 152
　5.3.2 概念模型设计的特点 ……………………………………………………………… 152
　5.3.3 概念结构的设计方法和步骤 ……………………………………………………… 153
5.4 逻辑结构设计 ………………………………………………………………………… 160
　5.4.1 逻辑结构设计的任务和步骤 ……………………………………………………… 160
　5.4.2 初始化关系模式设计 ……………………………………………………………… 161
　5.4.3 关系模式的规范化 ………………………………………………………………… 163
　5.4.4 关系模式的评价与改进 …………………………………………………………… 164
5.5 物理结构设计 ………………………………………………………………………… 164
　5.5.1 确定物理结构 ……………………………………………………………………… 164
　5.5.2 评价物理结构 ……………………………………………………………………… 165
5.6 数据库实施 …………………………………………………………………………… 165
　5.6.1 建立实际数据库结构 ……………………………………………………………… 166
　5.6.2 组织数据入库 ……………………………………………………………………… 166
　5.6.3 编制与调试应用程序 ……………………………………………………………… 166
　5.6.4 数据库试运行 ……………………………………………………………………… 166
　5.6.5 整理文档 …………………………………………………………………………… 167
5.7 数据库运行和维护 …………………………………………………………………… 167
　5.7.1 数据库的安全性与完整性 ………………………………………………………… 167
　5.7.2 监督并改善数据库性能 …………………………………………………………… 167
　5.7.3 数据库的重组织与重构造 ………………………………………………………… 168
5.8 小结 …………………………………………………………………………………… 168
习题 ………………………………………………………………………………………… 168

第 6 章　SQL Server 数据库管理系统* ……………………………………………… 171

6.1 微软数据平台的进化 ………………………………………………………………… 171
6.2 SQL Server 2022 新特色 …………………………………………………………… 172
　6.2.1 SQL Server 2022 的版本 ………………………………………………………… 172
　6.2.2 SQL Server 2022 的主要功能特色 ……………………………………………… 173
6.3 Transact-SQL 语言 …………………………………………………………………… 173
6.4 小结 …………………………………………………………………………………… 173
习题 ………………………………………………………………………………………… 173

第 2 部分　数据库技术

实验 1　数据库系统的基本操作 …………………………………………………………… 177

　　实验 1.1　安装 SQL Server 2022 ……………………………………………………… 177
　　实验 1.2　如何验证 SQL Server 2022 服务的安装成功 …………………………… 178
　　实验 1.3　认识安装后的 SQL Server 2022 …………………………………………… 179
　　实验 1.4　SQL Server 服务的启动与停止——SQL Server 配置管理器 ………… 180
　　实验 1.5　SQL Server 2022 的一般使用 ……………………………………………… 182

实验 2　数据库的基本操作 ………………………………………………………………… 192

　　实验 2.1　创建数据库 …………………………………………………………………… 193
　　实验 2.2　查看数据库 …………………………………………………………………… 196
　　实验 2.3　维护数据库 …………………………………………………………………… 198

实验 3　表与视图的基本操作 ……………………………………………………………… 207

　　实验 3.1　创建和修改表 ………………………………………………………………… 207
　　实验 3.2　表信息的交互式查询与维护 ………………………………………………… 215
　　实验 3.3　删除表 ………………………………………………………………………… 218
　　实验 3.4　视图的创建与使用 …………………………………………………………… 219
　　实验 3.5　表或视图的导入与导出操作 ………………………………………………… 225

实验 4　SQL 语言——SELECT 查询操作 ………………………………………………… 227

实验 5　SQL 语言——更新操作命令 …………………………………………………… 237

　　实验 5.1　INSERT 命令 ………………………………………………………………… 237
　　实验 5.2　UPDATE 命令 ………………………………………………………………… 240
　　实验 5.3　DELETE 命令 ………………………………………………………………… 241

实验 6　嵌入式 SQL 应用 ………………………………………………………………… 242

　　实验 6.1　应用系统背景情况 …………………………………………………………… 242
　　实验 6.2　系统的需求与总体功能要求 ………………………………………………… 243
　　实验 6.3　系统概念结构设计与逻辑结构设计 ………………………………………… 243
　　实验 6.4　典型功能模块介绍 …………………………………………………………… 245
　　实验 6.5　系统运行情况 ………………………………………………………………… 247
　　实验 6.6　其他高级语言中嵌入式 SQL 的应用情况 ………………………………… 249

实验 7　数据库索引及存取效率 …………………………………………………………… 253

实验 8　存储过程的基本操作 ……………………………………………………………… 254

实验 9　触发器的基本操作 ………………………………………………………………… 255

实验 10　数据库安全性 …………………………………………………………………… 257

实验 11　数据库完整性 …………………………………………………………………… 258

实验 12　数据库并发控制 ………………………………………………………………… 259

实验 13　数据库备份与恢复 ……………………………………………………………… 260

实验 14　数据库应用系统设计与开发 …………………………………………………… 261

参考文献 …………………………………………………………………………………………… 263

第1部分

数据库原理知识

第1章 绪 论

本章要点

本章从数据库基本概念与知识出发,依次介绍了数据库系统的特点、数据模型的三要素及其常见数据模型、数据库系统的内部体系结构等重要概念与知识。本章的另一重点是围绕数据库管理系统介绍其功能、组成与操作,还介绍了数据库技术的研究点及其发展变化情况。

1.1 数据库系统概述

数据库技术自从 20 世纪 60 年代中期产生以来,无论是理论还是应用方面都已变得相当重要和成熟,成为计算机科学的重要分支。数据库技术是计算机领域发展较快的学科之一,也是应用很广、实用性很强的一门技术。目前,数据库技术已从第一代的网状、层次数据库系统,第二代的关系数据库系统,发展到以面向对象模型为主要特征的第三代数据库系统。

随着计算机技术飞速发展及其应用领域的扩大,特别是计算机网络和 Internet 的发展,基于计算机网络和数据库技术的信息管理系统、各类应用系统得到了突飞猛进地发展。如事务处理系统(TPS)、地理信息系统(GIS)、联机分析系统(OLAP)、决策支持系统(DSS)、企业资源规划(ERP)、客户关系管理(CRM)、数据仓库(DW)和数据挖掘(DM)等系统都是以数据库技术作为其重要的支撑。可以说,只要有计算机的地方,就在使用着数据库技术。因此,数据库技术的基本知识和基本技能正在成为信息社会人们的必备知识。

1.1.1 数据、数据库、数据库管理系统、数据库系统

数据、数据库、数据库管理系统、数据库系统是与数据库技术密切相关的四个基本概念,它们是我们首先要认识的。

思政1.1

1. 数据(Data)

(1) 数据的定义

数据是用来记录信息的可识别的符号,是信息的具体表现形式。

(2) 数据的表现形式

数据是数据库中存储的基本对象。数据在大多数人的第一印象中就是数字,其实数字只是其中一种最简单的表现形式,是数据的一种传统和狭义的理解。按广义的理解来说,数据的种类有很多,如数字、文字、图形、图像、音频、视频、语言以及学校学生的档案等情况,这些都是数据,都可以转换为计算机可以识别的标识,并以数字化后的二进制形式存入计算机。

为了了解世界,交流信息,人们需要描述各种事物。在日常生活中,人们可以直接用自然

语言描述。然而，在计算机中，为了存储和处理这些事物，就要抽出对这些事物感兴趣的特征，组成一个记录来描述。例如，在学生档案中，如果人们最感兴趣的是学生的姓名、性别、年龄、出生年月，那么可以这样来描述某一学生：(赵一，女，23，1982.05)。目前，数据库中的数据主要是以这样的结构化记录形式存在着。

(3) 数据与信息的联系

上面表示的学生记录就是一个数据。对于此记录来说，要表示特定的含义，就必须对它给予解释说明，数据解释的含义被称为数据的语义（即信息），数据与其语义是不可分的。可以这样认为：数据是信息的符号表示或载体，信息则是数据的内涵，是对数据的语义解释。

例如，"小明今年 12 岁了。"，数据"12"被赋予了特定的语义"岁"，因此它才具有表达年龄信息的功能。

2. 数据库(DataBase，DB)

数据库，从字面意思来说就是存放数据的仓库。具体而言，数据库就是长期存放在计算机内的、有组织的、可共享的数据集合，数据库中的数据按一定的数据模型组织、描述和存储，具有尽可能小的冗余度、较高的数据独立性和易扩展性。

数据库具有两个比较突出的特点。

① 把在特定的环境中与某应用程序相关的数据及其联系集中在一块并按照一定的结构形式进行存储，即集成性。

② 数据库中的数据能被多个应用程序的多个用户所使用，即共享性。

3. 数据库管理系统(DataBase Management System，DBMS)

数据库管理系统是数据库系统的核心组成部分，是对数据进行管理的大型系统软件，用户在数据库系统中的一些操作，例如，数据定义、数据操作、数据查询和数据控制等，这些操作都是由 DBMS 来实现的。

DBMS 主要包括以下几个功能。

(1) 数据定义

DBMS 提供数据定义语言(Data Definition Language，DDL)，用户通过它可以方便地对数据库中的数据对象（包括表、视图、索引、存储过程等）进行定义，定义相关的数据库系统的数据结构和有关的约束条件。

(2) 数据操作

DBMS 提供数据操作语言(Data Manipulation Language，DML)，通过 DML 操作数据实现对数据库的一些基本操作，如查询、插入、删除和修改等。其中，国际标准数据库操作语言——SQL——就是 DML 的一种。

(3) 数据库的运行管理

这一功能是数据库管理系统的核心所在。DBMS 通过对数据库在建立、运用和维护时提供统一管理和控制，以保证数据安全、正确、有效地正常运行。DBMS 主要通过数据的安全性控制、完整性控制、多用户应用环境的并发性控制和数据库数据的系统备份与恢复 4 个方面来实现对数据库的统一控制功能的。

(4) 数据库的建立和维护功能

数据库的建立和维护功能包括数据库初始数据的输入、转换功能、数据库的转储、恢复功能、重组织、重构造功能和性能监视、分析功能等。

（5）其他功能

DBMS 的其他功能包括：DBMS 与网络中其他软件系统的通信；多个 DBMS 间的数据转换；异构数据库之间的互访和互操作；DBMS 开发工具的支持功能；DBMS Internet 网络功能等。

常用的数据库管理系统有：Oracle、MS SQL Server、DB2、MySQL、PostgreSQL、Sybase、Informix、Ingres、OceanBase、TiDB、openGauss、Kingbase ES、PBASE、EASYBASE、Openbase、Ipedo、Tamino、ACCESS、VFP 系列等。

4. 数据库系统（DataBase System, DBS）

数据库系统是指在计算机系统中引入数据库后的完整系统，其构成主要有数据库（及相关硬件）、数据库管理系统及其开发工具、应用系统、数据库管理员和各类用户这几部分。其中，在数据库的建立、使用和维护的过程要有专门的人员来完成，这些人员就被称为数据库管理员（DataBase Administrator, DBA）。

常用开发工具有：Java、Python、.NET 平台及语言如 C♯、C、PHP、VC++等。

数据库系统的组成可以用图 1.1 表示。数据库系统的层次结构图如图 1.2 所示。

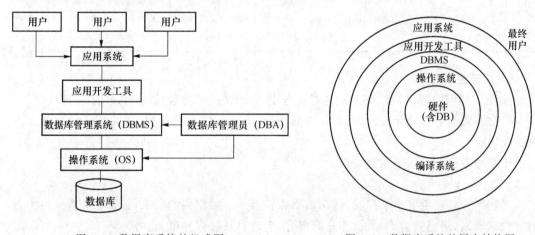

图 1.1　数据库系统的组成图　　　　图 1.2　数据库系统的层次结构图

1.1.2　数据管理技术的产生和发展

谈数据管理技术，先要讲数据处理，所谓数据处理就是指对各种数据进行收集、存储、加工和传播的一系列活动的总和。数据管理则是数据处理的中心问题，为此，数据管理是指对数据进行分类、组织、编码、存储、检索和维护的管理活动总称。就用计算机来管理数据而言，数据管理是指数据在计算机内的一系列活动的总和。

随着计算机技术的发展，特别是在计算机硬件、软件与网络技术发展的前提下，人们的数据处理要求不断提高，在此情况下，数据管理技术也随之不断改进。人们借助计算机来进行数据管理虽只有七十多年的事，然而数据管理技术已经历了人工管理、文件系统及数据库系统 3 个发展阶段。这 3 个阶段的特点及其比较如表 1.1 所示。

表 1.1 数据管理 3 个阶段的比较

	比较项目	人工管理阶段	文件系统阶段	数据库系统阶段
背景	应用背景	科学计算	科学计算、管理	大规模管理
	硬件背景	无直接存取存储设备	磁盘、磁鼓	大容量磁盘
	软件背景	没有操作系统	有文件系统	有数据库管理系统
	处理方式	批处理	联机实时处理、批处理	联机实时处理、分布处理、批处理
特点	数据的管理者	用户（程序员）	文件系统	数据库管理系统
	数据面向的对象	某一应用程序	某一应用	现实世界
	数据的共享程度	无共享，冗余度极大	共享性差，冗余度大	共享性高，冗余度小
	数据的独立性	不独立，完全依赖于程序	独立性差	具有高度的物理独立性和一定的逻辑独立性
	数据的结构化	无结构	记录内有结构、整体无结构	整体结构化，用数据模型描述
	数据控制能力	应用程序自己控制	应用程序自己控制	由数据库管理系统提供数据安全性、完整性、并发控制和恢复能力

1. 人工管理阶段

20 世纪 50 年代中期以前，计算机主要用于科学计算。硬件设施方面，外存只有纸带、卡片、磁带，没有磁盘等直接存取设备；软件方面，没有操作系统和管理数据的软件；数据处理方式是批处理。

人工管理数据具有以下几个特点。

(1) 数据不保存

由于当时计算机主要用于科学计算，数据保存上并不做特别的要求，只是在计算某一个题目时将数据输入，用完就退出，数据不进行保存，有时对系统软件也是这样。

(2) 应用程序管理数据

数据没有专门的软件进行管理，需要应用程序自己进行管理，应用程序中要规定数据的逻辑结构和设计物理结构（包括存储结构、存取方法、输入/输出方式等），因此程序员负担很重。

(3) 数据不共享

数据是面向应用的，一组数据只能对应一个程序。如果多个应用程序涉及某些相同的数据，则由于必须各自进行定义，无法进行数据的参照，因此程序间有大量的冗余数据。

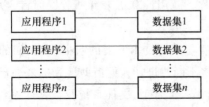

图 1.3 人工管理阶段应用程序与数据之间的对应关系

(4) 数据不具有独立性

数据的独立性包括了数据的逻辑独立性和数据的物理独立性。当数据的逻辑结构或物理结构发生变化时，必须对应用程序做相应的修改。

在人工管理阶段，程序与数据之间的对应关系可用图 1.3 表示，可见两者间是一对一的紧密依赖关系。

2. 文件系统阶段

20世纪50年代后期到60年代中期,这时计算机已大量用于数据的管理。硬件方面,有了磁盘、磁鼓等直接存取存储设备;软件方面,操作系统中已经有了专门的管理软件,该软件一般被称为文件系统;处理方式有批处理、联机实时处理。

文件系统管理数据特点如下。

(1) 数据长期保存

由于计算机大量用于数据处理,数据需要长期保留在外存上反复进行查询、修改、插入和删除等操作。

(2) 文件系统管理数据

由专门的软件,即操作系统的组成部分——文件系统进行数据管理,文件系统把数据组织成相互独立的数据文件,利用"按文件名访问,按记录进行存取"的管理技术,可以对文件进行修改、插入和删除等操作。文件系统实现了记录内的结构性,但大量文件之间整体无结构。程序和数据之间由文件系统提供存取方法进行转换,使应用程序与数据之间有了一定的独立性,程序员可以不必过多地考虑物理细节,将精力集中于应用程序算法。此外,数据在存储上的改变不一定反映在程序上,因此大大节省了维护程序的工作量。

(3) 数据共享性差,冗余度大

在文件系统中,一个文件基本上对应于一个应用程序,即文件仍然是面向应用的。当不同的应用程序具有部分相同的数据时,也必须建立各自的文件,而不能共享相同的数据,因此数据的冗余度大,会浪费存储空间。同时,由于相同数据的重复存储、各自管理,容易造成数据的不一致性,给数据的修改和维护带来困难。

(4) 数据独立性差

文件系统中的数据文件是为某一特定应用服务的,数据文件的逻辑结构对该应用程序来说是优化的,因此要想对现有的数据文件增加一些新的应用会很困难,系统不容易扩充。一旦数据的逻辑结构改变,就必须修改应用程序,修改文件结构的定义。应用程序的改变,例如,应用程序改用不同的高级语言等,也将引起文件的数据结构的改变。因此应用程序与数据之间仍缺乏独立性。可见,文件系统仍然是一个不具有弹性的整体无结构的数据集合,即文件之间是孤立的,不能反映现实世界事物之间的内存联系。在文件系统阶段,应用程序与数据之间的对应关系如图1.4所示,可见两者间仍有固定的对应关系。

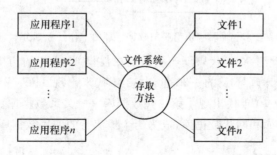

图1.4 文件系统阶段应用程序与数据之间的对应关系

3. 数据库系统阶段

20世纪60年代后期以来,计算机用于管理的规模更为庞大,数据量急剧增长,硬件已有大容量磁盘,硬件价格下降;软件则价格上升,使得编制、维护软件及应用程序成本相对增加;

处理方式上,联机实时处理要求更多,分布处理也在考虑之中。介于这种情况,文件系统的数据管理已满足不了应用的需求,为解决共享数据的需求,随之从文件系统中分离出了专门软件系统——数据库管理系统——用来统一管理数据。

数据库系统阶段应用程序与数据之间的对应关系可用图1.5表示,可见两者间已没有固定的对应关系。

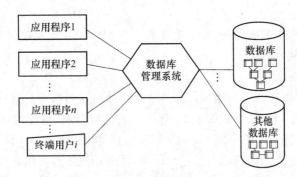

图1.5 数据库系统阶段应用程序与数据之间的对应关系

综上所述,3个阶段应用程序与数据管理的工作任务划分如图1.6所示,随着数据管理技术的不断发展,应用程序不断从底层的、低级的、物理的数据管理工作中解脱出来,能独立地、较高逻辑级别地轻松处理数据库数据,从而能极大地提高了应用软件的生产力。

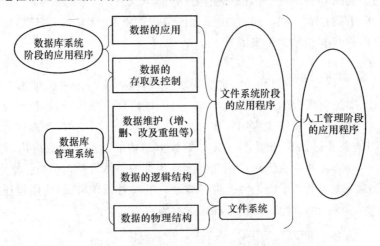

图1.6 3个阶段应用程序与数据管理的工作任务划分示意图

数据库技术从20世纪60年代中期产生到现在仅仅60余年的历史,但其发展速度之快,使用范围之广是其他技术所不及的。20世纪60年代末出现了第一代数据库——层次数据库、网状数据库,20世纪70年代出现了第二代数据库——关系数据库。目前关系数据库系统已逐渐顶替了层次数据库和网状数据库,成为当今最流行的商用数据库系统。

1.1.3 数据库系统的特点

与其他两个数据管理阶段相比,数据库系统阶段数据管理有其自己的特点,主要体现在以下几个方面。

1. 数据结构化

数据结构化是数据库系统与文件系统的根本区别。

在文件系统中,相互独立的文件的记录内部是有结构的。传统文件的最简单形式是等长同格式的记录集合。例如,一个教师人事记录文件,每个记录都有如图 1.7 所示的记录格式。

图 1.7 教师记录格式示例

其中前 9 项数据是任何教师必须具有的而且基本上是等长的,而各个教师的后 2 项数据的信息量变化较大。如果采用等长记录形式存储教师数据,为了建立完整的教师人事记录文件,每个教师记录的长度必须等于信息量最多的教师人事记录的长度,因而会浪费大量的存储空间。所以最好是采用变长记录或主记录与详细记录相结合的形式建立文件。例如将教师人事记录的前 9 项作为主记录,后 2 项作为详细记录,则教师人事记录变为如图 1.8 所示的记录格式,一位教师王名的记录如图 1.9 所示。

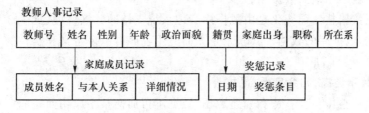

图 1.8 主记录——详细记录格式示例

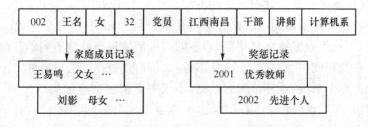

图 1.9 教师王名记录示例

这样就可以节省许多存储空间,灵活性也相对提高。

但这样建立的文件还有局限性,因为这种结构上的灵活性只是针对一个应用而言。一个学校或一个组织涉及许多应用,在数据库系统中不仅要考虑某个应用的数据结构,还要考虑整个组织各种应用的数据结构。例如,一个学校的信息管理系统中不仅要考虑教师的人事管理,还要考虑教师的学历情况、任课管理,同时还要考虑教师的科研管理等应用,可按如图 1.10 所示的方式为该校的信息管理系统组织其中的教师数据,该校信息管理系统中的学生数据、课程数据、专业数据、院系教研室数据等都要类似组织,它们以某种方式综合起来就能得到该校信息管理系统之整体结构化的数据。

这种数据组织方式为各部分的管理提供了必要的记录,并使数据结构化了。这就要求在描述数据时不仅要描述数据本身,还要描述数据之间的联系。

在文件系统中,尽管其记录内已经有了某些结构,但记录之间没有联系。

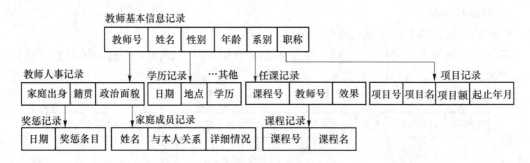

图 1.10 教师数据组织

数据库系统实现整体数据的结构化,是数据库的主要特征之一,也是数据库系统与文件系统的本质区别。

在数据库系统中,数据不再针对某一应用,而是面向全组织,是整体结构化的。不仅数据是结构化的,而且存取数据的方式也是很灵活的,可以存取数据库中的某一个数据项(或字段)、一组数据项、一个记录或是一组记录。而在文件系统中,数据的最小单位是记录(一次一记录的读写),粒度不能细到数据项。

数据库系统数据整体结构化是由数据库管理系统支持的数据模型(见 1.2 节)来描述而体现出来的。为此,数据库的数据及其联系是无需应用程序自己来定义和解释的,这是数据库系统的重要优点之一。

2. 数据的共享性高,冗余度低,易扩充

数据库系统从整体角度看待和描述数据,数据不再面向某个应用而是面向整个系统,因此数据可以被多个用户、多个应用共享使用。数据共享可以大大地减少数据冗余,节约存储空间。此外,数据共享还能够避免数据之间的不相容性与不一致性。

所谓数据的不一致性是指同一数据有不同复制,而它们的值不完全一致。采用人工管理或文件系统管理时,由于数据被重复存储,当不同的应用使用和修改不同的复制时就容易造成数据的不一致。在数据库中,数据唯一而共享,减少了由于数据冗余造成的不一致现象。

由于数据面向整个系统,是有结构的数据,不仅可以被多个应用共享使用,而且容易增加新的应用,因此数据库系统弹性大,易于扩充,可以取整体数据的各种子集用于不同的应用系统,适应各种用户的要求。当应用需求改变或增加时,只要重新选取不同的子集或加上一部分新增数据便可以满足新的需求。

3. 数据独立性高

数据独立性包括了数据的物理独立性和数据的逻辑独立性两方面。

物理独立性是指用户的应用程序与存储在磁盘上的数据库中数据是相互独立的,也就是说,数据在磁盘上的数据库中怎样存储是由 DBMS 管理的,用户程序不需要了解,应用程序要处理的只是数据的逻辑结构,这样当数据的物理存储改变时,应用程序不用改变。

逻辑独立性是指用户的应用程序与数据库的整体逻辑结构是相互独立的,也就是说,即使数据的整体逻辑结构改变了,用户程序也可以不修改。

数据独立性是由 DBMS 的三级模式结构与二级映像功能来保证的,将在后面介绍。

数据与应用程序的独立,把数据的定义从应用程序中分离出去,加上数据的存取又由 DBMS 负责,因此简化了应用程序的编制,大大减少了应用程序的维护和修改。

4. 数据由 DBMS 统一管理和控制

数据库的共享是并发的共享，即多个用户可以同时存取数据库中的数据，甚至可以同时存取数据库中的同一块数据。

为此，DBMS 还必须提供以下 4 个方面的数据控制功能。

(1) 数据的安全性控制

数据的安全性是指保护数据以防止不合法的使用导致数据的泄密和破坏。数据的安全性控制使每个用户只能按规定对某些数据以某些方式进行使用和处理。

(2) 数据的完整性约束

数据的完整性是指数据的正确性、有效性和相容性。完整性约束将数据控制在有效的范围内，或保证数据之间满足一定的关系。

(3) 并发控制

当多个用户的并发进程同时存取、修改数据库时，可能会发生相互干扰而得到错误的结果或使得数据库的完整性遭到破坏，因此必须对多用户的并发操作加以控制和协调。

(4) 数据库恢复

计算机系统的硬件故障、软件故障、操作员的失误以及故意的破坏等都会影响数据库中数据的安全性与正确性，甚至造成数据库部分或全部数据的丢失。DBMS 必须具有将数据库从错误状态恢复到某一已知的正确状态的能力，这就是数据库的恢复功能。

综上所述，数据库是长期在计算机内有组织的、大量的、可共享的数据集合。它可以供各种用户共享，具有最小冗余度和较高的数据独立性。DBMS 在数据库建立、运用和维护时对数据库进行统一管理和控制，以保证数据的完整性、安全性，并在多用户同时使用数据库时进行并发控制，在发生故障后对系统进行恢复。

数据库系统的出现使信息系统从以加工数据的程序为中心转向可共享的数据库为中心的新阶段。这样既便于数据的集中管理，又有利于应用程序的研制和维护，提高了数据的利用率和相容性，提高了决策的可靠性。

目前，数据库已经成为现代信息系统的不可分离的重要组成部分。具有数百万、数十亿或要大得多字节信息的数据库已经普遍存在于科学技术、工业、农业、商业、服务业和政府部门的信息系统中。20 世纪 80 年代后期，不仅在大型机上，而且在多数微机上也配置了 DBMS，使数据库技术得到更加广泛的应用和普及。

数据库技术是计算机领域中发展较快的技术之一，数据库技术的发展是沿着数据模型发展的主线展开的。

1.2 数据模型

模型这个概念，人们并不陌生，它是现实世界（事物）特征的模拟和抽象。数据模型也是一种模型，它能实现对现实世界数据特征的抽象与表示，借助它能实现全面数据管理。现有的数据库系统均是基于某种数据模型的。因此，了解数据模型的基本概念是学习数据库的基础。

数据模型应满足三方面的要求：一是能比较真实地模拟现实世界；二是容易为人所理解；三是便于在计算机上实现。一种数据模型要很好地满足这三方面的要求在目前尚有一定难度。在数据库系统设计过程中，不同的使用对象和应用目的往往采用不同类型的数据模型。

不同的数据模型实际上是提供模型化数据和信息的不同工具。根据模型应用的不同目的,可以将这些模型粗分为两类,它们分别属于两个不同的抽象层次。

(1) 第一类模型是概念模型,也称信息模型,它是按用户的观点来对数据和信息建模的,主要用于数据库设计。概念模型一般应具有以下能力。

① 具有对现实世界的抽象与表达能力:能对现实世界本质的、实际的内容进行抽象。而忽略现实世界中非本质的、与研究主题无关的内容。

② 完整、精确的语义表达力,能够模拟现实世界中本质的、与研究主题有关的各种情况。

③ 易于理解和修改。

④ 易于向 DBMS 所支持的数据模型转换,现实世界抽象成信息世界的最终目的是用计算机处理现实世界中的信息。

概念模型作为从现实世界到机器(或数据)世界转换的中间模型,它不考虑数据的操作,而只是用比较有效的、自然的方式来描述现实世界的数据及其联系。

最著名、最实用的概念模型设计方法是 P. P. S. Chen 于 1976 年提出的"实体-联系模型"(Entity-Relationship Approach),简称 E-R 模型。

(2) 另一类模型是数据模型,主要包括层次模型、网状模型、关系模型、面向对象模型等,它是按计算机系统对数据建模,主要用于在 DBMS 中对数据的存储、操作、控制等的实现。

数据模型是数据库系统的核心和基础,各种机器上实现的 DBMS 软件都是基于某种数据模型的。本书后续内容将主要围绕数据模型而展开。

为了把现实世界中的具体事物抽象、组织为某一 DBMS 支持的数据模型,人们常常首先将现实世界抽象为信息世界,然后将信息世界转换(或数据化)为机器世界。也就是说,首先把现实世界中的客观对象抽象为某一种信息结构,这种信息结构并不依赖于具体的计算机系统,不是某一个 DBMS 支持的数据模型,而是概念级的模型;其次再把概念模型转换为计算机上某一 DBMS 支持的数据模型。而无论是概念模型还是数据模型,反过来都要能较好地刻画与反映现实世界,与现实世界保持一致。这一过程如图 1.11 所示。

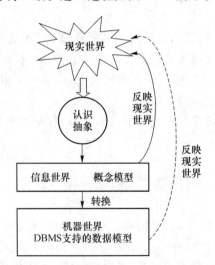

图 1.11 现实世界中客观对象的抽象过程

1.2.1 数据模型的组成要素

数据模型(机器世界 DBMS 支持的数据模型)是模型中的一种,是现实世界数据特征的抽象与在计算机中的实现,它描述了系统(数据)的 3 个方面:静态特性、动态特性和完整性约束条件。因此数据模型一般由数据结构、数据操作和数据完整性约束三部分组成,是严格定义的一组概念的集合。

1. 数据结构

数据结构用于描述系统(数据)的静态特性,是所研究的对象类型的集合。数据模型按其数据结构可分为层次模型、网状模型、关系模型和面向对象模型。数据结构所研究的对象是数据库的组成部分,包括两类,一类是与数据类型、内容、性质有关的对象,例如,网状模型中的数据项、记录,关系模型中的域、属性、实体关系等;另一类是与数据之间联系有关的对象,例如,网状模型中的系型,关系模型中反映联系的关系等。

通常按数据结构的类型来命名数据模型,数据结构的类型有 4 种:层次结构、网状结构、关系结构和面向对象结构,它们所对应的数据模型分别命名为层次模型、网状模型、关系模型和面向对象模型。

2. 数据操作

数据操作用于描述系统(数据)的动态特性,是指对数据库中各种对象(型)及对象的实例允许执行的操作的集合,包括对象(型)的创建、修改和删除,对对象实例的检索和更新(如插入、删除和修改)两大类操作及其他有关的操作等。数据模型必须定义这些操作的确切含义、操作符号、操作规则(如优先级)以及实现操作的语言及语法规则等。

3. 数据完整性约束

数据的完整性约束是一组完整性约束规则的集合。完整性约束规则是给定的数据模型中数据及其联系所具有的制约和依存规则,用来限定符合数据模型的数据库状态以及状态的变化,以保证数据的正确、有效、相容。

数据模型应该反映和规定本数据模型必须遵守的、基本的、通用的完整性约束条件。例如,在关系模型中,任何关系必须满足实体完整性和参照完整性两类条件(第 2 章将详细讨论)。

此外,数据模型还应该提供自定义完整性约束条件的机制,以反映具体应用所涉及的数据必须遵守的特定的语义约束条件。这里假设,学校数据库中规定本科生入学年龄不得超过 40 岁,研究生入学年龄不得超过 45 岁,学生累计成绩不得有三门以上不及格等,这些对应用系统数据的特殊约束要求,用户能在数据模型中自己来定义(所谓自定义完整性)。

数据模型的三要素紧密依赖、相互作用形成一个整体(示意图如图 1.12 所示),如此才能全面地、正确地抽象、描述来反映现实世界数据的特征。这里对基于关系模型的三要素示意图说明 3 点:①内圈(虚线椭圆)中表及表间连线,代表着数据结构;②带操作方向的线段代表着动态的各类操作(包括数据库内的更新,数据库内外间的插入、删除及查询等操作),代表着数据模型的数据操作要素;③静态的数据结构及动态的数据操作要满足的制约条件(各小椭圆示意)是数据模型的数据完整性约束条件。

还要说明的是图 1.12 是简单化、逻辑示意的图,数据模型的三要素在数据库中都是严格定义的一组概念的集合。在关系数据库可以简单理解为:数据结构是表结构定义及其他数据库对象定义的命令集;数据操作是 DBMS 提供的数据操作(如操作命令、命令语法规定与参数指定等)命令集;数据完整性约束是各关系表约束的定义及动态操作约束规则等的集合。在关系数据库中,数据模型三要素的信息(严格定义的概念的集合)是由一系列系统表来表达与体现的。为此,数据模型的三要素并不抽象,读者需细细感受与领会。

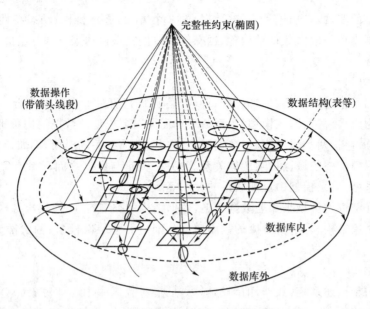

图 1.12 数据模型的三要素示意图

1.2.2 概念模型

概念模型是现实世界到机器世界的一个中间层次。现实世界的事物反映到人的头脑中来，人们把这些事物抽象为一种既不依赖于具体的计算机系统，又不为某一 DBMS 支持的概念模型，然后再把概念模型转换为计算机上某一 DBMS 支持的数据模型。概念模型针对抽象的信息世界，为此，先来看信息世界中的一些基本概念。

1. 信息世界中的基本概念

信息世界是现实世界在人们头脑中的反映。信息世界中涉及的概念主要有如下几个方面。

（1）实体

实体是指客观存在并可以相互区别的事物。实体可以是具体的人、事、物、概念等，例如，一个学生，一位老师，一门课程，一个部门；实体也可以是抽象的概念或联系，例如，学生的选课，老师的授课等（或称联系型实体）。

（2）属性

属性是指实体所具有的某一特性。例如，教师实体可以由教师号、姓名、年龄、职称等属性组成。

（3）码

码是指唯一标识实体的属性或属性集。例如，教师号在教师实体中就是码。

（4）域

域是指属性的取值范围，是具有相同数据类型的数据集合。例如，假设教师号的域为由 8 位数字组成的数字编号集合，姓名的域为所有可为姓名的字符串的集合，大学生年龄的域为 15~45 的整数等。

（5）实体型

具有相同属性的实体必然具有共同的特征和性质。用实体名及其属性名集合组成的形式称为实体型。例如,教师(教师号,姓名,职称,年龄)就是一个教师实体型。

(6) 实体集

实体集是指同型实体的集合。实体集用实体型来定义,每个实体是实体型的实例或值。例如,全体教师就是一个实体集,即教师实体集={('20150101','张三','教授',55),('20150102','李四','副教授',35),…}

(7) 联系

在现实世界中,事物内部以及事物之间是有关联的。在信息世界,联系是指实体型与实体型之间(实体之间)、实体集内实体与实体之间以及组成实体的各属性间(实体内部)的关系。

两个实体型之间的联系有以下 3 种。

① 一对一联系

如果实体集 A 中的每一个实体,至多有一个实体集 B 的实体与之对应;反之,实体集 B 中的每一个实体,也至多有一个实体集 A 的实体与之对应,则称实体集 A 与实体集 B 具有一对一联系,记作 1:1。

例如,在学校里,一个系只有一个系主任,而一个系主任只在某一个系中任职,则系型与系主任型之间(或说系与系主任之间)具有一对一联系。

② 一对多联系

如果实体集 A 中的每一个实体,实体集 B 中有 $n(n \geqslant 0)$ 个实体与之相对应;反之,如果实体集 B 中的每一个实体,实体集 A 中至多只有一个实体与之相对应,则称实体集 A 与实体集 B 具有一对多联系,记作 1:n。

例如,一个系中有若干名教师,而每个教师只在一个系中任教,则系与教师之间具有一对多联系。

多对一联系与一对多联系类似,请自己给出其定义。

③ 多对多联系

如果实体集 A 中的每一个实体,实体集 B 中有 n 个实体与之相对应;反之,如果实体集 B 中的每一个实体,实体集 A 也有 $m(m \geqslant 0)$ 个实体与之相对应,则称实体集 A 与实体集 B 具有多对多的联系,记作 $m:n$。

例如,一门课程同时有若干教师讲授,而一个教师可以同时讲授多门课程,则课程与教师之间具有多对多联系。

其实,3 个联系之间有着一定的关系,一对一联系是一对多联系的特例,即一对多可以用多个一对一来表示,而一对多联系又是多对多联系的特例,即多对多联系可以通过多个一对多联系来表示。

两个实体型之间的 3 类联系可以用图 1.13 来示意说明,也能用图 1.14 来表示。

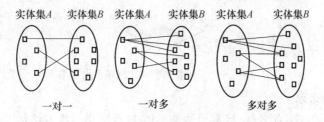

图 1.13 两个实体型之间的 3 类联系示意图

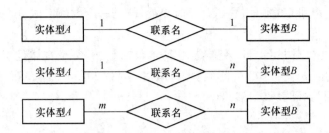

图1.14 两个实体型之间的3类联系表示图

单个或多个实体型之间也有类似于两个实体型之间的3种联系类型。

例如,对于教师、课程与参考书3个实体型,如果一门课程可以有若干教师讲授,使用若干本参考书,而每个教师只讲授一门课程,每一本参考书只供一门课程使用,则课程与教师、参考书三者间的联系是一对多(1:m:n)的,如图1.15(a)所示。

又如,有3个实体型,项目、零件和供应商,每个项目可以使用多个供应商供应的多个零件,每种零件可由不同供应商供应于不同项目,一个供应商可以给多个项目供应多种零件。为此,这3个实体型间是多对多(p:m:n)联系的,如图1.15(b)所示。

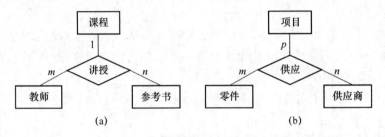

图1.15 3个实体型之间的3类联系

需要注意的是,3个实体型之间多对多联系与3个实体型两两之间的多对多联系(共有3个)的语义及E-R图是不同的。请读者自己参照图1.15(b)陈述3个实体型两两之间的多对多联系的语义及E-R图。

同一个实体型对应的实体集内的各实体之间也可以存在一对一、一对多、多对多的联系的(可以把一个实体集在逻辑上看成两个与原来一样的实体集来理解)。例如,在同学实体集内部,同学与同学之间是老朋友的关系可能是多对多的(如图1.16所示),这是因为每位同学的老朋友往往有多位。

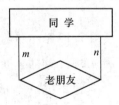

图1.16 一个实体集内实体之间的多对多联系

2. 概念模型的表示

概念模型的表示方法有多种,最常用的是实体-联系方法。该方法用E-R图来描述现实世界的概念模型。E-R图提供了表示实体型、属性和联系的方法。

E-R 图是体现实体型、属性和联系之间关系的表现形式。

① 实体型：用矩形表示，矩形框内写明实体名。

② 属性：用椭圆表示，椭圆形内写明属性名，并用无向边将其与相应的实体或联系连接起来。特别注意：联系也有属性，联系的属性往往更难以确定。

③ 联系：用菱形表示，菱形框内写明联系名，并用无向边分别与有关实体型连接起来，同时在无向边旁标上联系的类型（1:1、1:n 或 $m:n$）。

如图 1.17 所示就是一个班级、学生的概念模型（用 E-R 图表示），班级实体型与学生实体型之间很显然是一对多关系。请读者针对某实际情况，试着设计反映实际内容的实体及实体联系的 E-R 图。

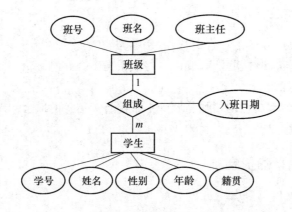

图 1.17 班级的 E-R 图

3. E-R 模型的变换

E-R 模型在数据库概念结构设计过程中根据需要可进行变换，包括实体类型、联系类型和属性的分裂、合并和增删等，以满足概念模型的设计、优化等的需要。

实体类型的分裂包括水平分割、垂直分割两方面。

例如：把教师分裂成男教师与女教师两个实体类型，这是水平分割；也可以把教师中经常变化的属性组成一个实体类型，而把固定不变的属性组成另一个实体类型，这是垂直分割，如图 1.18 所示。但要注意，在垂直分割时，键必须在分割后的每个实体类型中出现。

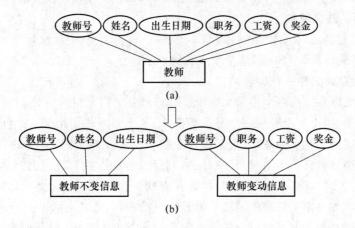

图 1.18 实体类型的垂直分割

实体类型的合并是分裂的逆操作，垂直合并要求实体有相同的键，水平合并要求实体类型相同或相容(对应的属性来自相同的域)。

联系类型也可分裂。如教师与课程间的"担任"教学任务的联系可分裂为"主讲"和"辅导"两个新的联系类型,如图 1.19 所示。

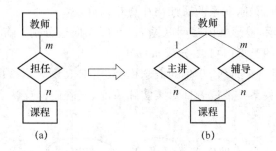

图 1.19 联系类型的分裂

联系类型的合并是分裂的逆操作,要注意在联系类型合并时,所合并的联系类型必须是定义在相同的实体类型上的。

实体类型、联系类型和属性的增加与删除是系统管理信息的取舍问题,依赖于管理问题的管理需要。

1.2.3 基本 E-R 模型的扩展*

本节内容见二维码。

1.2.3 基本 E-R 模型的扩展

1.2.4 层次模型概述

在数据库领域中,有 4 种常用的数据模型,它们分别是:被称为非关系模型的层次模型与网状模型、关系模型和面向对象模型。本章简要介绍它们。

层次模型是数据库系统中最早出现的数据模型,它用树形结构表示各类实体以及实体间的联系。层次模型数据库系统的典型代表是 IBM 公司的 IMS(Information Management Systems)数据库管理系统,这是一个曾经广泛使用的数据库管理系统。现实世界中有一些实体之间的联系本来就呈现出一种很自然的层次关系,如家庭关系、行政关系。

1. 层次模型的数据结构

在数据库中,对满足以下两个条件的基本层次联系的集合称为层次模型:

① 有且仅有一个节点无双亲,这个节点称为"根节点";

② 其他节点有且仅有一个双亲。

所谓**基本层次联系**是指两个记录类型(记录型)以及它们之间的一对多的联系。

在层次模型中,每个节点表示一个记录类型,记录之间的联系用节点之间的连线表示,这种联系是父子之间的一对多的联系,这就使得数据库系统只能处理一对多的实体联系。

每个记录类型可包含若干字段,其中,记录类型描述的是实体,字段描述的是实体的属性。各个记录类型及其字段都必须命名,并且名称要求唯一。每个记录类型可以定义一个排序字段,也称为码字段,如果定义该排序字段的值是唯一的,则它能唯一标识一个记录值。

一个层次模型在理论上可以包含任意有限个记录类型和字段,但任何实际的系统都会因为存储容量或实现复杂度而限制层次模型中包含的记录类型个数和字段的个数。

若用图来表示,则层次模型是一棵倒立的树。节点层次(Level)从根开始定义,根为第一层,根的子女称为第二层,根称为其子女的双亲,同一双亲的子女称为兄弟。

图1.20给出了一个系的层次模型。

层次模型对具有一对多的层次关系的描述非常自然、直观、容易理解,这是层次数据库的突出优点。

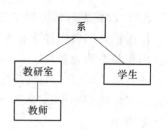

图1.20 一个系的层次模型示例

层次模型的一个基本的特点是,任何一个给定的记录值只有按其路径查看时,才能显出它的全部意义,没有一个子女记录值能够脱离双亲记录值而独立存在。

图1.21是图1.20的具体化,成为一个教师-学生层次数据库,该层次数据库有4个记录类型。记录类型系是根节点,由系编号、系名、办公地3个字段组成。它有两个子女节点,分别为教研室和学生。记录类型教研室是系的子女节点,同时又是教师的双亲节点,它由教研室编号、教研室名两个字段组成。记录类型学生由学号、姓名、年龄3个字段组成。记录类型教师由教师号、姓名、研究方向3个字段组成。学生与教师是叶节点,它们没有子女节点。由系到教研室、教研室到教师、系到学生均是一对多的联系。

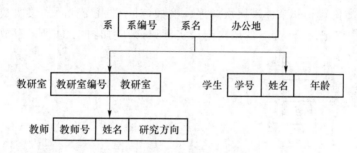

图1.21 教师-学生层次数据库模型

图1.22是图1.21数据库模型的一个值。

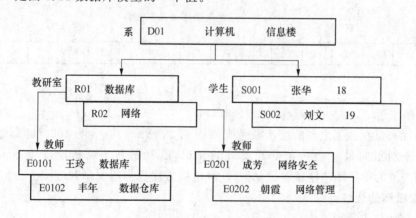

图1.22 教师-学生层次数据库的一个值

2. 多对多联系在层次模型中的表示

前面的层次模型只能直接表示一对多的联系,那么另一种常见联系——多对多联系——能否在层次模型中表示呢?答案是肯定的,但是在用层次模型表示多对多联系时,必须首先将其分解为多个一对多联系。分解的方法有两种:冗余节点法和虚拟节点法(具体略)。

3. 层次模型的数据操作与约束条件

层次模型的数据操作有查询、插入、删除和修改。进行插入、删除、修改操作时要满足层次模型的完整性约束条件。

进行插入操作时，如果没有相应的双亲节点值就不能插入子女节点值。例如，在如图 1.22 所示的层次数据库中，若新调入一名教师，但尚未分配到某个教研室，这时就不能将新教师插入数据库中。

进行删除操作时，如果删除双亲节点值，则相应的所有子女节点值也将被同时删除。例如，在如图 1.22 所示的层次数据库中，若删除数据库教研室，则该教研室所有教师的记录数据将全部删除而丢失。

进行修改操作时，应修改所有相应记录，以保证数据的一致性。

4. 层次模型的存储结构

层次数据库中不仅要存储数据本身，还要存储数据之间的层次联系，层次模型数据的存储常常是和数据之间联系的存储结合在一起的，常用的实现方法有邻接法和链接法两种。

（1）邻接法

按照层次树前序的顺序（即数据结构中树的先根遍历顺序）把所有记录值依次邻接存放，即通过物理空间的位置相邻来体现层次顺序。例如，对于图 1.23(a) 的层次数据库，按邻接法存放图 1.23(b) 中以记录 A_1 为首的层次记录实例集，则应如图 1.24 所示存放。

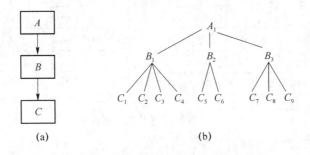

图 1.23 层次数据库及其实例

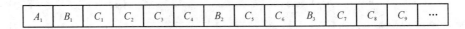

图 1.24 邻接法

（2）链接法

用指引元来反映数据之间的层次联系则如图 1.25 所示，其中，图 1.25(a) 每个记录设两类指引元，分别指向最左边的子女和最近的兄弟，这种链接方法称为子女-兄弟链接法；图 1.25(b) 按树的前序顺序链接各记录值，这种链接方法称为层次序列链接法。

5. 层次模型的优缺点

层次模型的优点主要有：

① 层次模型本身比较简单；

② 对于实体间联系是固定的，且预先定义好的应用系统采用层次模型来实现，其性能较优；

③ 层次模型提供了良好的完整性支持。

层次模型的缺点主要有：

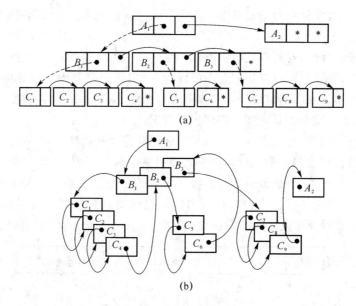

图 1.25 链接法

① 现实世界中很多联系是非层次性的,如多对多联系,一个结点具有多个双亲等,层次模型表示这类联系的方法很笨拙,只能通过引入冗余数据或创建非自然的数据组织来解决;

② 对插入和删除操作的限制太多,影响太大;

③ 查询子女结点必须通过双亲结点,缺乏快速定位机制;

④ 由于结构严密,层次模型数据库的操作命令趋于程序化。

1.2.5 网状模型

网状数据模型的典型代表是 DBTG 系统,也称 CODASYL 系统,它是 20 世纪 70 年代数据系统语言研究会(Conference On Data Systems Language,CODASYL)下属的数据库任务组(Data Base Task Group,DBTG)提出的一个系统方案。若用图表示,则网状模型是一个网络,图 1.26 给出了一个抽象的、简单的网状模型。

在现实世界中,事物之间的联系更多的是非层次关系的。用层次模型表示非树形结构是很不直接的,网状模型则可以避免这一弊病。

1. 网状模型的数据结构

在数据库中,把满足以下两个条件的基本层次联系集合称为网状模型:

① 允许一个以上的节点无双亲;

② 一个节点可以有多于一个的双亲。

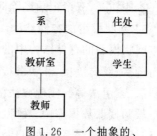

图 1.26 一个抽象的、简单的网状模型

网状模型是一种比层次模型更具有普遍性的结构,它去掉了层次模型的两个限制,允许多个节点没有双亲节点,允许节点有多个双亲节点,此外它还允许两个节点之间有多种联系。因此,网状模型可以更直接地去描述现实世界,而层次模型实际上是网状模型的一个特例。

与层次模型一样,网状模型中的每个节点表示一个记录类型,每个记录类型可包含若干字段,结点间的连线表示记录类型之间的一对多的父子联系。

从定义可看出,层次模型中子女节点与双亲节点的联系是唯一的,而在网状模型中这种联系是可以不唯一的。

下面以教师授课为例,看看网状数据库模式是怎样组织数据的。

按照常规语义,一个教师可以讲授若干门课程,一门课程可以由多个教师讲授,因此教师与课程之间是多对多联系。这里引进一个教师授课的联结记录,它由教师号、课程号、教学效果等数据项组成,表示某个教师讲授一门课程的情况。

这样,教师授课数据库可包含3个记录类型:教师、课程和授课。

每个教师可以讲授多门课程,显然,对于教师记录中的一个值,授课记录中可以有多个值与之联系,而授课记录中的一个值只能与教师记录中的一个值联系。教师与授课之间联系是一对多的联系,联系名为 T-TC。同样,课程与授课之间的联系也是一对多的联系,联系名为 C-TC。图 1.27 为教师授课数据库的网状数据库模式。

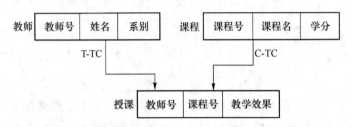

图 1.27 教师授课数据库的网状数据库模式

2. 网状模型的数据操作与完整性约束

网状模型一般来说没有层次模型那样严格的完整性的约束条件,但具体的网状数据库系统对数据操作都加了一些限制,提供了一定的完整性约束。

DBTG 在模式 DDL 中提供了定义 DBTG 数据库完整性的若干概念和语句,主要有:

① 支持记录码的概念,码即唯一标识记录的数据项的集合,例如,学生记录的学号就是码,因此数据库中不允许学生记录中学号出现重复值;

② 保证一个联系中双亲记录和子女记录之间是一对多的联系;

③ 可以支持双亲记录和子女记录之间某些约束条件,例如,有些子女记录要求双亲记录存在才能插入,双亲记录删除时也连同删除所有子女记录。

3. 网状模型的存储结构

网状模型的存储结构中的关键是如何实现记录之间的联系。常用的方法是链接法,包括单向链接、双向链接、环状链接、向首链接等,此外还有其他实现方法,如指引元阵列法、二进制阵列法、索引法等。实现方法依具体系统不同而不同。

教师授课数据库中,教师、课程和授课3个记录类型的值可以分别按某种文件组织方式存储,记录之间的联系用单向环状链接法实现,如图 1.28 所示。

4. 网状模型的优缺点

网状模型的优点主要有:

① 能够更为直接地描述现实世界,如一个节点可以有多个双亲;

② 具有良好的性能,存取效率较高。

网状模型的缺点主要有:

① 结构比较复杂,而且随着应用环境的扩大,数据库的结构将变得越来越复杂,不利于最

终用户掌握；

② 其 DDL、DML 复杂，用户不容易使用。

由于记录之间联系是通过存取路径实现的，应用程序在访问数据时必须选择适当的存取路径，因此，用户必须了解系统结构的细节，加重了编写程序的负担。

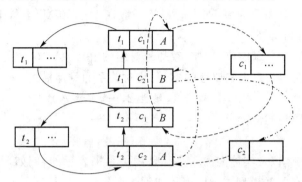

图 1.28　教师授课数据库的网状数据库实例

1.2.6　关系模型

关系模型是目前最重要的一种模型。美国 IBM 公司的研究员 E. F. Codd 于 1970 年发表题为"大型共享系统的关系数据库的关系模型"的论文，文中首次提出了数据库系统的关系模型。20 世纪 80 年代以来，计算机厂商新推出的 DBMS 几乎都支持关系模型，非关系系统的产品也大都加上了关系接口。数据库领域当前的研究工作都是以关系方法为基础的，本书的重点也将放在关系模型上，这里先只简单勾画一下关系模型。

关系模型作为数据模型中最重要的一种模型，也有数据模型的 3 个组成要素，主要体现如下。

1. 关系模型的数据结构

关系模型与层次模型和网状模型不同，关系模型中数据的逻辑结构是一张二维表，它由行和列组成，每一行称为一个元组，每一列称为一个属性（或字段）。下面通过如图 1.29 所示的教师登记表介绍关系模型中相关的术语。

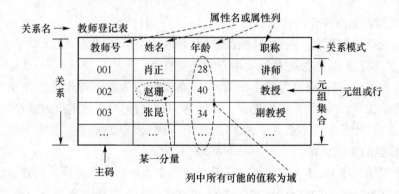

图 1.29　关系模型的数据结构及术语

① 关系：一个关系对应一张二维表，图 1.29 表示的教师关系就是一张教师登记表。

② 元组：二维表中的一行称为一个元组。

③ 属性:二维表中的一列称为一个属性,对应每一个属性的名字称为属性名。如图 1.29 中的表有 4 列,对应 4 个属性(教师号,姓名,年龄,职称)。

④ 主码:如果二维表中的某个属性或属性组可以唯一确定一个元组,则称为主码,也称为关系键,如图 1.29 中的教师号,可以唯一确定一个教师,也就成为本关系的主码。

⑤ 域:属性的取值范围称为域,如人的年龄一般在 1～120 岁,本科生的年龄属性的域是 15～45,性别的域是男和女等。

⑥ 分量:元组中的一个属性值,例如,教师号对应的值'001'、'002'与'003'都是分量。

⑦ 关系模式:表现为关系名和属性的集合,是对关系的具体描述。一般表示为

$$关系名(属性 1,属性 2,\cdots,属性 N)$$

例如,上面的关系可描述为

$$教师(教师号,姓名,年龄,职称)$$

在关系模型中,实体以及实体间的联系都是用关系来表示的,例如,教师、课程、教师与课程之间的多对多联系在关系模型中可以表示如下:

$$教师(教师号,姓名,年龄,职称)$$
$$课程(课程号,课程名,学分)$$
$$授课(教师号,课程号,教学效果)$$

关系模型要求关系必须是规范化的,即要求关系必须满足一定规范条件,这些规范条件中最基本的一条就是,关系的每一个分量必须是一个不可分的数据项,也就是说,不允许表中还有子表或子列。例如,图 1.30 中出产日期是可分的数据项,可以分为年、月、日 3 个子列。因此,图 1.30 的表就不符合关系模型要求的,必须对其规范化后才能称其为关系。规范化方法为:要么把出产日期看成整体作为 1 列;要么把出产日期分为分开的出产年份、出产月份、出产日 3 列。

产品号	产品名	型号	出产日期		
			年	月	日
032456	风扇	A134	2004	05	12
…	…	…	…	…	…

图 1.30　表中有表的示例

2. 关系模型的数据操作与约束条件

关系模型的操作主要包括查询、插入、删除和修改 4 类。这些操作必须满足关系的完整性约束条件,即实体完整性、参照完整性和用户定义完整性。

在非关系模型中,操作对象是单个记录,而关系模型中的数据操作是集合操作,操作对象和操作结果都是关系,即若干元组的集合。此外,关系模型把对数据的存取路径向用户隐蔽起来,用户只要指出"干什么",不必详细说明"怎么干",从而大大地提高了数据的独立性。

3. 关系模型的存储结构

在关系数据模型中,实体及实体间的联系都用表来表示。在数据库的物理组织中,表以文件形式存储,每一个表通常对应一种文件结构,也有多个表及其他对象对应一种文件结构的。

4. 关系模型的优缺点

关系模型的优点主要有:

① 关系模型与非关系模型不同,它有较强的数学理论基础(详见第 2 章);

② 数据结构简单、清晰,用户易懂易用,不仅用关系描述实体,而且用关系描述实体间的联系;

③ 关系模型的存取路径对用户透明,从而具有更高的数据独立性、更好的安全保密性,也简化了程序员的工作和数据库开发和建立的工作。

关系模型原来有查询效率不如非关系模型效率高的缺点,但目前关系模型查询效率已不差了。为了提高性能,DBMS 会对用户的查询进行系统级优化运行。当然,这种优化功能对开发实现 DBMS 提出了更高要求。

1.2.7 面向对象模型*

计算机应用对数据模型的要求是多种多样、层出不穷的。与其根据不同的新需要,提出各种新的数据模型,还不如设计一种可扩展的数据模型,由用户根据需要定义新的数据类型及相应的操作和约束。面向对象数据模型(Object-Oriented data model,O-O data model)就是一种可扩展的数据模型,又称对象数据模型(Object data model),以面向对象数据模型为基础的DBMS 称为 O-O DBMS 或对象数据库管理系统(ODBMS)。面向对象数据模型提出于 20 世纪 70 年代末,80 年代初。它吸收了语义数据模型和知识表示模型的一些基本概念,同时又借鉴了面向对象程序设计语言和抽象数据类型的一些思想。面向对象数据模型及其数据库系统依然在不断发展成熟中,其相关的概念与术语仍不统一。

虽然关系模型比层次模型、网状模型简单灵活,但它还不能很好地表达现实世界中存在的许多复杂的数据结构,如 CAD 数据、图形数据、嵌套递归的数据等,它们就需要如面向对象模型这样的新模型来表达。

面向对象模型中,基本的概念是对象、类及其实例、类的层次结构和继承、对象的标识等。

1. 对象(Object)

对象是现实世界中实体的模型化,与记录概念相仿,但远比记录复杂。每个对象有唯一的标识符,把状态(State)和行为(Behavior)封装(Encapsulate)在一起。其中,对象的状态是该对象属性值的集合,对象的行为是在对象状态上操作的方法集。

在面向对象模型中,所有现实世界中的实体都可模拟为对象,小到一个整数、字符串,大到一架飞机、一个公司的全面管理,都可以看成对象。

一个对象包含若干属性,用以描述对象的状态、组成和特征。属性甚至也是一个对象,它又可能包含其他对象作为其属性。这种递归引用对象的过程可以继续下去,从而组成各种复杂的对象,而且同样可以被多个对象所引用。由对象组成对象的过程称为聚集。

对象的方法定义包含两个部分:一是方法的接口,说明方法的名称、参数和结果的类型等,一般称之为调用说明;二是方法的实现部分,它是用程序设计语言编写的一个程序过程,以实现方法的功能。

对象中还可附有完整性约束检查的规则或程序。

对象是封装的,外界与对象的通信一般只能借助于消息(Message)。消息传送给对象,调用对象的相应方法,进行相应的操作,再以消息形式返回操作的结果。外界只能通过消息请求对象完成一定的操作,这是 O-O 数据模型的主要的特征之一。封装能带来两个好处:一是把方法的调用接口与方法的实现(即过程)分开,过程及其所用数据结构的修改可以不致影响接口,因而有利于数据的独立性;二是对象封装以后,成为一个自含的单元,对象只接受对象中所定义的操作,其他程序不能直接访问对象中的属性,从而避免了许多副作用,这有利于提高程

25

序的可靠性。

2. 类(Class)和实例(Instance)

一个数据库一般包含大量的对象。如果每个对象都附有属性和方法的定义说明,则会有大量的重复。为了解决这个问题,同时也为了概念上的清晰,常常把类似的对象归并为类。类中每个对象称为实例。同一类的对象具有共同的属性和方法,这些属性和方法可以在类中统一说明,而不必在类的每个实例中重复。消息传送到对象后,可以在其所属的类中找到相应的方法和属性说明。同一类中的对象的属性虽然是一样的,但这些属性所取的值会因不同实例而各不同。因此,属性又称为实例变量。有些变量的值在全类中是共同的,这些变量称为类变量。例如,在定义某类桌子中,假设桌腿数都是4,则桌腿数就是类变量。类变量没有必要在各个实例中重复,可以在类中统一给出它的值。

将类的定义和实例分开,有利于组织有效的访问机制。一个类的实例可以簇集存放。每个类设有一个实例化机制,实例化机制提供有效的访问实例的路径,如索引。消息送到实例机制后,通过其存取路径找到所需的实例,通过类的定义查到属性及方法说明,以实现方法的功能。

3. 类层次结构和继承

类的子集也可以定义为类,称为这个类的子类,而该类称为子类的超类(Superclass)。子类还可以再分为子类,如此可以形成一个层次结构。图1.31是一个类层次结构的示例,一个子类可有多个超类,有直接的,也有间接地。上述类之间的关系,用自然语言可以表达为:"研究生是学生","学生是个人",……因此,这种关系也称为IS-A联系,或称为类属联系。从概念上说,自下而上是一个普遍化、抽象化的过程,这个过程叫普遍化。反之,由上而下是一个特殊化、具体化的过程,这个过程叫特殊化。这些概念与扩展E-R数据模型中所介绍的概念是一致的。

一个对象既属于它的类,也属于它的所有超类。为了在概念上区分起见,在O-O数据模型中,对象与类之间的关系有时用不同的名词。对象只能是它所属类中最特殊化的那个子类的实例,但可以是它的所有超类的成员。例如,在图1.31中,一名在职研究生是研究生这个子类的实例,是学生、人这两个类的成员。因此,一个对象只能是一个类的实例,但可以成为多个类的成员。

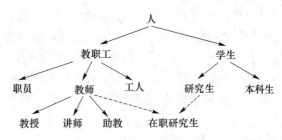

图1.31 类层次结构的示例

一个类可以有多个直接超类,例如,在职研究生这个子类有两个直接超类,即教师和研究生,如图1.31中虚线所示。这表示一名在职研究生是在职研究生这个子类的实例,同时又是教师和研究生这两个类的成员。由于允许一个类可以有多个超类,类层次结构不再是一棵树。若把超类与子类的关系看成一个偏序关系(严格地说,这个关系不是自反的),则由具有多个直接超类的子类及其所有超类所组成的子图是代数中的格。在有些文献中,又称类层次结构为类格(Class Lattice)。例如,由在职研究生这个子类与其所有超类所组成的子图如图1.32所示,它是一个格结构。图1.31的类层次结构并不是一个格结构,而是一个有根无圈连通有向图。

子类可以继承所有超类中的属性和方法。在类中集中定义属性和方法,子类继承超类中的属性和方法,这是 O-O 数据模型中两个避免重复定义的机制。如果子类限于超类中的属性和方法,则有失定义子类的意义。子类除继承超类中的属性和方法以外,还可用增加和取代的方法定义子类中特殊的属性和方法。所谓增加就是定义新的属性和方法;所谓取代就是重新定义超类的属性和方法。如果子类有多个直接超类,则子类要从多个直接超类继承属性和方法,这叫多继承(Multiple Inheritance)。

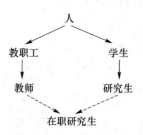

图1.32 由子类及其所有超类所组成的格结构

由于同样的方法名在不同的类中可能代表不同的含义,同样一个消息送到不同对象中,可能执行不同的过程,也就是消息的含义依赖于其执行环境。例如,在"图"这个类中,可以定义一个显示(Display)方法,但不同的图需要不同的显示过程,只有当消息送到具体对象时,才能确定采用何种显示过程,这种一名多义的做法叫多态(Polymorphism)。在此情况下,同一方法名代表不同的功能,也就是一名多用,这叫重载(Overloading)。消息中的方法名,在编译时还不能确定它所代表的过程,只有在执行时,当消息发送到具体对象后,方法名和方法的过程才能结合,这种"名"与"义"的推迟结合叫滞后联编(Late Binding)。

4. 对象的标识

在 O-O 数据模型中,每个对象都在系统内有唯一的和不变的标识符,称为对象标识符(Object Identifier,OID)。OID 一般由系统产生,用户不得修改。两个对象即使属性值和方法都一样,若 OID 不同,则仍被认为是两个相等而不同的对象。相等和同一是两个不同的概念,例如,在逻辑图中,一种型号的芯片可以用在多个地方,这些芯片是相等的,但不是同一个芯片,它们仍被视为不同的对象。在这一点上,O-O 数据模型与关系数据模型不同。在关系数据模型中,如果两个元组的属性值完全相同,则被认为是同一元组;在 O-O 数据模型中,对象的标识符是区别对象的唯一标志,而与对象的属性值无关。前者称为按值识别,后者称为按标识符识别。在原则上,对象标识符不应依赖于它的值。一个对象的属性值修改了,只要其标识符不变,则仍认为是同一对象。因此,OID 可以看成对象的替身。

面向对象数据模型已经用作 O-O DBMS 的数据模型。由于其语义丰富,表达比较自然,因此也适合作为数据库概念结构设计的数据模型(即概念模型)。随着面向对象程序设计的广泛应用和数据库新应用的不断涌现,面向对象数据模型可望在计算机科学技术领域中得到普遍的认可。

上述 4 种数据模型的比较见表1.2。

表1.2 数据模型比较表

比较项	层次模型	网状模型	关系模型	面向对象模型
创始	1968 年 IBM 公司的 IMS	1969 年 CODASYL 的 DBTG 报告(1971 年通过)	1970 年 E. F. Codd 提出关系模型	20 世纪 80 年代

续 表

比较项	层次模型	网状模型	关系模型	面向对象模型
典型产品	IMS	IDS/Ⅱ、IMAGE/3000、IDMS等	Oracle, SQL Server, MySQL, DB2, openGauss等	ONTOS DB
盛行时期	20世纪70年代	20世纪70年代到80年代中期	20世纪80年代至今	20世纪90年代至今
数据结构	复杂(树形结构),要加树形限制	复杂(有向图结构),结构上无须严格限制	简单(二维表),无须严格限制	复杂(嵌套、递归),无须严格限制
数据联系	通过指针连接记录类型,联系单一	通过指针连接记录类型,联系多样,较复杂	通过联系表(含外码),联系多样	通过对象的标识
查询语言	过程式,一次一记录。查询方式单一(双亲到子女)	过程式,一次一记录。查询方式多样	非过程式,一次一集合。查询方式多样	面向对象语言
实现难易	在计算机中实现较方便	在计算机中实现较困难	在计算机中实现较方便	在计算机中实现有一定难度
数学理论基础	树(研究不规范、不透彻)	无向图(研究不规范、不透彻)	关系理论(关系代数、关系演算),研究深入、透彻	连通有向图(研究还不透彻)

3个世界术语对照见表1.3。

表1.3 现实世界、信息世界、机器世界/关系数据库间术语对照表

现实世界	信息世界	机器世界/关系数据库
事物	实体	记录/元组(或行)
若干同类事物	实体集	记录集(即文件)/元组集(即关系)
若干特征刻画的事物	实体型	记录型/二维表框架(即关系模式)
事物的特征	属性	字段(或数据项)/属性(或列)
事物之间的关联	实体型(或实体)之间的联系	记录型之间的联系/联系表(外码)
事物某特征的所有可能值	域	字段类型/域
事物某特征的一个具体值	一个属性值	字段值/分量
可区分同类事物的特征或若干特征	码	关键字段/关系键(或主码)

1.3 数据库系统结构

可以从多种不同的层次或不同的角度来考察数据库系统的结构。从数据库外部的体系结构看,数据库系统的结构分为单机结构、主从式结构、分布式结构、客户机/服务器结构、浏览器/服务器结构(含多层结构)、并行式结构等。从数据库管理系统内部系统结构看,数据库系统通常采用三级模式结构。

1.3.1 数据库系统的外部体系结构

数据库系统的典型的外部体系结构主要有以下 6 种。

1. 单机结构

早期最简单的外部体系结构就是单机结构。在单机结构中,所有东西都是运行在同一机器上。这个机器可以是一台大型机、一台小型的 PC 或者中型机。由于应用程序、数据库管理系统和数据等都是安装和运行在同一机器上,它们之间可以通过内部通信线路来进行通信与操作。不同机器上的单机数据库系统不能共享数据。单机结构如图 1.33 所示。

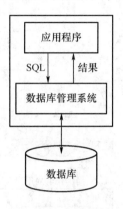

图 1.33 单机结构

2. 主从式结构

主从式结构的数据库系统是大型主机带多终端的多用户结构的数据库系统,又称主机/终端模式。其结构简单,易于管理、控制与维护。然而,当终端数目太多时,主机的任务会过分繁重,成为系统瓶颈;系统的可靠性依赖主机,当主机出现故障时,整个系统都将不能使用。主从式结构如图 1.34 所示。

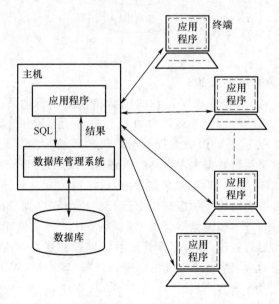

图 1.34 主从式结构

3. 分布式结构

分布式结构的数据库（DDB）系统是分布式网络技术与数据库技术相结合的产物，数据库分布存储在计算机网络的不同节点上。数据在物理上是分布的，所有数据在逻辑上是一个整体，节点上分布存储的数据相对独立。该结构的优点是：多台服务器并发地处理数据，能提高效率，满足地理上分散的公司、团体和组织对于数据库应用的需求。该结构的缺点是：数据的分布式存储给数据处理任务协调与维护带来麻烦与困难，当用户需要经常访问远程数据时，系统效率会明显地受到网络传输的制约。分布式结构如图 1.35 所示。

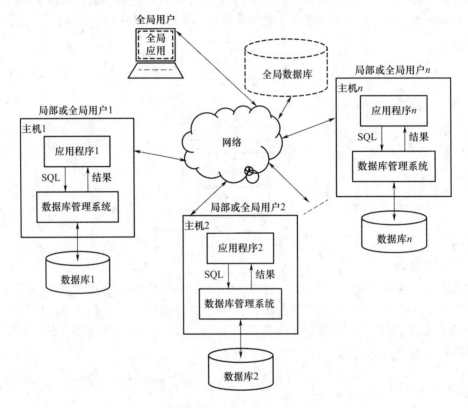

图 1.35　分布式结构

4. 客户机/服务器结构（C/S 结构）

在客户机/服务器结构中，应用程序运行的机器和数据库管理系统运行的机器不同，即 DBMS 与应用程序分开。客户机/服务器结构如图 1.36 所示，其分为数据库服务器（Server）与（胖）客户机（Client）。这就是所谓的远程数据库管理系统。内部通信通常通过局域网进行。该结构的优点是：网络运行效率大大提高。该结构的缺点是：系统维护与升级很不方便。

5. 浏览器/服务器结构（B/S 结构）或多层（N-tier）结构

该结构把客户机/服务器结构中的客户机上运行的应用程序划分成两个部分，如图 1.37 所示。一部分客户机应用程序，如浏览器（Browse），负责用户界面或用户操作应用，运行在客户机上；另一部分服务器运行程序，和数据库管理系统进行交互，运行在服务器上，充当中介。浏览器/服务器结构可以看成三层体系结构的一种，即（瘦）客户机、Web 服务器/应用服务器、数据库服务器，这时浏览器作为客户机。

浏览器/服务器结构（B/S 结构）即浏览器和服务器结构。它是随着 Internet 技术的兴起，对客户机/服务器结构进行变化或者改进的结构。在这种结构下，用户工作界面通过 Web 浏

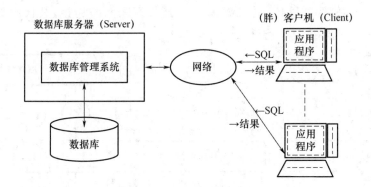

图 1.36 客户机/服务器结构

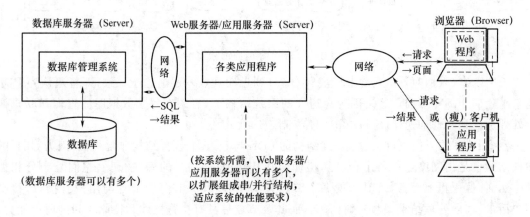

图 1.37 浏览器/服务器结构

览器来实现,极少部分事务逻辑在前端(Browser)实现,主要事务逻辑在服务器端(Server)实现,形成所谓三层体系结构。这样就大大简化了客户端电脑载荷,减少了系统维护与升级的成本和工作量,降低了用户的总体成本。

就三层体系结构而言,(瘦)客户机可以是除浏览器以外的其他形式,Web 服务器/应用服务器也可以扩展成串/并行结构的多个 Web 服务器/应用服务器,这就是所谓的 n 层体系结构的数据库系统。

6. 并行式结构

并行式结构的数据库(Parallel Database,PDB)系统是新一代高性能数据库系统,是在大规模并行处理器(Massively Parallel Processor,MPP)计算机和集群并行计算环境的基础上提出的数据库结构。

根据所在的计算机的处理器、内存及存储设备的相互关系,并行数据库可以归纳为 3 种基本的体系结构:共享内存(Shared-Memory,SM)、共享磁盘(Shared-Disk,SD)、无共享(Shared-Nothing,SN)。3 种结构的 PDB 示意图如图 1.38 所示,其中 $P_i(1 \leqslant i \leqslant n)$ 表示处理器。

① SM 结构又可称为完全共享型(Share-Everything),所有处理机存取一公共全局内存和所有磁盘,其代表如 IBM/370、VAX。

② SD 结构中每个处理机有自己的私有内存,且能访问所有磁盘,其代表如 IBM 的 Sysplex、早期的 VAX 簇。

③ SN 结构中所有磁盘和内存分散给各处理机,每个处理机只能直接访问其私有内存和

磁盘，各自都是一个独立的整体，处理机间由一公共互联网络连接，其代表如 Teradata 的 DBC/1012、Tandem 的 Nonstop SQL。

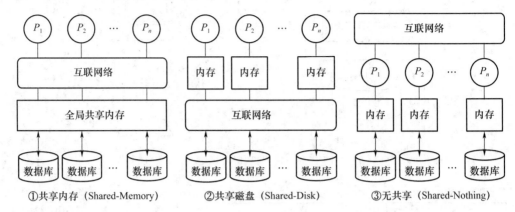

图 1.38　3 种结构的 PDB 示意图

长期以来，人们对这 3 种结构争论不休，直到近期观点才逐渐趋于一致，即普遍认为 PDB 越来越趋向于 SN 结构。这是因为在这样的系统结构下，有望在复杂数据库的查询和联机执行处理上达到线性加速比（Speedup）和伸缩比（Scaleup）。

熟悉 DDB 的人们也许会觉得 SN 结构的 PDB 与 DDB 的硬件结构非常相似，因为 DDB 的硬件结构也是由网络连接若干台计算机而组成（见图 1.35）。的确，物理上它们是十分相似的。然而，从逻辑上而言，PDB 中的 n 个节点并不平等，其只有一个节点与用户有接口，接受用户请求，输出处理结果，制定执行方案，而其余节点只具有执行操作和彼此之间的通信能力，不具备与用户的交互能力，仅在操作运行能力方面有并行性、协作性、整体性要求。

1.3.2　数据库系统的三级模式结构

数据库系统的内部系统结构可以认为是采用了三级模式结构。这里所谓的"模式"是指对数据的逻辑或物理的结构（包括数据及数据间的联系）、数据特征、数据约束等的定义和描述，是对数据的一种抽象、一种表示。

例如，关系模式是对关系的一种定义和描述，学生（学号，姓名，性别，年龄）是一个学生关系模式，而（'200401','李立勇','男',20）是学生关系模式的一个值，称为模式的实例。

模式反映的是数据的本质、核心或型的方面，模式是静态的、稳定的、相对不变的。数据的模式表示是人们对数据的一种把握与认识手段。数据库系统的三级模式结构只是对模式型方面的结构表示，而模式的实例是依附于三级模式结构的，是动态不断变化的。

数据库系统的三级模式结构是指外模式、模式（或概念模式）和内模式，如图 1.39 所示。数据库系统的三级模式结构是人们从 3 个不同层次或角度对数据的定义和描述，其具体含义如下。

1. 外模式（External Schema）

外模式也称子模式（SubSchema）或用户模式，是三级模式的最外层，它是数据库用户能够看到和使用的局部数据的逻辑结构和特征的描述。

普通用户只对整个数据库的一部分感兴趣，可根据系统所给的模式，用查询语言或应用程序去操作数据库中的那部分数据。因此，可以把普通用户看到和使用的数据库内容称为视图。

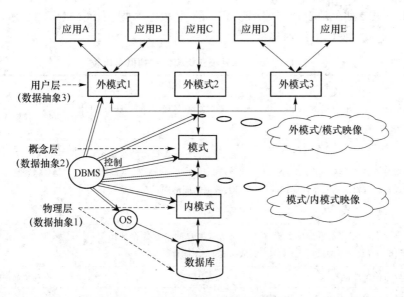

图 1.39 数据库系统的三级模式结构

视图集也称为用户级数据库,它对应于外模式。外模式通常是模式的子集。一个数据库可以有多个外模式。由于它是各个用户的数据视图,如果不同的用户在应用需求、看待数据的方式、对数据保密性要求等方面存在差异,则其外模式描述就是不同的。即使对模式中同一数据,在外模式中的结构、类型、长度、保密级别等都可以有所不同。此外,同一外模式也可以为某一用户的多个应用系统所用,但一个应用程序一般只能使用一个外模式。

DBMS 提供子模式描述语言(子模式 DDL)来定义子模式。

2. 模式(Schema)

模式又称概念模式,也称逻辑模式,是数据库中全体数据的逻辑结构和特征的描述,是所有用户的公共数据视图,是数据视图的全部。它是数据库系统三级模式结构的中间层,既不涉及数据的物理存储细节和硬件环境,也与具体的应用程序、所使用的应用开发工具及高级程序设计语言等无关。

概念模式实际上是数据库数据在逻辑级上的视图。一个数据库只有一个模式。数据库模式以某一种数据模型为基础,统一综合地考虑了所有用户的需求,并将这些需求有机地结合成一个逻辑整体。定义模式时不仅要定义数据的逻辑结构,例如,数据记录由哪些数据项构成,数据项的名字、类型、取值范围等,而且要定义数据之间的联系,定义与数据有关的安全性、完整性要求等。

DBMS 提供模式描述语言(模式 DDL)来定义模式。

3. 内模式(Internal Schema)

内模式也称为存储模式,一个数据库只有一个内模式。它是数据物理结构和存储方式的描述,是数据在数据库内部的表示方式。例如,记录的存储方式是顺序存储、按照 B 树结构存储还是按 hash 方法存储;索引按照什么方式组织与实现;数据是否压缩存储,是否加密;数据的存储记录结构有何规定等。

DBMS 提供内模式描述语言(内模式 DDL)来严格地定义内模式。

数据库系统三级模式结构概念比较可参见表 1.4。

数据库系统的三级模式结构是对数据的 3 个抽象级别。它把数据的具体组织留给 DBMS

去做,各级用户只要抽象地看待与处理数据,而不必关心数据在计算机中的表示和存储,这样就减轻了用户使用数据库系统的负担。

表 1.4　数据库系统三级模式结构概念比较

比较	外模式	模式	内模式
定义	也称子模式、用户模式或用户级模式	也称概念模式、逻辑模式或概念级模式	也称存储模式、物理级模式
	是数据库用户能够看见和使用的局部数据的逻辑结构和特征的描述	是数据库中全体数据的逻辑结构和特征的描述,它包括:数据的逻辑结构、数据之间的联系和与数据有关的安全性、完整性要求	是数据物理结构和存储方式的描述
特点1	是各个具体用户所看到的数据视图,是用户与数据库的接口	是所有用户的公共数据视图。一般只有 DBA 能看到全部	数据在数据库内部的表示方式
特点2	可以有多个外模式	只有一个模式	只有一个内模式
特点3	针对不同用户,有不同的外模式描述。每个用户只能看见和访问所对应的外模式中的数据,数据库中其余数据是不可见的。所以外模式是保证数据库安全性的一个有力措施	数据库模式以某一种数据模型(层状、网状、关系)为基础,统一综合地考虑所有用户的需求,并将这些需求有机地结合成一个逻辑整体	以前由 DBA 定义,现基本由 DBMS 定义
特点4	面向应用程序或最终用户	由 DBA 定义与管理	由 DBA 定义或由 DBMS 预先设置
DDL	DBMS 提供3种模式的描述语言(DDL)来严格定义3种模式。例如:子模式 DDL、模式 DDL 和内模式 DDL。子模式 DDL 和用户选用的程序设计语言具有相容的语法,如 Cobol 子模式 DDL。关系数据库3种模式的描述语言统一于 SQL 中		

1.3.3　数据库系统的二级映像功能与数据独立性

为了能够在内部实现这3个抽象层次的联系和转换,DBMS 在这三级模式结构之间提供了两层映像:外模式/模式映像,模式/内模式映像。

这两层映像保证了数据库系统的数据能够具有较高的逻辑独立性和物理独立性。

1. 外模式/模式映像

模式描述的是数据的全局逻辑结构,外模式描述的是数据的局部逻辑结构。对应于同一个模式可以有任意多个外模式,每个外模式数据库系统都有一个外模式/模式映像,它定义了该外模式与模式之间的对应关系。这些映像定义通常包含在各自外模式的描述中。

当模式改变时,由数据库管理员对各个外模式/模式映像做相应改变,可以使外模式保持不变。应用程序是依据数据的外模式编写的,从而应用程序不必修改,保证了数据与程序的逻辑独立性,简称为数据逻辑独立性。

2. 模式/内模式映像

数据库中只有一个模式,也只有一个内模式,所以模式/内模式映像是唯一的,它定义了数据库全局逻辑结构与存储结构之间的对应关系。例如,说明逻辑记录和字段在内部是如何表示的。该映像定义通常包含在模式描述中。当数据库的存储结构改变了,由数据库管理员对模式/内模式映像做相应改变,可以使模式保持不变,从而应用程序也不必改变,保证了数据与程序的物理独立性,简称为数据物理独立性。

在数据库系统的三级模式结构中,数据库模式即全局逻辑结构是数据库的**中心与关键**,它独立于数据库的其他层次,因此设计数据库模式时应首先确定数据库的逻辑模式。

数据库的内模式依赖于它的全局逻辑结构,但独立于数据库的用户视图,即外模式,也独立于具体的存储设备。它将全局逻辑结构中所定义的数据结构及其联系按照一定的物理存储策略进行组织,以实现较好的时间与空间效率。

数据库的外模式面向具体的应用程序,它定义在逻辑模式之上,但独立于内模式和存储设备。当应用需求发生较大变化时,可修改外模式以适应新的需要。

数据库系统的二级映像保证了数据库外模式的稳定性,进而从根本上保证了应用程序的稳定性,使得数据库系统具有较高的数据与程序的独立性。数据库系统的三级模式结构与二级映像使得数据的定义和描述可以从应用程序中分离出去。又由于数据的存取由 DBMS 管理,用户不必考虑存取路径等细节,从而简化了应用程序的编制,大大减少了应用程序的维护和修改。

1.3.4 数据库管理系统的工作过程

当数据库建立后,用户就可以通过终端操作命令或应用程序在 DBMS 的支持下使用数据库。DBMS 控制的数据操作过程基于数据库系统的三级模式结构与二级映像功能,总体操作过程能从其读取或写入一个用户记录的过程大体反映出来。

下面就以应用程序从数据库中读取一个用户记录的过程(图 1.40)来说明。

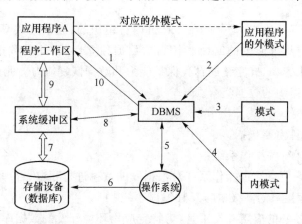

图 1.40 DBMS 读取用户记录的过程示意图

按照步骤解释运行过程如下:

① 应用程序 A 向 DBMS 发出从数据库中读取用户数据记录的命令;

② DBMS 对该命令进行语法检查、语义检查,并调用应用程序 A 对应的子模式,检查 A 的存取权限,决定是否执行该命令,如果拒绝执行,则转(10)向用户返回错误信息;

③ 在决定执行该命令后,DBMS 调用模式,依据子模式/模式映像的定义,确定应读取模式中的哪些记录;

④ DBMS 调用内模式,依据模式/内模式映像的定义,决定应从哪个文件、用什么存取方式、读取哪个或哪些物理记录;

⑤ DBMS 向操作系统发出执行读取所需物理记录的命令；
⑥ 操作系统执行从物理文件中读数据的有关操作；
⑦ 操作系统将数据从数据库的存储区送至系统缓冲区；
⑧ DBMS 依据内模式/模式（模式/内模式映像的反方向看待，并不是另一种新映像，模式/子模式映像也是类似情况）、模式/子模式映像的定义，导出应用程序 A 所要读取的记录格式；
⑨ DBMS 将数据记录从系统缓冲区传送到应用程序 A 的用户工作区；
⑩ DBMS 向应用程序 A 返回命令执行情况的状态信息。

至此，DBMS 就完成了一次读取用户数据记录的过程。DBMS 向数据库写入一个用户数据记录的过程经历的环节类似于读操作，只是过程基本相反而已。由 DBMS 控制的大量用户数据的存取操作可以理解为就是由许许多多这样的读或写的基本过程组合完成的。

1.4 数据库系统的组成

数据库系统是指计算机系统中引入数据库后的整个人机系统。为此，数据库系统应由计算机硬件、数据库、计算机软件及各类人员组成。

1. 硬件平台

数据库系统对硬件资源提出了较高的要求：有足够大的内存存放操作系统、DBMS 的核心模块、数据缓冲区和应用程序；有足够大而快速的磁盘等直接存储设备存放数据库，有足够的磁盘空间做数据备份。此外，要求系统有较高的数据通道能力，以提高数据传送率。

2. 数据库

数据库是存放数据的地方，是存储在计算机内有组织的、大量可共享的数据集合，可以供多用户同时使用，具有尽可能少的冗余和较高的数据独立性，因此其数据存储的结构形式最优，并且数据操作起来容易，有完整的自我保护能力和数据恢复能力。此处的数据库主要是指物理存储设备中有效组织的数据集合。

3. 软件

数据库系统的软件主要包括：
① 支持 DBMS 运行的操作系统；
② DBMS，DBMS 可以通过操作系统对数据库的数据进行存取、管理和维护；
③ 具有与数据库接口的高级语言及其编译系统；
④ 以 DBMS 为核心的应用开发工具，为特定应用环境开发的数据库应用系统。

4. 用户

用户主要有以下几种：用于管理和维护数据库系统的人员——数据库管理员；用于数据库应用系统分析设计的人员——系统分析员和数据库设计人员；用于具体开发数据库应用系统的人员——数据库应用程序员；用于使用数据库应用系统的人员——最终用户。

其各自的职责分别如下。

（1）数据库管理员（DBA）

在数据库系统环境下，有两类共享资源，一类是数据库，另一类是数据库管理系统软件，且需要有专门的管理机构来监督和管理它们。DBA 则是这个机构的一个或一组人员，负责全面管理和控制数据库系统。具体职责包括以下 5 个方面。

① 决定数据库中的信息内容和结构

数据库中要组织与存放哪些信息，DBA 要全程参与决策，即决定数据库的模式与子模式，甚至内模式。

② 决定数据库的存储结构和存取策略

DBA 要综合各用户的应用要求，与数据库设计人员共同决定数据的存储结构和存取方法等，以寻求最优的数据存取效率和存储空间利用率，即决定数据库的内模式。

③ 定义数据的安全性要求和完整性约束条件

DBA 的重要职责是保证数据库的安全性与完整性，因此，DBA 负责确定各类用户对数据库的存取权限、数据的保密等级和各种完整性约束要求等。

④ 监控数据库的使用和运行

DBA 要做好日常运行与维护工作，特别是系统的备份与恢复工作，保证系统万一发生各类故障而遭到不同程度破坏时，能及时恢复到最近的某正确状态。

⑤ 数据库的改进和重组重构

数据库运行一段时间后，随着大量数据在数据库中变动，会影响系统的运行性能，为此，DBA 要负责定期对数据库进行数据重组织，以期更好的运行性能。

当用户的需求增加和改变时，DBA 负责对数据库各级模式进行适当的改进，即数据库的重构造。

（2）系统分析员和数据库设计人员

系统分析员负责应用系统的需求分析和规范说明，和最终用户及 DBA 相配合，分析确定系统的软硬件配置，并参与数据库系统的总体设计。

数据库设计人员负责数据库中数据的确定、数据库各级模式的设计。为了合理而良好地设计数据库，数据库设计人员必须深入实践，参加用户需求调查和系统分析。中小型系统中，该人员往往由 DBA 兼任。

（3）数据库应用程序员

数据库应用程序员负责设计和编写应用系统的程序模块，并进行调试和安装。

（4）用户

这里用户是指最终用户，可以分为以下 3 类。

① 偶然用户。这类用户不经常访问数据库，但每次访问数据库时往往需要不同的数据库信息，这类用户一般是企业或是组织结构的高中级管理人员。

② 简单用户。数据库的多数用户都是这类，其主要的工作是查询和修改数据库，一般都是通过由数据库应用程序员精心设计并具有良好界面的应用程序存取数据库，银行职员和航空公司的机票出售、预定工作人员都是这类人员。

③ 复杂用户。复杂用户包括工程师、科学家、经济学家、科学技术人员等具有较高科学技术背景的人员，这类用户一般都比较熟悉 DBMS 的各种功能，能够直接使用数据库语言访问数据库，甚至能够基于 DBMS 的 API 编制具有特殊功能的应用程序。

1.5 数据库技术的研究领域及其发展*

1.5.1 数据库技术的研究领域

数据库技术的研究领域十分广泛，概括而言包括以下 3 个方面：

1. DBMS 系统软件的研制

DBMS 是数据库应用的基础，DBMS 的研制包括研制 DBMS 本身及以 DBMS 为核心的一组相互联系的软件系统，包括工具软件和中间件。研制的目标是提高系统的可用性、可靠性、可伸缩性，提高系统运行性能和用户应用系统开发设计的生产率。

现在使用的 DBMS 主要是国外的产品，国产 DBMS 产品或原型系统，如 OceanBase、TiDB、openGauss 等，在商品化、成熟度、性能等方面正在逐步提升，或部分性能指标已赶超国外的产品。

目前，通过墨天轮网站（https://www.modb.pro/）数据库排行来看，2023 年 5 月国产数据库排行榜 TOP 10 的产品依次是 OceanBase、TiDB、openGauss、达梦、人大金仓、GaussDB、PolarDB、TDSQL、GBase、AnalyticDB。

华为 openGauss 数据库学习资源见二维码。

2. 数据库应用系统设计与开发的研制

数据库应用系统设计与开发的主要任务是在 DBMS 的支持下，按照应用的具体要求，为某单位、部门或组织设计一个结构合理有效、使用方便高效的数据库及其应用系统。研究的主要内容包括数据库设计方法、设计工具和设计理论研究，数据模型和数据建模的研究，数据库及其应用系统的辅助与自动设计的研究，数据库设计规范和标准的研究等。这一方向可能是今后大部分读者要从事的研究与应用方向。

华为 openGauss 数据库学习资源

3. 数据库理论的研究

数据库理论的研究主要集中在关系的规范化理论、关系数据理论等方面。近年来，随着计算机其他领域的不断发展及其与数据库技术的相互渗透与融合，产生了许多新的应用与理论研究方向，如数据库逻辑演绎和知识推理、数据库中的知识发现、并行数据库与并行算法、分布式数据库系统、多媒体数据库系统、多模态数据库、数据库智能化等。

思政 1.5.1

1.5.2 数据库技术的发展

数据库技术产生于 20 世纪 60 年代中期，由于其在商业领域的成功应用，在 20 世纪 80 年代后得到迅速推广，新的应用对数据库技术在数据存储和管理方面提出了更高的要求，从而进一步推动了数据库技术的发展。

1. 数据模型的发展和三代数据库系统

数据模型是数据库系统的核心和基础，数据模型的发展带动着数据库系统不断更新换代。

数据模型的发展可以分为 3 个阶段，第一阶段为格式化数据模型，包括层次数据模型和网状数据模型，第二阶段为关系数据模型，第三阶段则是以面向对象数据模型为代表的非传统数据模型。按照上述数据模型的 3 个发展阶段，数据库系统也可以相应地划分为三代。第一代数据库系统为层次与网状数据库系统，第二代数据库系统为关系数据库系统，这两代也常称为传统数据库系统。新一代数据库系统（即第三代）的发展呈现百花齐放的局面，其基本特征包括：①没有统一的数据模型，但所用数据模型多具有面向对象的特征；②继续支持传统数据库系统中的非过程化数据存取方式和数据独立性；③不仅能更好地支持数据管理，而且能支持对象管理和知识管理；④系统具有更高的开放性。

2. 数据库技术与其他相关技术的结合

将数据库技术与其他相关技术相结合是当代数据库技术发展的主要特征之一,并由此产生了许多新型的数据库系统。

(1) 面向对象数据库系统

面向对象数据库系统是数据库技术与面向对象技术相结合的产物。面向对象数据库的核心是面向对象数据模型。在面向对象数据模型中,现实世界里客观存在且相互区别的事物被抽象为对象,一个对象由3个部分构成,即变量集、消息集和方法集。变量集中的变量是对事物特性的数据抽象,消息集中的消息是对象所能接收并响应的操作请求,方法集中的方法是操作请求的实现方法,每个方法就是一个执行程序段。

面向对象数据模型的主要优点体现在:

① 消息集是对象与外界的唯一接口,方法和变量的改变不会影响对象与外界的交互,从而使应用系统的开发和维护变得容易;

② 相似对象的集合构成类,而类具有继承性,从而使程序复用成为可能;

③ 支持复合对象,即允许在一个对象中包含另一个对象,从而使数据间如嵌套、层次等复杂关系的描述变得更为容易。

(2) 分布式数据库系统

分布式数据库系统是数据库技术与计算机网络技术相结合的产物,具有三大基本特点,即物理分布性、逻辑整体性和场地自治性。物理分布性指分布式数据库中的数据分散存放在以网络相连的多个节点上,每个节点中所存储的数据的集合即为该节点上的局部数据库。逻辑整体性指系统中分散存储的数据在逻辑上是一个整体,各节点上的局部数据库组成一个统一的全局数据库,能支持全局应用。场地自治性指系统中的各个节点上都有自己的数据库管理系统,能对局部数据库进行管理,响应用户对局部数据库的访问请求。

分布式数据库系统体系结构灵活,可扩展性好,容易实现对现有系统的集成,既支持全局应用,也支持局部应用,系统可靠性高,可用性好,但存取结构复杂,通信开销较大,数据安全性较差。

(3) 并行数据库系统

并行数据库系统就是在并行计算机上运行的具有并行处理能力的数据库系统,它是数据库技术与并行计算机技术相结合的产物,其产生和发展源于数据库系统中多事务对数据库进行并行查询的实际需求,而高性能处理器、大容量内存、廉价冗余磁盘阵列以及高带宽通信网络的出现则为并行数据库系统的发展提供了充分的硬件支持,同时,非过程化数据查询语言的使用也使系统能以一次一集合的方式存取数据,从而使数据库操作蕴含了3种并行性,即操作间独立并行、操作间流水线并行和操作内并行。

并行数据库系统的主要目标是通过增加系统中处理器和存储器的数量,提高系统的处理能力和存储能力,使数据库系统的事务吞吐率更高,对事务的响应速度更快。理想情况下,并行数据库系统应具有线性扩展和线性加速能力。线性扩展是指当任务规模扩大 N 倍,而系统的处理和存储能力也扩大 N 倍时,系统的性能保持不变。线性加速是指任务规模不变,而系统的处理和存储能力扩大 N 倍时,系统的性能也提高 N 倍。

(4) 多媒体数据库系统

多媒体数据库系统是数据库技术与多媒体技术相结合的产物。多媒体数据库中的数据不仅包含数字、字符等格式化数据,还包括文本、图形、图像、声音、视频等非格式化数据。非格式化数据的数据量一般都比较大,结构也比较复杂,有些数据还带有时间顺序、空间位置等属性,这就给数据的存储和管理带来了较大的困难。

对多媒体数据的查询要求往往也各不相同,系统不仅应当能支持一般的精确查询,还应当能支持模糊查询、相似查询、部分查询等非精确查询。

各种不同媒体的数据结构、存取方法、操作要求、基本功能、实现方法等一般也各不相同,系统应能对各种媒体数据进行协调,正确识别各种媒体数据之间在时间、空间上的关联,同时还应提供特种事务处理和版本管理能力。

(5) 主动数据库系统与智能数据库系统

主动数据库系统与智能数据库系统是数据库技术与人工智能技术相结合的产物。传统数据库系统只能被动地响应用户的操作请求,而实际应用中可能希望数据库系统在特定条件下能根据数据库的当前状态,主动地做出一些反应,如执行某些操作或显示相关信息等。数据库系统智能化将是未来趋势之一。

(6) 模糊数据库系统

模糊数据库系统是数据库技术与模糊技术相结合的产物。传统数据库系统中所存储的数据都是精确的,但事实上,客观事物并不总是确定的,不但事物的静态结构方面存在着模糊性,而且事物间互相作用的动态行为方面也存在着模糊性。要真实地反映客观事物,数据库中就应当支持对带有一定模糊性的事物及事物间联系进行描述。

模糊数据库系统就是能对模糊数据进行存储、管理和查询的数据库系统,其中精确数据被看成模糊数据的特例来加以处理。在模糊数据库系统中,不仅所存储的数据是模糊的,而且数据间的联系、对数据的操作等也都是模糊的。

模糊数据库系统有广阔的应用前景,但其理论和技术尚不成熟,在模糊数据及其间模糊联系的表示、模糊距离的度量、模糊数据模型、模糊操作和运算的定义、模糊语言、模糊查询方法、实现技术等方面均有待改进。

3. 数据库技术的新应用

数据库技术在不同领域中的应用,也导致了一些新型数据库系统的出现,这些应用领域往往无法直接使用传统数据库系统来管理和处理其中的数据对象。

(1) 数据仓库系统

传统数据库系统主要用于联机事务处理,在这样的系统中,人们更多关心的是系统对事务的响应时间及如何维护数据库的安全性、完整性、一致性等问题,系统的数据环境正是基于这一目标而创建的,若以这样的数据环境支持分析型应用,则会带来一些问题,例如:①原数据环境中没有分析型处理所需的集成数据、综合数据和组织外部数据,如果在执行分析处理时再进行数据的抽取、集成和综合,则会严重影响分析处理的效率;②原数据环境中一般不保存历史数据,而这些数据却是分析型处理的重要处理对象;③分析型处理一般花费时间较多且需访问的数据量大,事务处理每次所需时间较短而对数据的访问频率则较高,若两者在同一环境中执行,事务处理效率会大打折扣;④若不加限制地允许数据层层抽取,则会降低数据的可信度;⑤系统提供的数据访问手段和处理结果表达方式远远不能满足分析型处理的需求。

数据仓库是面向主题的、集成的、随时间变化的、非易失的数据的集合,用于支持管理层的决策过程。数据仓库系统中另一重要组成部分就是数据分析工具,包括各类查询工具、统计分析工具、联机分析处理工具、数据挖掘工具等。

(2) 工程数据库系统

工程数据库就是用于存储和管理工程设计所需数据的数据库,一般应用于计算机辅助设计、计算机辅助制造、计算机集成制造等工程领域。

1.5.3 数据库行业发展趋势

目前,数据库行业出现了互为补充的三大阵营:OldSQL 数据库、NoSQL 数据库和 NewSQL 数据库。

① OldSQL 数据库,即传统关系数据库,可扩展性差,支持事务处理为主。OldSQL 主要为 Oracle、IBM、Microsoft 等国外数据库厂商所垄断,国产数据库厂商还会处于追赶或部分赶超状态。

② NoSQL 数据库,旨在满足分布式体系结构的可扩展性需求和(或)无模式数据管理需求。NoSQL 数据库系统有:基于 Hadoop 架构的 Apache 的 HBase、Google 的 Bigtable、Amazon 的 Dynamo、Meta 的 Cassandra、Membase、MongoDB、Hypertable、Redis、CouchDB、Neo4j、Berkeley DB XML、BaseX 等。

③ NewSQL 数据库,旨在满足分布式体系结构的需求,或提高性能以便不必再进行横向扩展。EMC Greenplum、南大通用的 GBase 8a、HP Vertica 属于这个产品的代表。

1. NoSQL

NoSQL(Not Only SQL),意即"不仅仅是 SQL",是一项全新的数据库革命性运动。NoSQL 泛指非关系型的数据库,NoSQL 的拥护者们提倡运用非关系型的数据存储,相对于铺天盖地的关系型数据库,这一概念无疑是一种全新思维的注入。

随着互联网 Web 2.0 网站的兴起,传统的关系数据库在应付 Web 2.0 网站,特别是超大规模和高并发的社交网站(SNS)类型的 Web 2.0 纯动态网站,已经显得力不从心,主要表现为灵活性差、扩展性差、性能差等,而非关系型的数据库则由于其本身的特点,可以适应这种需求而得到了非常迅速的发展。

(1) NoSQL 数据模型

NoSQL 数据模型可划分为下面几类:Key-Value 存储、类 BigTable 数据库、文档型数据库、全文索引引擎、图数据库和 XML 数据库等。下面对这几种数据模型进行简单描述。

① Key-Value 存储模型。Key-Value 模型是最简单,也是最方便使用的数据模型,它支持简单的 Key 对应 Value 的键值存储和提取。Key-Value 模型的一个大问题是它通常是由 HashTable 实现的,无法进行范围查询,所以可以支持范围查询的有序 Key-Value 模型就出现了。虽然有序 Key-Value 模型能够解决范围查询的问题,但是其 Value 值依然是无结构的二进制码或纯字符串,通常只能在应用层去解析相应的结构。

② 类 BigTable 存储模型。本质上说,BigTable 是一个键值(Key-Value)映射。BigTable 是一个稀疏的、分布式的、持久化的、多维的排序映射。而类 BigTable 的数据模型能够支持结构化的数据,包括列、列簇、时间戳以及版本控制等元数据的存储。BigTable 不支持完整的关系数据模型,与之相反,BigTable 为客户提供了简单的数据模型,利用这个模型,客户可以动态控制数据的分布和格式。BigTable 将存储的数据都视为字符串,但是 BigTable 本身不去解析这些字符串,客户程序通常会把各种结构化或者半结构化的数据串行化到这些字符串里。

③ 文档型存储模型。文档型存储相对类 BigTable 存储有两个大的提升,一是其 Value 值支持复杂的结构定义,二是支持数据库索引的定义。

④ 全文索引存储模型。全文索引模型与文档型存储的主要区别在于文档型存储的索引主要是按照字段名来组织的,而全文索引模型是按字段的具体值来组织的。

⑤ 图数据库模型。图数据库模型也可以看作是从 Key-Value 模型发展出来的一个分支，不同的是它的数据之间有着广泛的关联，并且这种模型支持一些图结构的算法。

⑥ XML 数据库存储模型。该模型能高效地存储 XML 数据，并支持 XML 的内部查询语法，如 XQuery、Xpath。

NoSQL 与关系型数据库设计理念是不同的。关系型数据库中的表都是存储一些格式化的数据结构，每个元组字段的组成都一样，即使不是每个元组都需要所有的字段，数据库也会为每个元组分配所有的字段，这样的结构可以便于表与表之间进行连接等操作，但从另一个角度来说它也是关系型数据库性能瓶颈的一个因素。而非关系型数据库以键值对存储，它的结构不固定，每一个元组可以有不一样的字段，每个元组可以根据需要增加一些自己的键值对，这样就不会局限于固定的结构，也可以减少一些时间和空间的开销。

（2）NoSQL 的特点

① 易扩展。NoSQL 数据库种类繁多，但都有一个共同的特点是去掉关系数据库的关系型特性。数据之间无关系，这样就非常容易扩展，也无形之间在架构的层面上带来了可扩展的能力。

② 大数据量、高性能。NoSQL 数据库都具有非常高的读写性能，尤其在大数据量下，同样表现优秀。这得益于它的无关系性，数据库的结构简单。一般 MySQL 使用 Query Cache，每次表的更新 Cache 就失效，是一种大粒度的 Cache，在针对 Web 2.0 的交互频繁的应用，Cache 性能不高。而 NoSQL 的 Cache 是记录级的，是一种细粒度的 Cache，所以 NoSQL 在这个层面上来说性能就要高很多了。

③ 灵活的数据模型。NoSQL 无须事先为要存储的数据建立字段，随时可以存储自定义的数据格式。而在关系数据库里，增删字段是一件非常麻烦的事情，如果是非常大数据量的表，增加字段简直就是一个噩梦，这点在大数据量的 Web 2.0 时代尤其明显。

④ 高可用。在不太影响性能的情况，NoSQL 就可以方便地实现高可用的架构。如 Cassandra、HBase 模型，通过复制模型也能实现高可用。

（3）NoSQL 的缺点

虽然 NoSQL 数据库提供了高扩展性和灵活性，但是它也有自己的缺点，主要有以下 4 个方面。

① 数据模型和查询语言没有经过数学验证。SQL 这种基于关系代数和关系演算的查询结构有着坚实的数学保证，即使一个结构化的查询本身很复杂，它也能够获取满足条件的所有数据。NoSQL 系统都没有使用 SQL，且使用的一些模型还未有完善的数学基础，这也是 NoSQL 系统较为混乱的主要原因之一。

② 不支持 ACID 特性。这为 NoSQL 带来优势的同时也带来缺点，因为事务在很多场合下还是需要的，而 ACID 特性可以使系统在中断的情况下也保证在线事务能够准确执行。

③ 功能简单。大多数 NoSQL 系统提供的功能都比较简单，这就增加了应用层的负担，例如，如果要在应用层实现 ACID 特性，那么编写代码的程序员一定极其痛苦。

④ 没有统一的查询模型。NoSQL 系统一般提供不同查询模型，这使得很难规范应用程序接口，在一定程度上增加了开发者的负担。

2. NewSQL

NewSQL 是对各种新的可扩展、高性能数据库的简称，这类数据库不仅具有 NoSQL 对海量数据的存储管理能力，还保持了传统数据库支持 ACID，即事务的原子性（Atomicity）、一致性（Consistency）、隔离性（Isolation）、持久性（Durability），以及 SQL 等特性。

NewSQL 在保持了关系模型的基础上,对存储结构、计算架构和内存使用等数据库技术的核心要素进行了有深度的改变和创新。NewSQL 普遍采用列存储技术,NewSQL 系统虽然在内部结构变化很大,但是它们有两个显著的共同特点:①它们都支持关系数据模型;②它们都使用 SQL 作为其主要的接口。已知的第一个 NewSQL 系统叫作 H-Store,它是一个分布式并行内存数据库系统。

NewSQL 厂商的共同之处在于研发新的关系数据库产品和服务,并通过这些产品和服务,把关系模型的优势发挥到分布式体系结构中,或者将关系数据库的性能提高到一个不必进行横向扩展的程度。目前 NewSQL 系统大致分以下 3 类。

(1) 新架构

这一类是全新的数据库平台,它们均采取了不同的设计方法。设计方法大致可分两类。①这类数据库工作在一个分布式集群的节点上,其中每个节点拥有一个数据子集。SQL 查询被分成查询片段发送给数据所在的节点上执行。这类数据库可以通过添加额外的节点来进行线性扩展。现有的这类数据库有:Google Spanner、VoltDB、Clustrix、NuoDB 等。②这类数据库系统通常有一个单一的主节点的数据源。它们有一组节点用来做事务处理,这些节点接到特定的 SQL 查询后,会把它所需的所有数据从主节点上取回来后执行 SQL 查询,再返回结果。

(2) MySQL 引擎

第二类是高度优化的 SQL 存储引擎。这些系统提供了 MySQL 相同的编程接口,但扩展性比内置的引擎 InnoDB 更好。这类数据库系统有:TokuDB、MemSQL 等。

(3) 透明分片

这类系统提供了分片的中间件层,数据库自动分割在多个节点运行。这类数据库包括:ScaleBase、dbShards、ScaleArc 等。

现有的 NewSQL 系统厂商还有(顺序随机):GenieDB、Schooner、RethinkDB、ScaleDB、Akiban、CodeFutures、Translattice、NimbusDB、Drizzle、带有 NDB 的 MySQL 集群和带有 HandlerSocket 的 MySQL。较新的 NewSQL 系统还包括 Tokutek 和 JustOne DB。相关的"NewSQL 作为一种服务"类别包括亚马逊关系数据库服务、微软 SQL Azure、Xeround 和 FathomDB。

新一轮的数据库开发风潮呈现出向 SQL 回归的趋势,只不过这种趋势并非在更大、更好的硬件上(甚至不是在分片的架构上)运行传统的关系型存储,而是通过 NewSQL 解决方案来实现。

在市场被 NoSQL(一开始称为"No more SQL",后来改为"Not only SQL")逐步蚕食后,近一段时间以来传统的 SQL 开始回归。其中被广为传播的一个解决方案就是分片,不过对于某些情况来说这还远远不够。因此,人们推出了新的方式,有些方式结合了 SQL 与 NoSQL 这两种技术,还有些方式通过改进关系型存储的性能与可伸缩性来实现,人们将这些方式称为 NewSQL。虽然 NoSQL 因其性能、可伸缩性与可用性而广受赞誉,但其开发与数据重构的工作量要大于 SQL 存储。因此,有些人开始转向 NewSQL,将 NoSQL 的优势与 SQL 的能力结合了起来,最为重要的是使用能够满足需要的解决方案。

3. NewSQL 与 NoSQL

NewSQL 相比 NoSQL,在实时性、复杂分析、即席查询和开发性等方面表现出独特的优势。具体来说,NewSQL 整体优化较好,实时性较强,而 NoSQL 的实时性相对较差;NewSQL

采用多种索引和分区技术保证多表关联，效率较高，而 NoSQL 缺少高效索引和查询优化，复杂分析差；NewSQL 采用列存储和智能索引保证了即席查询性能，而 NoSQL 只能做精确查询不能做关联查询；NewSQL 是基于标准的成熟商业软件，对用户的研发能力要求相对较低，而 NoSQL 属于平台型的模块，没有标准，对用户的研发能力要求较高。

NoSQL 和 NewSQL 在面对海量数据处理时都表现出较强的扩展能力，NoSQL 现有优势在于对非结构化数据处理的支持上，但 NewSQL 对于全数据格式的支持也日趋成熟。而在一些方面，NewSQL 相比 NoSQL 表现出较大优势：实时性、复杂分析、即席查询、可开发性。

传统关系型数据库（OldSQL）不易扩展与并行，对海量数据处理不利限制了其应用。当前大量公有云和私有云数据库往往基于 NoSQL 技术，如 Hbase、Bigtable 等，其本身的非线性、分布式、水平可扩展非常适合云计算和大数据处理，但应用趋于简单化。而云数据库主要解决的是行业大数据应用问题，Hadoop 在面对传统关系型数据的复杂多表关联分析、强一致性要求、易用性等方面与分布式关系型数据库还存在较大差距。这种需求推动了基于云架构的新型数据库技术的诞生，其在传统数据库基础上支持 Shared-Nothing 集群，提高了系统伸缩性，例如，EMC 的 Greenplum、南大通用的 GBase 8a MPP Cluster、HP 的 Vertica 都属于类似产品。

从技术角度看，OldSQL 的典型特征是行存储、关系型和 SMP（对称多处理架构）。OldSQL 的代表产品包括 TimesTen、Altibase、SolidDB 和 Exadata 等。OldSQL 所代表的传统关系型数据库已经不能满足大数据对大容量、高性能和多数据类型的处理要求。为了更好地满足云计算和大数据的需求，NewSQL 和 NoSQL 脱颖而出，并且大有后来者居上的架势。

NoSQL 的技术主要源于互联网公司，如 Google、Yahoo、Amazon、Meta 等。NoSQL 产品普遍采用了 Key-Value、MapReduce、MPP（大规模并行处理）等核心技术。在互联网大数据应用中，NoSQL 占据了主导地位。

4. 不同架构数据库的混合应用

在大数据时代，"多种架构支持多类应用"成为数据库行业应对大数据的基本思路，**数据库行业出现互为补充的三大阵营，即适用于事务处理应用的 OldSQL、适用于数据分析应用的 NewSQL 和适用于互联网应用的 NoSQL**。但在一些复杂的应用场景中，单一数据库架构都不能完全满足应用场景对海量结构化和非结构化数据的存储管理、复杂分析、关联查询、实时性处理和控制建设成本等多方面的需要，因此不同架构数据库混合部署应用成为满足复杂应用的必然选择。不同架构数据库混合使用的模式可以概括为：OldSQL＋NewSQL、OldSQL＋NoSQL、NewSQL＋NoSQL 3 种主要模式。

行业技术的发展趋势是由"一种架构支持所有应用"转变为用"多种架构支持多类应用"。在大数据和云计算的背景下，这一理论导致了数据库市场的大裂变：数据库市场分化为三大阵营，包括 OldSQL（传统数据库）、NewSQL（新型数据库）和 NoSQL（非关系型数据库）。

NewSQL 和 NoSQL 将打破 OldSQL 服务于所有应用而一统天下的局面，与 OldSQL 三分天下，形成 3 类产品各自拥有最适用的应用类型和客户群的局面。同时，NoSQL 和 NewSQL 都表现出了面对海量数据时较强的扩展能力。NoSQL 另一优势在于对非结构化数据的处理支持上，而 NewSQL 作为新一代数据库产品，产品对于全数据格式的支持也日趋成熟。

说明：要了解最新某 NewSQL 或 NoSQL 数据库的情况，请尝试通过类似"http://www.某数据库名.com/"的网址去了解，例如，NoSQL 数据库 mongodb 的网址是 http://www.

mongodb.com/，NewSQL 数据库 Clustrix 的网址是 http://www.clustrix.com/。

1.6 小　　结

　　本章概述了数据库的基本概念，介绍了数据管理技术发展的 3 个阶段及各自的优缺点，说明了数据库系统的优点。

　　数据模型是数据库系统的核心和基础。本章介绍了组成数据模型的三要素及其内涵、概念模型和 4 种主要的数据库模型。

　　概念模型也称信息模型，用于信息世界的建模，E-R 模型是这类模型的典型代表，E-R 模型方法简单、清晰，应用十分广泛。数据模型包括非关系模型（层次模型和网状模型）、关系模型和面向对象模型。本章简要地讲解了这 4 种模型，而关系模型将在后续章节中作更详细的介绍。

　　数据库系统可以从数据库系统的外部系统结构与内部系统结构两个角度来认识。

　　数据库系统的内部系统结构包括三级模式和两层映像。数据库系统三级模式和两层映像的系统结构保证了数据库系统具有较高的逻辑独立性和物理独立性。数据库系统不仅是一个计算机系统，而且是一个"人-机"系统，人的作用特别是 DBA 的作用最为重要。

　　本章概念较多，要深入而透彻地掌握这些基本概念和基本知识还需有个循序渐进的过程。可以在后续章节的学习中，不断对照加深这些知识的理解与掌握。

习　　题

一、选择题

1. （　　）是位于用户与操作系统之间的一层数据管理软件。数据库在建立、使用和维护时由其统一管理、统一控制。
   A. DBMS　　　　　B. DB　　　　　C. DBS　　　　　D. DBA
2. 文字、图形、图像、声音、学生的档案记录、货物的运输情况等，这些都是（　　）。
   A. DATA　　　　　B. DBS　　　　　C. DB　　　　　D. 其他
3. 目前（　　）数据库系统已逐渐淘汰了网状数据库和层次数据库，成为当今最为流行的商用数据库系统。
   A. 关系　　　　　B. 面向对象　　　　　C. 分布　　　　　D. 对象-关系
4. （　　）是刻画一个数据模型性质最重要的方面。因此在数据库系统中，人们通常按它的类型来命名数据模型。
   A. 数据结构　　　　B. 数据操作　　　　C. 完整性约束　　　　D. 数据联系
5. （　　）属于信息世界的模型，实际上是现实世界到机器世界的一个中间层次。
   A. 数据模型　　　　B. 概念模型　　　　C. 非关系模型　　　　D. 关系模型
6. 当数据库的（　　）改变了，由数据库管理员对（　　）映像作相应改变，可以使（　　）保持不变，从而保证了数据的物理独立性。
   （1）模式　（2）存储结构　（3）外模式/模式　（4）用户模式　（5）模式/内模式
   A. （1）和（3）和（4）　　　　　　　B. （1）和（5）和（3）

C. (2)和(5)和(1)   D. (1)和(2)和(4)

7. 数据库系统的三级模式体系结构即子模式、模式与内模式是对（　　）的 3 个抽象级别。

   A. 信息世界   B. 数据库系统
   C. 数据   D. 数据库管理系统

8. 英文缩写 DBA 代表（　　）。

   A. 数据库管理员   B. 数据库管理系统
   C. 数据定义语言   D. 数据操作语言

9. 模式和内模式（　　）。

   A. 只能各有一个   B. 最多只能有一个
   C. 至少两个   D. 可以有多个

10. 在数据库中存储的是（　　）。

    A. 数据   B. 信息
    C. 数据和数据之间的联系   D. 数据模型的定义

二、填空题

1. 数据库就是长期储存在计算机内_____、_____的数据集合。
2. 数据管理技术已经历了人工管理阶段、_____和_____ 3 个发展阶段。
3. 数据模型通常都是由_____、_____和_____三要素组成。
4. 数据库系统的主要特点：_____、数据冗余度小、具有较高的数据程序独立性、具有统一的数据控制功能等。
5. 用二维表结构表示实体以及实体间联系的数据模型称为_____数据模型。
6. 在数据库系统的三级模式体系结构中，外模式与模式之间的映像，实现了数据库的_____独立性。
7. 数据库系统是以_____为中心的系统。
8. E-R 图表示的概念模型比_____更一般、更抽象、更接近现实世界。
9. 外模式，亦称为子模式或用户模式，是_____能够看到和使用的局部数据的逻辑结构和特征的描述。
10. 数据库系统的软件主要包括支持_____运行的操作系统以及_____本身。

三、简答题

简答题见如下二维码：

第 1 章　简答题

第2章 关系数据库

本章要点

本章介绍关系数据库的基本概念,基本概念围绕关系数据模型的三要素展开,利用集合代数、谓词演算等抽象的数学知识,深刻而透彻地介绍了关系数据结构、关系数据库操作及关系数据库完整性等概念与知识。而抽象的关系代数与基于关系演算的 ALPHA 语言乃重中之重。

2.1 关系模型

关系数据库应用数学方法来处理数据库中的数据。最早将这类方法用于数据处理的是 1962 年 CODASYL 发表的"信息代数",之后有 1968 年 David Child 提出的集合论数据结构,系统而严谨地提出关系模型的是美国 IBM 公司的 E. F. Codd。由于关系模型简单明了,有坚实的数学基础,一经提出,立即引起学术界和产业界的广泛重视和响应,从理论与实践两个方面都对数据库技术产生了强烈的冲击。E. F. Codd 从 1970 年起连续发表了多篇论文,奠定了关系数据库的理论基础。

关系模型由关系数据结构、关系操作集合和关系完整性约束三部分组成。

1. 关系模型的数据结构——关系

关系模型的数据结构非常单一,在用户看来,关系模型中数据的逻辑结构是一张二维表。但关系模型中这种简单的数据结构能够表达丰富的语义,描述出现实世界的实体以及实体间的各种联系。

思政 2.1(1)

2. 关系操作

关系模型给出了关系操作的能力,它利用基于数学的方法来表达关系操作,关系模型给出的关系操作往往不针对具体的 RDBMS 语言来表述。

关系模型中常用的关系操作包括:选择(Select)、投影(Project)、连接(Join)、除(Divide)、并(Union)、交(Intersection)、差(Difference)等查询(Query)操作和添加(Insert)、删除(Delete)、修改(Update)等更新操作两大部分。查询的表达能力是其中最主要的部分。

关系操作的特点是采用集合操作方式,即操作的对象和结果都是集合。这种操作方式也称为一次一集合方式。

早期基于数学的关系操作能力通常用代数方式或逻辑方式来表示,分别称为关系代数和关系演算。关系代数是用对关系的运算(即元组的集合运行)来表达查询要求的方式。关系演算是用谓词来表达查询要求的方式。关系演算又可按谓词变元的基本对象是元组变量还是域变量分为元组关系演算和域关系演算。关系代数、元组关系演算和域关系演算 3 种语言在表达功能上是等价的。

关系代数、元组关系演算和域关系演算均是抽象的查询语言,这些抽象的语言与具体的 DBMS 中实现的实际语言并不完全一样,但它们能用作评估实际系统中查询语言能力的标准或基础。实际的查询语言除了提供关系代数或关系演算功能外,还提供了很多附加功能,例如,集函数、关系赋值、算术运算等。

关系语言是一种高度非过程化的语言,用户不必请求 DBA 为其建立特殊的存取路径,存取路径的选择由 DBMS 的优化机制来完成。此外,用户不必求助于循环结构就可以完成数据操作。

另外还有一种介于关系代数和关系演算之间的语言 SQL(Structured Query Language)。SQL 不但具有丰富的查询功能,而且具有数据定义、数据操作和数据控制功能,是集查询、DDL、DML、DCL 于一体的关系数据语言。它充分体现了关系数据语言的特点和优点,是关系数据库的国际标准语言。

因此,关系数据语言可以分成 3 类。

① 关系代数,用对关系的集合运算表达操作要求,如 ISBL。

② 关系演算,用谓词表达操作要求,可分为两类:第一类,元组关系演算,谓词变元的基本对象是元组变量,如 APLHA、QUEL;第二类,域关系演算,谓词变元的基本对象是域变量,如 QBE。

③ 关系数据语言,如 SQL。

这些关系数据语言的共同特点是:语言具有完备的表达能力,是非过程化的集合操作语言,功能强,能够嵌入高级语言中使用。

3. 关系的三类完整性约束

关系模型提供了丰富的完整性控制机制,允许定义三类完整性:实体完整性、参照完整性和用户自定义的完整性。其中,实体完整性和参照完整性是关系模型必须满足的完整性约束条件,应该由关系系统自动支持。用户自定义的完整性是应用领域特殊要求而需要遵循的约束条件,体现了具体领域中的语义约束。

下面将从数据模型的三要素出发,逐步介绍关系模型的数据结构(包括关系的形式化定义及有关概念)、关系的三类完整性约束、关系代数与关系演算操作等。SQL 语言将在第 3 章做系统的介绍。

2.2 关系数据结构及形式化定义

在关系模型中,无论是实体还是实体之间的联系均由单一的结构类型即关系(二维表)来表示。第 1 章中已经非形式化地介绍了关系模型及有关的基本概念,关系模型是建立在集合代数的基础上的,这里从集合论角度给出关系数据结构的形式化定义。

2.2.1 关系

1. 域(Domain)

定义 2.1 域是一组具有相同数据类型的值的集合,又称为值域(用 D 表示)。域中所包含的值的个数称为域的基数(用 m 表示)。在关系中就是用域来表示属性的取值范围的。

例如,自然数、整数、实数、长度小于 10 字节的字符串集合、1~16 的整数都是域。又如:

$D_1 = \{张三,李四\}$　　　　D_1 的基数 m_1 为 2

$D_2 = \{男,女\}$　　　　　　D_2 的基数 m_2 为 2

$D_3 = \{19,20,21\}$　　　　　D_3 的基数 m_3 为 3

2. 笛卡尔积(Cartesian Product)

定义 2.2　给定一组域 $D_1, D_2, \cdots, D_n$(这些域中可以包含相同的元素,即可以完全不同,也可以部分或全部相同), $D_1, D_2, \cdots, D_n$ 的笛卡尔积为

$$D_1 \times D_2 \times \cdots \times D_n = \{(d_1, d_2, \cdots, d_n) | d_i \in D_i, i = 1, 2, \cdots, n\}$$

由定义可以看出,笛卡尔积也是一个集合。其中:

① 每一个元素 $(d_1, d_2, \cdots, d_n)$ 叫作一个 n 元组(n-Tuple),或简称为元组(Tuple),但元组不是 d_i 的集合,元组由 d_i 按序排列而成;

② 元素中的每一个值 d_i 叫作一个分量(Component),分量来自相应的域($d_i \in D_i$);

③ 若 $D_i (i=1,2,\cdots,n)$ 为有限集,其基数(Cardinal Number)为 $m_i (i=1,2,\cdots,n)$,则 $D_1 \times D_2 \times \cdots \times D_n$ 的基数为 n 个域的基数累乘之积,即 $M = \prod\limits_{i=1}^{n} m_i$;

④ 笛卡尔积可表示为一个二维表,表中的每行对应一个元组,表中的每列对应一个域。

如上面例子中 D_1 与 D_2 的笛卡尔积: $D_1 \times D_2 = \{(张三,男),(张三,女),(李四,男),(李四,女)\}$,可以表示成二维表,如表 2.1 所示。

表 2.1　笛卡尔积 $D_1 \times D_2$

姓名	性别
张三	男
张三	女
李四	男
李四	女

而 $D_1 \times D_2 \times D_3 = \{(张三,男,19),(张三,男,20),(张三,男,21),(张三,女,19),(张三,女,20),(张三,女,21),(李四,男,19),(李四,男,20),(李四,男,21),(李四,女,19),(李四,女,20),(李四,女,21)\}$,用二维表表示如表 2.2 所示。

表 2.2　笛卡尔积 $D_1 \times D_2 \times D_3$

姓名	性别	年龄	姓名	性别	年龄
张三	男	19	李四	男	19
张三	男	20	李四	男	20
张三	男	21	李四	男	21
张三	女	19	李四	女	19
张三	女	20	李四	女	20
张三	女	21	李四	女	21

3. 关系(Relation)

定义 2.3　$D_1 \times D_2 \times \cdots \times D_n$ 的任一子集叫作在域 $D_1, D_2, \cdots, D_n$ 上的关系,用 $R(D_1, D_2, \cdots, D_n)$ 表示。如上例中 $D_1 \times D_2$ 笛卡尔积的子集可以构成关系 T_1,如表 2.3 所示。

表 2.3 $D_1 \times D_2$ 笛卡尔积的子集(关系 T_1)

姓名	性别
张三	男
李四	女

R 表示关系的名字,n 是关系的目或元或度(Degree)。

当 $n=1$ 时,称为单元关系,当 $n=2$ 时,称为二元关系,依次类推,当 $n=m$ 时,称为 m 元关系。

关系中的每个元素(如表 2.3 中的每一行)是关系中的元组,通常用 t 表示。

关系是笛卡尔积的子集,反过来,看到某具体关系,也要意识到该关系背后必然存在的笛卡尔积,关系内容无论如何变都变化不出其所属于的笛卡尔积,对关系内容的操作实际上就是使关系按照实际的要求从该关系笛卡尔积的一个子集变化到另一子集的(否则意味着操作是错误的),这是笛卡尔积概念的意义所在。

关系是笛卡尔积的子集,所以关系也是一个二维表,表的每行对应一个元组,表的每列对应一个域。由于域可以相同,为了加以区分,必须对每列起唯一的名字,称为**属性**(Attribute)。n 目关系必有 n 个属性。

若关系中的某一属性组的值能唯一地标识一个元组,则称该属性组为候选码(Candidate Key),关系至少含有一个候选码(请思考为什么?)。

若一个关系有多个候选码,则选定其中一个为主控使用者,称为**主码**(Primary Key)。候选码中的诸属性称为**主属性**(Prime Attribute)。不包含在任何候选码中的属性称为非码属性(Non-key Attribute)或**非主属性**。在最简单的情况下,候选码只包含一个属性。在最极端的情况下,关系模式的所有属性组成这个关系模式的候选码,称为**全码**(All-key)。

按照定义,关系可以是一个无限集合。由于笛卡尔积不满足交换律,$(d_1,d_2,\cdots,d_n) \neq (d_2,d_1,\cdots,d_n)$,需要对关系作如下限定和扩充。

① 无限关系在数据库系统中是无意义的。因此,限定关系数据模型中的关系必须是有限集合。

② 通过为关系的每个列附加一个属性名的方法取消关系元组的有序性,即 $(d_1,d_2,\cdots,d_j,d_i\cdots,d_n)=(d_1,d_2,\cdots,d_i,d_j,\cdots,d_n)$ $(i,j=1,2\cdots,n)$。

因此,基本关系具有以下 6 条性质:

① 列是同质的(Homogeneous),即每一列中的分量是同一类型的数据,来自同一个域;

② 不同的列可出自同一个域,称其中的每一列为一个属性,不同的属性要给予不同的属性名;

③ 列的顺序无所谓,即列的次序可以任意交换;

④ 任意两个元组不能完全相同;

但在大多数实际关系数据库产品中,如 ORACLE、Visual FoxPro 等,如果用户没有定义有关的约束条件,那么它们都允许关系表中存在两个完全相同的元组。

⑤ 行的顺序无所谓,即行的次序可以任意交换;

⑥ 分量必须取原子值,即每一个分量都必须是不可分的数据项。

关系模型要求关系必须是规范化的,即要求关系模式必须满足一定的规范条件。这些规范条件中最基本的一条就是,关系的每一个分量必须是不可再分的数据项。规范化的关系称为范式关系。

如表 2.4 所示的关系就不规范,存在"表中有表"现象,可将它进行规范化为如表 2.5 所示的关系。

表 2.4　课程关系 C

课程名	学时	
	理论	实验
数据库	52	20
C 语言	45	20
数据结构	55	30

表 2.5　课程关系 C

课程名	理论学时	实验学时
数据库	52	20
C 语言	45	20
数据结构	55	30

2.2.2　关系模式

在数据库中要区分型和值两方面。关系数据库中,关系模式是型,关系是值。关系模式是对关系的描述,那么一个关系需要描述哪些方面?

首先,应该知道,关系实际上是一张二维表,表的每一行为一个元组,每一列为一个属性。一个元组就是该关系所设计的属性集的笛卡尔积的一个元素。关系是元组的集合,因此,关系模式必须指出这个元组集合的结构,即它由哪些属性组成,这些属性来自哪些域,以及属性和域之间的映像关系。

其次,一个关系通常是由赋予它的元组语义来确定的。元组语义实质上是一个 n 目谓词(n 是属性集中属性的个数),凡使该 n 目谓词为真的笛卡尔积的元素(或者说凡符合元组语义的那部分元素)的全体就构成了该关系模式的关系。

现实世界随着时间在不断地变化,因而在不同的时刻,关系模式的关系也会有所变化。但是,现实世界的许多已有事实限定了关系模式所有可能的关系必须满足一定的完整性约束条件。这些约束或者通过对属性取值范围的限定,例如,职工的年龄需小于 65 岁,或者通过属性值间的相互关联(主要体现在值的相等与否)反映出来。关系模式应当刻画出这些完整性约束条件(即属性间的数据依赖关系)。

因此,一个关系模式应当是一个五元组。

定义 2.4　关系的描述称为关系模式(Relation Schema)。一个关系模式应当是一个五元组,它可以形式化地表示为:$R(U, D, dom, F)$,其中,R 为关系名,U 为组成该关系的属性名集合,D 为属性组 U 中属性所来自的域的集合,dom 为属性向域的映像(为属性指定域)集合,F 为属性间数据的依赖关系集合。

关系模式的五元组示意图如图 2.1 所示,通过这 5 个方面,一个关系被充分地刻画、描述出来了。

关系模式通常可以简记为:$R(A_1, A_2, \cdots, A_n)$ 或 $R(U)$,其中,R 为关系名,$A_1, A_2, \cdots, A_n$ 为属性名。而域名及属性向域的映像常常直接说明为属性的类型、长度等,而属性间数据的依赖关系则常被隐含。在创建关系时要制定的各种完整性约束条件就体现了属性间的依赖关系。

关系实际上就是关系模式在某一时刻的状态或内容,也就是说,关系模式是型,关系是它的值。关系模式是静态的、稳定的,而关系是动态的、随时间不断变化的,因为关系操作在不断地更新着数据库中的数据。但在实际使用中,常常把关系模式和关系统称为关系,读者可以从上下文中加以区别。

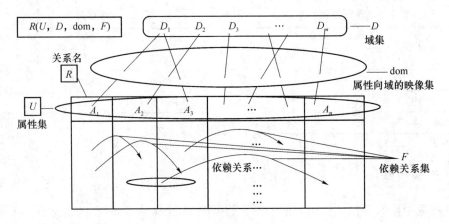

图 2.1 关系模式的五元组示意图

2.2.3 关系数据库

在关系模型中,实体以及实体间的联系都是用关系来表示,例如,学生实体、课程实体、学生与课程之间的多对多选课联系都可以分别用一个关系(或二维表)来表示。在一个给定的现实世界领域中,所有实体及实体之间的联系的关系的集合构成一个关系数据库。

关系数据库也有型和值之分。关系数据库的型也称为关系数据库模式,是对关系数据库的描述,是关系模式的集合(一般存放在多张系统表中)。关系数据库的值也称为关系数据库,是关系的集合。关系数据库模式与关系数据库通常统称为关系数据库。

2.3 关系的完整性

关系模型的完整性规则是对关系的某种约束条件。关系模型中可以有三类完整性约束:实体完整性、参照完整性和用户定义的完整性,其中,实体完整性和参照完整性是关系模型必须满足的完整性约束条件,被称作关系的两个不变性,应该由关系系统自动支持。

1. 实体完整性(Entity Integrity)

规则 2.1 实体完整性规则:若属性组(或属性)K 是基本关系 R 的主码(或称主关键字),则所有元组 K 的取值唯一,并且 K 中属性不能全部或部分取空值。

例如,在课程关系 T 中,若"课程名"属性为主码,则"课程名"属性不能取空值,并且课程名要唯一。

实体完整性规则规定基本关系的主码的所有属性都不能取空值,而不是主码整体不能取空值。例如,学生选课关系"选修(学号,课程号,成绩)"中,"学号,课程号"为主码,则"学号"和"课程号"两个属性都不能取空值。

对于实体完整性规则说明如下:实体完整性规则是针对基本关系而言的,一个基本表通常对应现实世界的一个实体集,例如,课程关系对应于所有课程实体的集合。

现实世界中实体是可区分的,即它们具有某种唯一性标识。相应地,关系模型中以主码作为其唯一性标识。

主码中属性(即主属性)不能取空值,所谓空值就是"不知道"或"无意义"的值,如果主属性取空值,就说明存在不可标识的实体,这与客观世界中实体要求能唯一标识相矛盾,因此这个规则不是人们强加的,而是现实世界客观的要求。

2. 参照完整性(Referential Integrity)

现实世界中的实体之间往往存在某种联系,在关系模型中实体及实体间的联系也都是用关系描述的,这样就存在着关系与关系间的引用。先来看两个例子。

例 2.1 学生实体和院系实体可以用下面的关系表示,其中主码用下画线标识:

学生(<u>学号</u>,姓名,性别,年龄,系别号)、系别(<u>系别号</u>,院系名)

这两个关系之间存在着属性的引用,即学生关系引用了系别关系的主码"系别号"。显然,学生关系中的"系别号"值必须是确实存在的系的院系别号,即系别关系中应该有该院系的记录,这也就是说,学生关系中的某个属性的取值需要参照系别关系的属性来取值。

例 2.2 学生,课程,学生与课程之间的多对多联系可以用如下 3 个关系表示:

学生(<u>学号</u>,姓名,性别,年龄,系别号)、课程(<u>课程号</u>,课程名,课时)、选修(<u>学号</u>,<u>课程号</u>,成绩)。

这 3 个关系之间也存在着属性的引用,即选修关系引用了学生关系的主码"学号"和课程关系的主码"课程号"。同样,选修关系中的"学号"值必须是确实存在的学生的学号,即学生关系中必须有该学生的记录;选修关系中的"课程号"值也必须是确实存在的课程的课程号,即课程关系中必须有该课程的记录。换句话说,选修关系中某些属性的取值要参照其他关系(指学生关系或课程关系)的属性取值。

定义 2.5 设 F 是基本关系 R 的一个或一组属性,但不是关系 R 的码,如果 F 与基本关系 S 的主码 K_s 相对应,则称 F 是基本关系 R 的外码(Foreign Key),并称基本关系 R 为参照关系(Referencing Relation),基本关系 S 为被参照关系(Referenced Relation)或目标关系(Target Relation)。关系 R 和 S 可能是相同的关系,即自身参照。

显然,目标关系 S 的主码 K_s 和参照关系的外码 F 必须定义在同一个(或一组)域上。

例如,在例 2.1 中,学生关系的"系别号"与系别关系的"系别号"相对应,因此,"系别号"属性是学生关系的外码,是系别关系的主码。这里系别关系是被参照关系,学生关系为参照关系,如下所示:

$$\text{学生关系} \xrightarrow{\text{系别号}} \text{系别关系}$$

在例 2.2 中,选修关系的"学号"属性与学生关系的"学号"属性相对应,"课程号"属性与课程关系的"课程号"属性相对应,因此"学号"和"课程号"属性分别是选修关系的外码,这里学生关系和课程关系均为被参照关系,选修关系为参照关系,如下所示:

$$\text{学生关系} \xleftarrow{\text{学号}} \text{选修关系} \xrightarrow{\text{课程号}} \text{课程关系}$$

参照完整性规则就是定义外码与主码之间的引用规则。

规则 2.2 参照完整性规则:若属性(或属性组)F 是基本关系 R 的外码,它与基本关系 S 的主码 K_s 相对应(基本关系 R 和 S 可能是相同的关系),则对于 R 中每个元组在 F 上的值必须为:或者取空值(F 的每个属性值均为空值),或者等于 S 中某个元组的主码值。

例如,对于例 2.1 中学生关系中的每个元组的"系别号"属性只能取下面两类值:空值,表示尚未给该学生分配系别,非空值,这时该值必须是系别关系中某个元组的"系别号"的值,表示该学生不可能分配到一个不存在的院系中,即被参照关系"系别"中一定存在一个元组,它的主码值等于该参照关系"学生"中的外码值。

对于例 2.2,按照参照完整性规则,"学号"和"课程号"属性按规则也可以取两类值:空值或目标关系中已经存在的某主码值。但由于"学号"和"课程号"是选修关系中的主属性,按照实体完整性规则,它们均不能取空值,所以选修关系中的"学号"和"课程号"属性实际上只能取相应被参照关系中已经存在的某个主码值。

3. 用户定义的完整性(User-defined Integrity)

实体完整性和参照性适用于任何关系数据库系统。除此之外,不同的关系数据库系统根据其应用环境的不同,往往还需要能制定一些特殊的约束条件。用户定义的完整性就是针对某一具体应用的关系数据库所制定的约束条件,它反映某一具体应用所涉及的数据必须满足的语义要求。关系数据库系统应提供定义和检验这类完整性的机制,以便用统一的系统的方法处理它们,而不要由应用程序承担这一功能。

关系完整性约束示意图如图 2.2 所示。

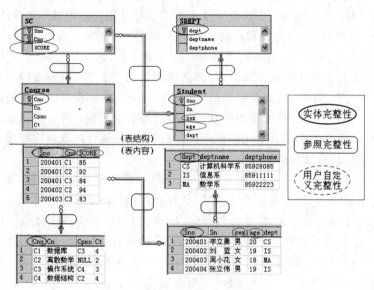

图 2.2 关系完整性约束示意图

2.4 关 系 代 数

关系代数是一种抽象的查询语言,用对关系的运算来表达关系操作,关系代数是研究关系数据操作语言的一种较好的数学工具。

关系代数是 E.F.Codd 于 1970 年首次提出的,2.5 节的关系演算是 E.F.Codd 于 1972 年首次提出的,1979 年,E.F.Codd 对关系模型做了扩展,讨论了关系代数中加入空值和外连接的问题。

关系代数以一个或两个关系为输入(或称为操作对象),产生一个新的关系作为其操作结果,即其运算对象是关系,运算结果亦为关系。关系代数用到的运算符包括 4 类:集合运算符、专门的关系运算符、算术比较运算符和逻辑运算符,如表 2.6 所示,各运算操作示意图如图 2.3 所示。

表 2.6 关系代数的运算符

运算符		含 义	运算符		含 义
集合运算符	∪	并	比较运算符	>	大于
	∩	交		≥	大于或等于
	−	差		<	小于
				≤	小于或等于
				=	等于
				≠	不等于

续表

运算符		含 义	运算符		含 义
专门的关系运算符	× σ Π ∞ ÷	广义笛卡尔积 选择 投影 连接 除	逻辑运算符	∧ ∨ ¬	与 或 非

比较运算符和逻辑运算符是用来辅助专门的关系运算符进行操作的,所以关系代数的运算按运算符的不同主要分为传统的集合运算和专门的关系运算两类。

① 传统的集合运算包括并(∪)、交(∩)、差(—)、广义笛卡尔积(×)4 种运算。
② 专门的关系运算包括选择(σ 读 sigma)、投影(Π 读 pai)、连接(∞)、除(÷)等。

其中,传统的集合运算将关系看成元组的集合,其运算是从关系的"水平"方向即行的角度来进行。而专门的关系运算不仅涉及行而且涉及列,关系代数运算操作示意图如图 2.3 所示。

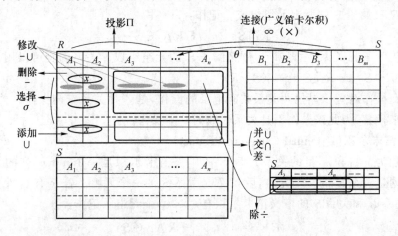

图 2.3 关系代数运算操作示意图

2.4.1 传统的集合运算

传统的集合运算是二目运算,包括并、交、差、广义笛卡尔积 4 种运算,其关系操作示意图如图 2.4 所示(结果关系为阴影部分)。

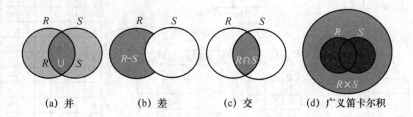

图 2.4 传统集合运算关系操作示意图

设关系 R 和关系 S 具有相同的目 n(即两个关系都有 n 个属性),且相应的属性取自同一个域,则可定义并、差、交运算如下。

1. 并(Union)

设关系 R 和关系 S 具有相同的目 n，且相应的属性取自同一个域，则关系 R 与关系 S 的并由属于 R 或属于 S 的所有元组组成。记作：

$$R \cup S = \{t \mid t \in R \vee t \in S\}$$

其结果关系仍为 n 目关系，由属于 R 或属于 S 的元组组成。

关系的并操作对应于关系的插入或添加记录的操作，俗称"+"操作，是关系代数的基本操作。

2. 差(Difference)

设关系 R 和关系 S 具有相同的目 n，且相应的属性取自同一个域，则关系 R 与关系 S 的差由属于 R 而不属于 S 的所有元组组成。记作：

$$R - S = \{t \mid t \in R \wedge t \notin S\}$$

其结果关系仍为 n 目关系，由属于 R 而不属于 S 的所有元组组成。

关系的差操作对应于关系的删除记录的操作，俗称"-"操作，是关系代数的基本操作。

3. 交(Intersection)

设关系 R 和关系 S 具有相同的目 n，且相应的属性取自同一个域，则关系 R 与关系 S 的交由既属于 R 又属于 S 的所有元组组成。记作：

$$R \cap S = \{t \mid t \in R \wedge t \in S\}$$

其结果关系仍为 n 目关系，由既属于 R 又属于 S 的元组组成。关系的交可以用差来表示，即 $R \cap S = R - (R - S)$ 或 $R \cap S = S - (S - R)$。

关系的交操作对应于寻找两关系共有记录的操作，是一种关系查询操作。关系的交操作能用差操作来代替，为此该操作不是关系代数的基本操作。

4. 广义笛卡尔积(Extended Cartesian Product)

两个分别为 n 目和 m 目的关系 R 和 S 的广义笛卡尔积是一个 $n+m$ 列的元组的集合。元组的前 n 列是关系 R 的一个元组，后 m 列是关系 S 的一个元组。若 R 有 k_1 个元组，S 有 k_2 个元组，则关系 R 和关系 S 的广义笛卡尔积有 $k_1 \times k_2$ 个元组。记作：

$$R \times S = \{\widehat{t_r t_s} \mid t_r \in R \wedge t_s \in S\}$$

图 2.5(a)和(b)分别为具有 3 个属性列的关系 R 和 S，图 2.5(c)为关系 R 与 S 的并，图 2.5(d)为关系 R 与 S 的交，图 2.5(e)为关系 R 与 S 的差，图 2.5(f)为关系 R 与 S 的广义笛卡尔积。

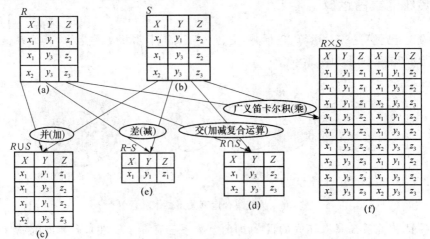

图 2.5 传统集合运算操作示例

关系的广义笛卡尔积操作对应于两个关系各自任一记录横向合并的操作,俗称"×"操作,是关系代数的基本操作,关系的广义笛卡尔积是多个关系相关联操作的最基本操作。

2.4.2 专门的关系运算

上节中所讲的传统集合运算只是从行的角度进行,而要灵活地实现关系数据库的多样查询操作,则须引入专门的关系运算。专门的关系运算包括选择、投影、连接和除等。为了叙述方便,先引入几个记号。

① 分量:设关系模式为 $R(A_1, A_2, \cdots, A_n)$,它的一个关系设为 R,$t \in R$ 表示 t 是 R 的一个元组,$t[A_i]$ 则表示元组 t 中相应于属性 A_i 的一个分量。

② 属性列、属性组或域列:若 $A=\{A_{i1}, A_{i2}, \cdots, A_{ik}\}$,其中 $A_{i1}, A_{i2}, \cdots, A_{ik}$ 是 $A_1, A_2, \cdots, A_n$ 中的一部分,则 A 称为属性列、属性组或域列。$t[A]=(t[A_{i1}], t[A_{i2}], \cdots, t[A_{ik}])$ 表示元组 t 在属性列 A 上诸分量的集合。$\overline{A}$ 则表示 $\{A_1, A_2, \cdots, A_n\}$ 中去掉 $\{A_{i1}, A_{i2}, \cdots, A_{ik}\}$ 后剩余的属性组。

③ 元组的连接:R 为 n 目关系,S 为 m 目关系。$t_r \in R$,$t_s \in S$,$\widehat{t_r t_s}$ 称为元组的连接(Concatenation)。它是一个 $(n+m)$ 列的元组,前 n 个分量为 R 中的一个 n 元组,后 m 个分量为 S 中的一个 m 元组。

分量、属性列和元组连接示意图如图 2.6 所示。

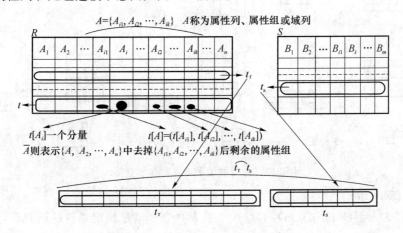

图 2.6 分量、属性列和元组连接示意图

④ 象集:给定一个关系 $R(X,Z)$,X 和 Z 为属性组,可以定义,当 $t[X]=x$ 时,x 在 R 中的象集(Images Set)为:$Z_x=\{t[Z]|t \in R, t[X]=x\}$,它表示 R 中属性组 X 上值为 x 的诸元组在 Z 上分量的集合。象集的概念如图 2.7 所示。

例如,如图 2.9 所示,"学生-课程"关系数据库中的选课关系 SC 中,设 $X=\{SNO\}$,$Z=\{CNO, SCORE\}$,令 X 的一个取值 $'200401'$ 为 x,则

$$Z_x = \{CNO, SCORE\}_{sno} = \{CNO, SCORE\}_{'200401'}$$
$$= \{t[CNO, SCORE]|t \in SC, t[SNO]='200401'\}$$
$$= \{('C1', 85), ('C2', 92), ('C3', 84)\}$$

实际上对关系 SC 来说,某学号(代表某 x)学生的象集即是该学生所有选课课程号与成绩组合的集合。

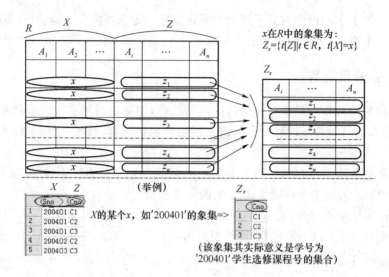

图 2.7 象集示意图及举例说明

在给出专门的关系运算的定义前,请先预览各操作的示意图,如图 2.8 所示。

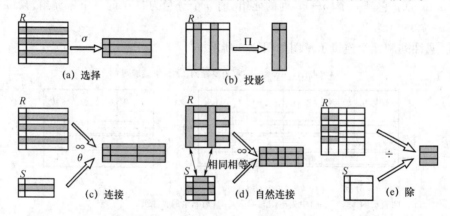

图 2.8 专门的关系运算操作示意图

1. 选择(Selection)

选择又称为限制(Restriction),它是在关系 R 中选择满足给定条件的诸元组,记作:

$$\sigma_F(R) = \{t|t\in R \wedge F(t)=\text{"真"}\}$$

其中,F 表示选择条件,它是一个逻辑表达式,取逻辑值"真"或"假"。逻辑表达式 F 的基本形式为

$$X_1\theta Y_1[\ \phi\ X_2\theta Y_2\cdots]$$

其中,θ(读西塔)表示比较运算符,它可以是 $>$、$\geqslant$、$<$、$\leqslant$、$=$ 或 $\neq$。X_1、Y_1 等是属性名、常量或简单函数。关系代数中属性名也可以用它所在表的列序号来代替(如 $1,2,\cdots$)。ϕ(读 fai)表示逻辑运算符,它可以是 ¬、∧ 或 ∨(运算优先级:¬ 高于 ∧,∧ 高于 ∨)。[ ] 表示任选项,即 [ ] 中的部分可以省略,$\cdots$ 表示上述格式可以重复。

因此,选择运算实际上是从关系 R 中选取使逻辑表达式 F 为真的元组,这是从行的角度进行的运算。关系的选择操作对应于关系记录的选取操作(横向选择),是关系查询操作的重要成员之一,是关系代数的基本操作。

设有一个"学生-课程"关系数据库如图 2.9 所示,包括学生关系 S(说明:CS 表示计算机

系、IS 表示信息系、MA 表示数学系)、课程关系 C 和选修关系 SC,下面通过一些例子对这 3 个关系进行运算。

S

学号 SNO	姓名 SN	性别 SEX	年龄 AGE	系别 DEPT
200401	李立勇	男	20	CS
200402	刘 蓝	女	19	IS
200403	周小花	女	18	MA
200404	张立伟	男	19	IS

SC

学号 SNO	课程号 CNO	成绩 SCORE
200401	C1	85
200401	C2	92
200401	C3	84
200402	C2	94
200403	C3	83

C

课程号 CNO	课程名 CN	先修课 CPNO	学分 CT
C1	数据库	C2	4
C2	离散数学		2
C3	操作系统	C4	3
C4	数据结构	C2	4

图 2.9 "学生-课程"关系数据库

例 2.3 查询计算机科学系(CS 系)全体学生。

$$\sigma_{DEPT='CS'}(S) \quad 或 \quad \sigma_{5='CS'}(S)$$

例 2.4 查询年龄大于 19 岁的学生。

$$\sigma_{AGE>19}(S)$$

2. 投影(Projection)

关系 R 上的投影是从 R 中选择出若干属性列组成新的关系,记作:

$$\Pi_A(R) = \{t[A] | t \in R\}$$

其中,A 为 R 中的属性列。关系的投影操作对应于关系列的角度进行的选取操作(纵向选取),也是关系查询操作的重要成员之一,是关系代数的基本操作。

选择与投影组合使用,能定位到关系中最小的单元——任一分量值,从而能完成对单一关系的任意信息查询操作。

例 2.5 查询选修关系 SC 在学号和课程号两个属性上的投影。

$$\Pi_{SNO,CNO}(SC) \quad 或 \quad \Pi_{1,2}(SC)$$

例 2.6 查询学生关系 S 中都有哪些系,即学生关系 S 在系别属性上的投影操作。

$$\Pi_{DEPT}(S)$$

投影之后不仅取消了原关系中的某些列,而且还可能取消某些元组,因为取消了某些属性列后,就可能出现重复行,按关系的要求应取消这些完全相同的行。

3. 连接(Join)

连接也称为 θ 连接,它是从两个关系的广义笛卡尔积中选取属性间满足一定条件的元组的查询操作。记作:

$$R\underset{A\theta B}{\infty}S=\{\widehat{t_r t_s}|t_r\in R\wedge t_s\in S\wedge t_r[A]\theta t_s[B]\}$$

其中,A 和 B 分别为 R 和 S 上度数相等且可比的属性组。θ 是比较运算符。连接运算从 R 和 S 的广义笛卡尔积 $R\times S$ 中,选取 R 关系在 A 属性组上的值与 S 关系在 B 属性组上的值满足比较关系 θ 的元组。为此:

$$R\underset{A\theta B}{\infty}S=\sigma_{A\theta B}(R\times S)$$

连接运算中有两种最为重要也是最为常用的连接,一种是等值连接(Equi-join),另一种是自然连接(Natural join)。

θ 为"="的连接运算称为等值连接,它是从关系 R 与 S 的广义笛卡尔积中选取 A、B 属性值相等的那些元组。等值连接表示为

$$R\underset{A=B}{\infty}S=\{\widehat{t_r t_s}|t_r\in R\wedge t_s\in S\wedge t_r[A]=t_s[B]\}$$

为此:

$$R\underset{A=B}{\infty}S=\sigma_{A=B}(R\times S)$$

自然连接是一种特殊的等值连接,它要求两个关系中进行比较的分量必须是相同的属性组,并且要在结果中把重复的属性去掉。即若 R 和 S 具有相同的属性组 B,则自然连接可记作:

$$R\infty S=\{\widehat{t_r t_s[\overline{B}]}|t_r\in R\wedge t_s\in S\wedge t_r[B]=t_s[B]\}$$

为此:

$$R\infty S=\Pi_{\overline{B}}(\sigma_{R.B=S.B}(R\times S))$$

一般的连接操作是从行的角度进行运算,但自然连接还需要取消重复列,所以是同时从行和列的角度进行运算的。

关系的各种连接,实际上是在关系的广义笛卡尔积的基础上再组合选择或投影操作复合而成的一种查询操作。尽管实现基于多表的查询操作中等值连接或自然连接用得最广泛,但连接操作都不是关系代数的基本操作。

例 2.7 设图 2.10(a)和图 2.10(b)分别为关系 R 和关系 S,图 2.10(c)为 $R\underset{C<E}{\infty}S$ 的结果,图 2.10(d)为等值连接 $R\underset{R.B=S.B}{\infty}S$ 的结果,图 2.10(e)为自然连接 $R\infty S$ 的结果。

R

A	B	C
a_1	b_1	5
a_1	b_2	6
a_2	b_3	8
a_2	b_4	12

(a)

S

B	E
b_1	3
b_2	7
b_3	10
b_3	2
b_5	2

(b)

$R\underset{C<E}{\infty}S$

A	$R.B$	C	$S.B$	E
a_1	b_1	5	b_2	7
a_1	b_1	5	b_3	10
a_1	b_2	6	b_2	7
a_1	b_2	6	b_3	10
a_2	b_3	8	b_3	10

(c)

$R\underset{R.B=S.B}{\infty}S$

A	$R.B$	C	$S.B$	E
a_1	b_1	5	b_1	3
a_1	b_2	6	b_2	7
a_2	b_3	8	b_3	10
a_2	b_3	8	b_3	2

(d)

$R\infty S$

A	B	C	E
a_1	b_1	5	3
a_1	b_2	6	7
a_2	b_3	8	10
a_2	b_3	8	2

(e)

图 2.10 连接运算举例

4. 除(Division)

给定关系 $R(X,Y)$ 和 $S(Y,Z)$，其中，X,Y,Z 为属性组。R 中的 Y 与 S 中的 Y 可以有不同的属性名，但必须出自相同的域。R 与 S 的除运算得到一个新的商关系 $P(X)$，P 是 R 中满足下列条件的元组在 X 属性列上的投影：元组在 X 上分量值 x 的象集 Y_x 包含 S 在 Y 上投影的集合。记作：

$$R\div S = \{t_r[X] | t_r \in R \land Y_x \supseteq \prod_Y(S)\}$$

其中，Y_x 为 x 在 R 中的象集，$x=t_r[X]$。

说明：商关系 P 的另一理解方法，P 是由 R 中那些不出现在 S 中的 X 属性组组成，其元组都正好是 S 在 Y 上的投影所得关系的所有元组，在 R 关系中 X 上有对应相同值的那个值。

除操作是同时从行和列角度进行运算。除操作适合于包含"对于所有的/全部的"语句的查询操作。

关系的除操作，也是一种由关系代数基本操作复合而成的查询操作，显然它不是关系代数的基本操作。关系的除操作能用其他基本操作表示为

$$R\div S = \prod_X(R) - \prod_X(\prod_X(R)\times\prod_Y(S)-R)$$

说明：以上公式实际上也代表着一种关系除运算的直接计算方法。

例 2.8 设关系 R,S 分别如图 2.11(a)和图 2.11(b)所示，$R\div S$ 的结果如图 2.11(c)所示。在关系 R 中，A 可以取 4 个值$\{a_1,a_2,a_3,a_4\}$。其中：

a_1 的象集为$\{(b_1,c_2),(b_2,c_3),(b_2,c_1)\}$;

a_2 的象集为$\{(b_3,c_5),(b_2,c_3)\}$;

a_3 的象集为$\{(b_4,c_4)\}$;

a_4 的象集为$\{(b_6,c_4)\}$;

S 在(B,C)上的投影为$\{(b_1,c_2),(b_2,c_3),(b_2,c_1)\}$。

显然，只有 a_1 的象集包含 S 在(B,C)属性组上的投影，所以 $R\div S=\{a_1\}$。

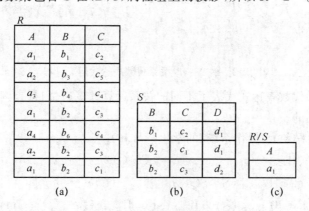

图 2.11 除运算举例

5. 关系代数操作表达举例

关系代数中，关系代数运算经有限次复合后形成的式子称为关系代数表达式。对关系数据库中数据的操作可以写成一个关系代数表达式，或者说，写出一个关系代数表达式就表示已经完成了该操作(已经明确该如何一点一点操作而得到结果)。下面在关系代数操作举例前先说明几点。

① 操作表达前,根据查询条件与要查询的信息等,来确定本查询涉及哪几个表,从而缩小并确定操作范围,利于着手解决问题。

② 操作表达中要有动态操作变化的理念,即一步步动态操作关系、生成新关系、再操作新关系,如此反复,直到查询到所需信息的操作思路与方法。下面的举例中给出的部分图示可说明这种集合式动态操作的变化过程。

③ 关系代数的操作表达是不唯一的。

例 2.9 设教学数据库中有 3 个关系,学生关系:S(SNO,SN,AGE,SEX)、学习关系:SC(SNO,CNO,SCORE)、课程关系:C(CNO,CN,TEACHER)。完成以下检索操作。

(1) 检索学习课程号为 C3 的学生学号和成绩。关系的动态操作过程如图 2.12 所示。

$$\Pi_{SNO,SCORE}(\sigma_{CNO='C3'}(SC))$$

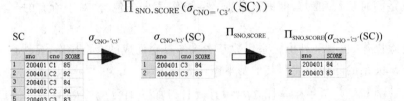

图 2.12 例 2.9(1)关系代数表达式运算过程

(2) 检索学习课程号为 C3 的学生学号和姓名。关系动态操作过程如图 2.13 所示。

$$\Pi_{SNO,SN}(\sigma_{CNO='C3'}(S\infty SC))$$

或 $\Pi_{SNO,SN}(S\infty\sigma_{CNO='C3'}(SC))$,选择运算先做是关系查询优化中的重要规则之一

或 $\Pi_{SNO,SN}(S)\infty\Pi_{SNO}(\sigma_{CNO='C3'}(SC))$,投影运算可分别作用于括号内关系对象上

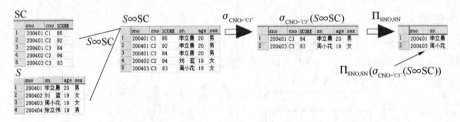

图 2.13 例 2.9(2)关系代数表达式运算过程

不同的正确关系代数表达式代表了不同的关系运算顺序,它们有查询效率高低之分,但最终的结果关系是相同的。

(3) 检索学习课程名为"操作系统"的学生学号和姓名。

$$\Pi_{SNO,SN}(\sigma_{CN='操作系统'}(S\infty SC\infty C))$$

或 $\Pi_{SNO,SN}(S\infty SC\infty\sigma_{CN='操作系统'}(C))$

或 $\Pi_{SNO,SN}(S)\infty\Pi_{SNO}(SC\infty\Pi_{CNO}(\sigma_{CN='操作系统'}(C)))$

或 $\Pi_{SNO,SN}(\Pi_{SNO,SN}(S)\infty SC\infty\Pi_{CNO}(\sigma_{CN='操作系统'}(C)))$

(4) 检索学习课程号为 C1 或 C3 课程的学生学号。

$$\Pi_{SNO}(\sigma_{CNO='C1'\vee CNO='C3'}(SC))$$

或 $\Pi_{SNO}(\sigma_{CNO='C1'}(SC))\cup\Pi_{SNO}(\sigma_{CNO='C3'}(SC))$

(5) 检索学习课程号为 C1 和 C3 课程的学生学号。

$$\Pi_{SNO}(\sigma_{CNO='C1'}(SC)) \cap \Pi_{SNO}(\sigma_{CNO='C3'}(SC))$$
$$\text{或 } \Pi_1(\sigma_{1=4 \land (2='C1' \land 5='C3' \lor 5='C1' \land 2='C3')}(SC \times SC))$$
$$\text{或 } \Pi_1(\sigma_{2='C1' \land 5='C3' \lor 5='C1' \land 2='C3'}(SC \underset{1=1}{\infty} SC))$$

注意：$\Pi_{SNO}(\sigma_{CNO='C1' \land CNO='C3'}(SC))$是错误的，因为逐个元组选择时肯定都不满足条件。

（6）检索不学习课程号为 C2 的学生的姓名和年龄。
$$\Pi_{SN,AGE}(S) - \Pi_{SN,AGE}(\sigma_{CNO='C2'}(S \infty SC))$$
$$\text{或 } \Pi_{SN,AGE}((\Pi_{SNO}(S) - \Pi_{SNO}(\sigma_{CNO='C2'}(SC))) \infty \Pi_{SNO,SN,AGE}(S))$$

注意：$\Pi_{SN,AGE}(\sigma_{CNO \neq 'C2'}(S \infty SC))$是错误的，因为 σ 选择运算是逐个对元组条件选择的，它并没有全表综合判断某学生不选 C2 的表达能力。请能仔细琢磨加以理解。

（7）检索学习全部课程的学生姓名。关系的动态操作过程如图 2.14 所示。
$$\Pi_{SN}(S \infty (\Pi_{SNO,CNO}(SC) \div \Pi_{CNO}(C)))$$

或 $\Pi_{SN,CNO}(S \infty SC) \div \Pi_{CNO}(C)$，这时要求学生姓名不重复才正确，否则可如下表达

或 $\Pi_{SN}(\Pi_{SNO,SN,CNO}(S \infty SC) / \Pi_{CNO}(C))$，这时学生姓名重复表达式也正确

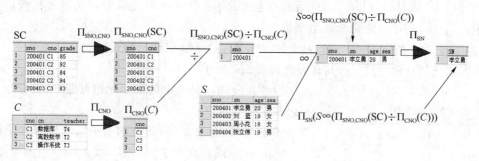

图 2.14　例 2.9(7)关系代数表达式运算过程

（8）检索所学课程包括 200402 所学全部课程的学生学号。
$$\Pi_{SNO,CNO}(SC) \div \Pi_{CNO}(\sigma_{SNO='200402'}(SC))$$

以上学习了关系代数的查询操作功能，即从数据库中提取信息的功能，还可以用赋值操作等来表示数据库更新操作和视图操作等，但这里略。

本节介绍了 8 种关系代数运算，其中并、差、广义笛卡尔积、投影和选择 5 种运算为基本的关系代数运算。其他 3 种运算，即交、连接和除，均可以用这 5 种基本运算来表达，引进它们并不增加关系代数语言的表达能力，但可以简化表达。

2.5　关 系 演 算

关系演算是以数理逻辑中的谓词演算为基础的。按谓词变元的不同，关系演算可分为元组关系演算和域关系演算。本节先介绍抽象的元组关系演算，再通过两个实际的关系演算语言来介绍关系演算的操作思想。

2.5.1　抽象的元组关系演算*

关系 R 可利用谓词$R(t)$来表示，其中 t 为元组变元，谓词$R(t)$表示"t 是关系 R 的元组"，其值为逻辑值 True 或 False。关系 R 与谓词$R(t)$间的关系如下：

$$R(t) = \begin{cases} \text{True}(\text{当 } t \text{ 在 } R \text{ 内}) \\ \text{False}(\text{当 } t \text{ 不在 } R \text{ 内}) \end{cases}$$

为此,关系 $R = \{t | R(t)\}$,其中 t 是元组变元或变量。

一般地,可令关系 $R = \{t | \phi(t)\}$,t 是变元或变量。当谓词 $\phi(t)$ 以元组(与表中的行对应)为度量时,称为元组关系演算(Tuple Relational Calculus);当谓词以域(与表中的列对应)为变量时,称为域关系演算(Domain Relational Calculus)(抽象的域关系演算类似于抽象的元组关系演算,为此,不再多叙述)。

在元组关系演算中,把 $\{t | \phi(t)\}$ 称为一个元组关系演算表达式,把 $\phi(t)$ 称为一个元组关系演算公式,t 为 ϕ 中唯一的自由元组变量。$\{t | \phi(t)\}$ 元组关系演算表达式表示的元组集合即为某一关系。

如下递归地定义元组关系演算公式 $\phi(t)$。

(1) 原子命题公式是公式,称为原子公式,它有下面 3 种形式。
① $R(t)$,R 是关系名,t 是元组变量。
② $t[i] \theta C$ 或 $C \theta t[i]$,$t[i]$ 表示元组变量 t 的第 i 个分量,C 是常量,θ 为算术比较运算符。
③ $t[i] \theta u[j]$,t,u 是两个元组变量。

(2) 设 $\phi 1,\phi 2$ 是公式,则 $\neg \phi 1, \phi 1 \wedge \phi 2, \phi 1 \vee \phi 2, \phi 1 \rightarrow \phi 2$ 也都是公式。

说明:"→"为蕴涵操作符,其真值表如表 2.7 所示。

表 2.7 真值表

A	B	A→B
True	True	True
True	False	False
False	True	True
False	False	True

(3) 设 ϕ 是公式,t 是 ϕ 中的某个元组变量,那么 $(\forall t)(\phi)$、$(\exists t)(\phi)$ 都是公式。

$\forall$ 为全称量词,含义是"对所有的……";$\exists$ 为存在量词,含义是"至少有一个(或存在一个)……"。受量词约束的变量称为约束变量,不受量词约束的变量称为自由变量。

(4) 在元组演算的公式中,各种运算符的运算优先次序为:① 算术比较运算符最高;② 量词次之,且按 $\exists,\forall$ 的先后次序进行;③ 逻辑运算符优先级最低,且按 $\neg, \wedge, \vee, \rightarrow$ 的先后次序进行;④ 括号中的运算优先。

(5) 元组演算的所有公式按(1)、(2)、(3)、(4)所确定的规则经有限次复合求得,不再存在其他形式。

为了证明元组关系演算的完备性,只要证明关系代数的 5 种基本运算均可等价地用元组演算表达式表示即可,所谓等价是指等价双方运算表达式的结果关系相同。

设 R,S 为两个关系,它们的谓词分别为 $R(t)$ 和 $S(t)$,则:
① $R \cup S$ 等价于 $\{t | R(t) \vee S(t)\}$;
② $R - S$ 等价于 $\{t | R(t) \wedge \neg S(t)\}$;
③ $R \times S$ 等价于 $\{t | (\exists u)(\exists v)(R(u) \wedge S(v) \wedge t[1] = u[1] \wedge \cdots \wedge t[k_1] = u[k_1] \wedge t[k_1+1] = v[1] \wedge \cdots \wedge t[k_1+k_2] = v[k_2])\}$,其中,$R,S$ 依次为 k_1,k_2 元关系,u,v 表示 R,S 的约束元组变量;
④ $\Pi_{i_1,i_2,\cdots,i_n}(R)$ 等价于 $\{t | (\exists u)(R(u) \wedge t[1] = u[i_1] \wedge \cdots \wedge t[n] = u[i_n])\}$,其中,$n$ 小于或等于 R 的元数(即列的个数);
⑤ $\sigma_F(R)$ 等价于 $\{t | R(t) \wedge F'\}$,其中,F' 为 F 在谓词演算中的表示形式,即用 $t[i]$ 代替 F 中 t 的第 i 个分量(即列序号 i)而为 F'。

关系代数的 5 种基本运算可等价地用元组关系演算表达式表示。因此,元组关系演算体系是完备的,能够实现关系代数所能表达的所有操作,是能用来表示对关系的各种操作的。

如此,元组关系演算对关系的操作就转换为求出这样的满足操作要求的 $\phi(t)$ 谓词公式了。如 2.5.2 节中基于元组关系演算语言的 ALPHA 的操作表达中就蕴含着这样的 $\phi(t)$ 谓词公式。

在关系演算公式表达时,还经常要用到如下 3 类等价的转换规则:

① $\phi 1 \wedge \phi 2 \equiv \neg \neg (\phi 1 \wedge \phi 2) \equiv \neg(\neg \phi 1 \vee \neg \phi 2)$

  $\phi 1 \vee \phi 2 \equiv \neg \neg (\phi 1 \vee \phi 2) \equiv \neg(\neg \phi 1 \wedge \neg \phi 2)$

② $(\forall t)(\phi(t)) \equiv \neg(\exists t)(\neg \phi(t))$

  $(\exists t)(\phi(t)) \equiv \neg(\forall t)(\neg \phi(t))$

③ $\phi 1 \rightarrow \phi 2 \equiv (\neg \phi 1) \vee \phi 2$

如下就抽象的元组关系演算来举一例说明其操作表达。

例 2.10 用元组关系演算表达式表达例 2.9(2)题,即检索学习课程号为 C3 的学生学号和姓名(其关系代数操作表达为:$\Pi_{\text{SNO,SN}}(\sigma_{\text{CNO}='C3'}(S\infty SC))$)。接下来分步进行表达。

(1) $S \times SC$ 可表示为

$\{t|(\exists u)(\exists v)(S(u) \wedge SC(v) \wedge t[1]=u[1] \wedge t[2]=u[2] \wedge t[3]=u[3] \wedge t[4]=u[4] \wedge t[5]=v[1] \wedge t[6]=v[2] \wedge t[7]=v[3])\}$

(2) $S \underset{1=1}{\infty} SC$,即 $\sigma_{s.sno=sc.sno}(S \times SC)$ 可表示为

$\{t|(\exists u)(\exists v)(S(u) \wedge SC(v) \wedge t[1]=u[1] \wedge t[2]=u[2] \wedge t[3]=u[3] \wedge t[4]=u[4] \wedge t[5]=v[1] \wedge t[6]=v[2] \wedge t[7]=v[3] \wedge t[1]=t[5])\}$ (说明:$t[1]=t[5]$ 可改为 $u[1]=v[1]$)

(3) $\sigma_{\text{CNO}='C3'}(S \underset{1=1}{\infty} SC)$,即 $\sigma_{s.sno=sc.sno \wedge sc.cno='C3'}(S \times SC)$ 可表示为

$\{t|(\exists u)(\exists v)(S(u) \wedge SC(v) \wedge t[1]=u[1] \wedge t[2]=u[2] \wedge t[3]=u[3] \wedge t[4]=u[4] \wedge t[5]=v[1] \wedge t[6]=v[2] \wedge t[7]=v[3] \wedge t[1]=t[5] \wedge t[6]='C3')\}$ (说明:$t[6]='C3'$ 可改为 $v[2]='C3'$)

(4) $\Pi_{\text{SNO,SN}}(\sigma_{\text{CNO}='C3'}(S \underset{1=1}{\infty} SC))$ 可表示为

$\{w|(\exists t)(\exists u)(\exists v)(S(u) \wedge SC(v) \wedge t[1]=u[1] \wedge t[2]=u[2] \wedge t[3]=u[3] \wedge t[4]=u[4] \wedge t[5]=v[1] \wedge t[6]=v[2] \wedge t[7]=v[3] \wedge t[1]=t[5] \wedge t[6]='C3' \wedge w[1]=u[1] \wedge w[2]=u[2])\}$

(5) 再对上式简化,去掉中间关系的元组变量 t,可得如下表达式:

$\{w|(\exists u)(\exists v)(S(u) \wedge SC(v) \wedge u[1]=v[1] \wedge v[2]='C3' \wedge w[1]=u[1] \wedge w[2]=u[2])\}$

2.5.2 元组关系演算语言 ALPHA

元组关系演算是以元组变量作为谓词变元的基本关系演算表达形式。一种典型的元组关系演算语言是由 E. F. Codd 提出的 ALPHA 语言,这一语言虽然没有实际实现,但关系数据库管理系统 INGRES 所用的 QUEL 语言是参照 ALPHA 语言研制的,与 ALPHA 十分类似。

ALPHA 语言主要有 GET、PUT、HOLD、UPDATE、DELETE 和 DROP 6 条语句,语句的基本格式是:

操作语句 工作空间名(表达式):操作条件

其中,表达式用于指定语句的操作对象,它可以是关系名或属性名,一条语句可以同时操作多个关系或多个属性。操作条件是一个逻辑表达式,用于将操作对象限定在满足条件的元组中,操作条件可以为空。除此之外,还可以在基本格式的基础上加上排序要求、定额要求等(说明:以下操作表达中要使用到2.4.2节图2.9中的 S、SC、C 3个表)。

1. 检索操作

检索操作用 GET 语句实现。学习操作表达前说明几点:

① 操作表达前,根据查询条件与要查询的信息等,同样要先确定本查询涉及哪几个表;

② ALPHA 语言的查询操作与关系代数操作表达思路完全不同,表达中要有谓词判定、量词作用的操作表达理念,如下表达举例中部分给出的图示可直观地说明其操作办法与操作思路,思考时画出相关各关系表能便于直观分析,利用操作表达;

③ ALPHA 语言的查询操作表达也是不唯一的,非常值得推敲。

(1) 简单检索(即不带条件的检索)

例 2.11　查询所有被选的选修课程的课程号码。

GET W(SC.CNO)

这里条件为空,表示没有限定条件(意思是要对所有 SC 元组操作)。W 为工作空间名。

例 2.12　查询所有学生的信息。

GET W(S)

(2) 限定的检索(即带条件的检索)

由冒号后面的逻辑表达式给出查询条件。

例 2.13　查询计算机系(CS)中年龄小于 22 岁的学生的学号和姓名。

GET W(S.SNO, S.SN):S.DEPT = ′CS′ ∧ S.AGE < 22

其关系演算表达式操作示意图如图 2.15 所示,相当于抽象的元组关系演算公式 $\{t|\phi(t)\}$,其中,$\phi(t)$ 为 $t[1]=S[1] \wedge t[2]=S[2] \wedge S.DEPT=′CS′ \wedge S.AGE<22$ 或 $t[1]=S[1] \wedge t[2]=S[2] \wedge S[4]=′CS′ \wedge S[5]<22$。

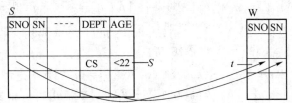

图 2.15　例 2.13 关系演算表达式操作示意图

(3) 带排序的检索

例 2.14　查询信息系(IS)学生的学号、年龄,并按年龄降序排序。

GET W(S.SNO, S.AGE):S.DEPT = ′IS′ DOWN S.AGE

DOWN 代表降序排序,后面紧跟排序的属性名。当升序排序时使用 UP。

(4) 带定额的检索

例 2.15　取出一个信息系学生的姓名。

GET W(1)(S.SN):S.DEPT = ′IS′

所谓带定额的检索是指规定了检索出的元组的个数,方法是在 W 后的括号中加上定额数量。

排序和定额可以一起使用。

例 2.16 查询信息系年龄最大的 3 个学生的学号及其年龄,并按年龄降序排序。
GET W(3)(S.SNO, S.AGE): S.DEPT = ´IS´ DOWN S.AGE

(5) 用元组变量的检索

因为元组变量是在某一关系范围内变化的,所以元组变量又称为范围变量(Range Variable)。元组变量主要有两方面的用途:

① 简化关系名,在处理实际问题时,如果关系的名字很长,使用起来就会感到不方便,这时可以设一个较短名字的元组变量来简化关系名;

② 操作条件中使用量词时必须用元组变量,元组变量能表示出动态或逻辑的含义,一个关系可以设多个元组变量,每个元组变量独立地代表该关系中的任一元组。

元组变量的指定方法为

     RANGE 关系名 1   元组变量名 1
           关系名 2   元组变量名 2
            …   …

例 2.17 查询信息系学生的名字。
RANGE Student X
GET W(X.SN): X.DEPT = ´IS´

这里元组变量 X 的作用是简化关系名 Student(此时假设表名为 Student)。

(6) 用存在量词的检索

例 2.18 查询选修 C2 号课程的学生名字。
RANGE SC X
GET W(S.SN): ∃X(X.SNO = S.SNO ∧ X.CNO = ´C2´)

操作表达式中涉及多个关系时,元组变量指定的原则为:"GET W(表达式)……",其中,"表达式"中使用到的关系外的其他操作表达式中要涉及的关系,原则上均需设定为元组变量。

例 2.19 查询选修了直接先修课号为 C2 课程的学生学号。
RANGE C CX
GET W(SC.SNO): ∃CX(CX.CNO = SC.CNO ∧ CX.CPNO = ´C2´)

其关系演算表达式操作示意图如图 2.16 所示,$\phi(t)$ 为 t[1]=SC.SNO ∧ ∃CX(CX.CNO=SC.CNO ∧ CX.CPNO=´C2´),$\phi(t)$ 的含义同例 2.13,下同。

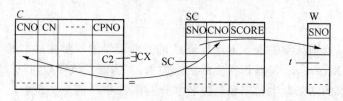

图 2.16 例 2.19 关系演算表达式操作示意图

图 2.16 示意:从选修表当前记录中取学号,条件是存在一门课 CX,其直接先修课为 C2,该课程正为该学号学生所选。

例 2.20 查询至少选修一门其先修课号为 C2 课程的学生名字。
RANGE C CX
    SC SCX
GET W(S.SN): ∃SCX(SCX.SNO = S.SNO ∧ ∃CX(CX.CNO = SCX.CNO ∧ CX.CPNO = ´C2´))

其关系演算表达式操作示意图如图 2.17 所示,$\phi(t)$ 为 t[1]=S.SN ∧ ∃SCX(SCX.SNO=

S.SNO∧∃CX(CX.CNO=SCX.CNO∧CX.CPNO='C2'))。

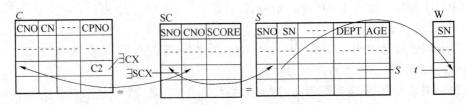

图 2.17 例 2.20 关系演算表达式操作示意图

图 2.17 示意：从学生关系中当前记录取姓名，条件是该生存在选修关系 SCX，还存在某课程 CX，其先修课为 C2，课程 CX 正是 SCX 所含的课程。

例 2.20 中的元组关系演算公式可以变换为前束范式(Prenex Normal Form)的形式：
GET W(S.SN)：∃SCX∃CX(SCX.SNO=S.SNO∧CX.CNO=SCX.CNO∧CX.CPNO='C2')

例 2.18～例 2.20 中的元组变量都是为存在量词而设的。其中，例 2.20 需要对两个关系作用存在量词，所以设了两个元组变量。

(7) 带有多个关系的表达式的检索

上面所举的各个例子中，虽然查询时可能会涉及多个关系，即公式中可能涉及多个关系，但查询结果都在一个关系中，即查询结果表达式中只有一个关系，实际上表达式中是可以有多个关系的。

例 2.21 查询成绩为 90 分以上的学生名字与课程名字。

RANGE SC SCX
GET W(S.SN,C.CN)：∃SCX(SCX.SCORE≥90∧SCX.SNO=S.SNO∧C.CNO=SCX.CNO)

其关系演算表达式操作示意如图 2.18 所示，$\phi(t)$ 为 $t[1]$=S.SN∧$t[2]$=C.CN∧∃SCX(SCX.SCORE≥90∧SCX.SNO=S.SNO∧C.CNO=SCX.CNO)。

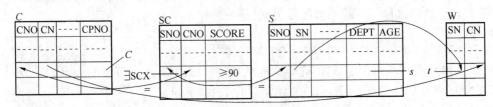

图 2.18 例 2.21 关系演算表达式操作示意图

图 2.18 示意：分别从学生表 S 和课程表 C 的当前记录中取学生姓名和课程名，条件是有选修关系元组 SCX 存在，SCX 是该学生的选修关系，并选修了该课程，且成绩为≥90 分。

本查询所要求的结果学生名字和课程名字分别在 S 和 C 两个关系中。

(8) 用全称量词的检索

例 2.22 查询不选 C1 号课程的学生名字。

RANGE SC SCX
GET W(S.SN)：∀SCX(SCX.SNO≠S.SNO∨SCX.CNO≠'C1')

其关系演算表达式操作示意如图 2.19 所示，$\phi(t)$ 为 $t[1]$=S.SN∧∀SCX(SCX.SNO≠S.SNO∨SCX.CNO≠'C1')。

图 2.19 示意：从学生表 S 的当前记录中取姓名，条件是对任意的选修元组 SCX 都满足：该选修元组不是当前被检索学生的选修课或是该学生的选修课但课程号不是 C1。

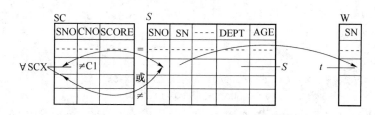

图 2.19 例 2.22 关系演算表达式操作示意图之一

本例实际上也可以用存在量词来表示：
RANGE SC SCX
GET W(S.SN)：¬∃SCX（SCX.SNO = S.SNO ∧ SCX.CNO = ′C1′）

其关系演算表达式操作示意如图 2.20 所示，$\phi(t)$ 为 $t[1]=$ S.SN ∧ ¬∃SCX（SCX.SNO = S.SNO ∧ SCX.CNO = ′C1′）。

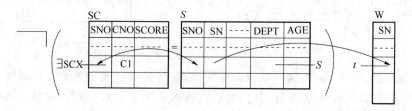

图 2.20 例 2.22 关系演算表达式操作示意图之二

图 2.20 示意：从学生表 S 的当前记录中取姓名，条件是该学生不存在对 C1 课程的选修元组 SCX。

（9）用两种量词的检索

例 2.23 查询选修了全部课程的学生姓名。
RANGE C CX
　　　SC SCX
GET W(S.SN)：∀CX∃SCX（SCX.SNO = S.SNO ∧ SCX.CNO = CX.CNO）

其关系演算表达式操作示意如图 2.21 所示，$\phi(t)$ 为 $t[1]=$ S.SN ∧ ∀CX∃SCX（SCX.SNO = S.SNO ∧ SCX.CNO = CX.CNO）。

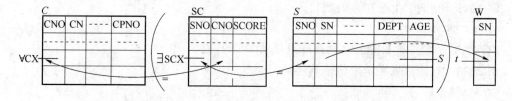

图 2.21 例 2.23 关系演算表达式操作示意图

图 2.21 示意：从学生表 S 中取学生姓名 SN，条件是对任意的课程 CX，该学生都有选课关系 SCX 存在，并选了任意的 CX 这门课。

（10）用蕴涵（Implication）的检索

例 2.24 查询至少选修了学号为 200402 的学生所选全部课程的学生学号。

本例题的求解思路是，对 C 表中的所有课程，依次检查每一门课程，看 200402 学生是否选修了该课程，如果选修了，则再看某一被检索学生是否也选修了该门课。如果对于 200402 所选的每门课程该学生都选修了，则该学生为满足要求的学生。把所有这样的学生全部找出来即完成了本题。
```
RANGE C CX
      SC SCX
      SC SCY
GET W(S.SNO)：∀CX(∃SCX(SCX.SNO = '200402' ∧ SCX.CNO = CX.CNO)
               → ∃SCY(SCY.SNO = S.SNO ∧ SCY.CNO = CX.CNO))
```

其关系演算表达式操作示意图如图 2.22 所示，$\phi(t)$ 为 $t[1] = S.SNO \wedge (\forall CX(\exists SCX(SCX.SNO = '200402' \wedge SCX.CNO = CX.CNO) \rightarrow \exists SCY(SCY.SNO = S.SNO \wedge SCY.CNO = CX.CNO)))$。

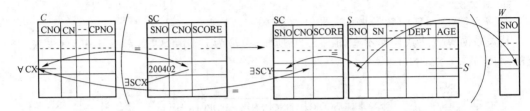

图 2.22　例 2.24 关系演算表达式操作示意图

图 2.22 示意：从学生表 S 的当前记录取学号，条件是对任意的课程 CX 都要满足以下条件，如果存在有 200402 学生的选修元组 SCX，其选修的课程是 CX，则当前被检索学生必存在选修元组 SCY，也选修了课程 CX。

(11) 集函数

表 2.8　关系演算中的集函数

函数名	功能
COUNT	对元组计数
TOTAL	求总和
MAX	求最大值
MIN	求最小值
AVG	求平均值

用户在使用查询语言时，经常要做一些简单的计算，如要求符合某一查询要求的元组数，求某个关系中所有元组在某属性上的值的总和或平均值等。为了方便用户，关系数据语言中建立了有关这类运算的标准函数库供用户选用，这类函数通常称为集函数（Aggregation Function）或内部函数（Build-in Function）。关系演算中提供了 COUNT、TOTAL、MAX、MIN、AVG 等集函数，其含义如表 2.8 所示。

例 2.25　查询学生所在系的数目。

GET W(COUNT(S.DEPT))

COUNT 函数在计数时会自动排除重复的 DEPT 值。

例 2.26　查询信息系学生的平均年龄。

GET W(AVG(S.AGE))：S.DEPT = 'IS'

2. 更新操作

(1) 修改操作

修改操作用 UPDATE 语句实现。其步骤是：首先用 HOLD 语句将要修改的元组从数据库中读到工作空间中；然后用宿主语言修改工作空间中元组的属性；最后用 UPDATE 语句将修改后的元组送回数据库中。

需要注意的是，单纯检索数据使用 GET 语句即可，但为修改数据而读元组时必须使用 HOLD 语句，HOLD 语句是带上并发控制的 GET 语句。有关并发控制的概念将在实验 12 中详细介绍。

例 2.27　把 200407 学生从计算机科学系转到信息系。
HOLD W(S.SNO, S.DEPT)：S.SNO = ′200407′　　（从 S 关系中读出 200407 学生的数据）
MOVE ′IS′ TO W.DEPT　　　　　　　　　　　（用宿主语言进行修改）
UPDATE W　　　　　　　　　　　　　　　　（把修改后的元组送回 S 关系）

在该例中用 HOLD 语句来读 200407 的数据，而不是用 GET 语句。

如果修改操作涉及两个关系的话，就要执行两次 HOLD-MOVE-UPDATE 操作序列。

修改主码的操作是不允许的，如不能用 UPDATE 语句将学号 200401 改为 200402。如果需要修改关系中某个元组的主码值，那么只能先用删除操作删除该元组，然后再把具有新主码值的元组插入关系中。

（2）插入操作

插入操作用 PUT 语句实现。其步骤为：首先用宿主语言在工作空间中建立新元组；然后用 PUT 语句把该元组存入指定的关系中。

例 2.28　学校新开设了一门 2 学分的课程"计算机组成与结构"，其课程号为 C8，直接先行课为 C4 号课程，插入该课程元组。
MOVE ′C8′ TO W.CNO
MOVE ′计算机组成与结构′ TO W.CN
MOVE ′C4′ TO W.Cpno
MOVE ′2′ TO W.CT
PUT W(C)　　（把 W 中的元组插入指定关系 C 中）

PUT 语句只对一个关系操作，也就是说，表达式必须为单个关系名。如果插入操作涉及多个关系，则必须执行多次 PUT 操作。

（3）删除操作

删除操作用 DELETE 语句实现。其步骤为：首先用 HOLD 语句把要删除的元组从数据库中读到工作空间中；然后用 DELETE 语句删除该元组。

例 2.29　200410 学生因故退学，删除该学生元组。
HOLD W(S)：S.SNO = ′200410′
DELETE W

例 2.30　将学号 200401 改为 200410。
HOLD W(S)：S.SNO = ′200401′
DELETE W
MOVE ′200410′ TO W.SNO
MOVE ′李立勇′ TO W.SN
MOVE ′男′ TO W.SEX
MOVE ′20′ TO W.AGE
MOVE ′CS′ TO W.DEPT
PUT W(S)

修改主码的操作，一般要分解为先删除、再插入的方法来完成操作。

例 2.31　删除全部学生。
HOLD W(S)
DELETE W

由于 SC 关系与 S 关系之间具有参照关系，为了保证参照完整性，删除 S 关系中全部元组的操作可能会遭到拒绝（因为 SC 关系要参照 S 关系），或将导致 DBMS 自动执行删除 SC 关系中全部元组的操作，如下：
HOLD W(SC)

DELETE W

一般可先删除 SC 中的元组,再删除 S 表中的元组。

2.5.3 域关系演算语言 QBE*

本节内容见二维码。

2.5.3 域关系演算语言 QBE

2.6 小　　结

关系数据库系统是本书的重点。这是因为关系数据库系统是目前使用最广泛的数据库系统。20 世纪 70 年代以后开发的数据库管理系统产品几乎都是基于关系的。更进一步,数据库领域近 50 年来的研究工作也主要是关系的。在数据库发展的历史上,最重要的成就是创立了关系模型,并广泛应用关系数据库系统。

关系数据库系统与非关系数据库系统的区别是,关系数据库系统只有"表"这一种数据结构;而非关系数据库系统还有其他数据结构,对这些数据结构有其他复杂而不规则的操作。

本章系统讲解了关系数据库的重要概念,包括关系模型的数据结构、关系的完整性以及关系操作。介绍了用代数方式来表达的关系语言,即关系代数、基于元组关系演算的 ALPHA 语言和基于域关系演算的 QBE。本章抽象的关系操作表达为进一步学习下一章实用的关系数据库国际标准语言 SQL 打下了坚实的基础。

习　　题

一、单项选择题

1. 设关系 R 和 S 的属性个数分别为 r 和 s,则 ($R \times S$) 操作结果的属性个数为(　　)。
   A. $r+s$　　　　　　B. $r-s$　　　　　　C. $r \times s$　　　　　　D. $\max(r,s)$

2. 在基本的关系中,下列说法正确的是(　　)。
   A. 行列顺序有关　　　　　　　　B. 属性名允许重名
   C. 任意两个元组不允许重复　　　D. 列是非同质的

3. 有关系 R 和 S,$R \cap S$ 的运算等价于(　　)。
   A. $S-(R-S)$　　B. $R-(R-S)$　　C. $(R-S) \cup S$　　D. $R \cup (R-S)$

4. 设关系 $R(A,B,C)$ 和 $S(A,D)$,与自然连接 $R \underset{}{\infty} S$ 等价的关系代数表达式是(　　)。
   A. $\sigma_{R.A=S.A}(R \times S)$　　　　　　　　B. $R \underset{1=1}{\infty} S$
   C. $\Pi_{B,C,S.A,D}(\sigma_{R.A=S.A}(R \times S))$　　D. $\Pi_{R.A,B,C}(R \times S)$

5. 5 种基本关系代数运算是(　　)。
   A. $\cup$、$-$、$\times$、Π 和 σ　　　　　B. $\cup$、$-$、∞、Π 和 σ
   C. $\cup$、$\cap$、$\times$、Π 和 σ　　　　D. $\cup$、$\cap$、∞、Π 和 σ

6. 关系代数中的 θ 连接操作由(　　)操作组合而成。
   A. σ 和 Π　　　　B. σ 和 $\times$　　　　C. Π、σ 和 $\times$　　　　D. Π 和 $\times$

7. 在关系数据模型中,把(　　)称为关系模式。

| A. 记录 | B. 记录类型 | C. 元组 | D. 元组集 |

8. 对一个关系做投影操作后,新关系的基数个数( )原来关系的基数个数。

　　A. 小于　　　　　B. 小于或等于　　　C. 等于　　　　　D. 大于

9. 有关系 $R(A,B,C)$ 主键 $=A$,$S(D,A)$ 主键 $=D$,外键 $=A$,参照 R 的属性 A,关系 R 和 S 的元组如下所示,指出关系 S 中违反关系完整性规则的元组是( )。

R

A	B	C
1	2	3
2	1	3

S

D	A
1	2
2	null
3	3
4	1

　　A. (1,2)　　　　　B. (2,null)　　　　C. (3,3)　　　　　D. (4,1)

10. 关系运算中花费时间可能最长的运算是( )。

　　A. 投影　　　　　B. 选择　　　　　C. 广义笛卡尔积　　D. 并

二、填空题

1. 关系中主码的取值必须唯一且非空,这条规则是_____完整性规则。
2. 关系代数中专门的关系运算包括:选择、投影、连接和除法,主要实现_____类操作。
3. 关系数据库的关系演算语言是以_____为基础的 DML。
4. 关系数据库中,关系称为_____,元组亦称为_____,属性亦称为_____。
5. 数据库描述语言的作用是_____。
6. 一个关系模式可以形式化地表示为_____。
7. 关系数据库操作的特点是_____式操作。
8. 数据库的所有关系模式的集合构成_____,所有的关系集合构成_____。
9. 在关系数据模型中,两个关系 R_1 与 R_2 之间存在 $1:m$ 的联系,可以通过在一个关系 R_2 中的_____在相关联的另一个关系 R_1 中检索相对应的记录。
10. 将两个关系中满足一定条件的元组连接到一起构成新表的操作称为_____操作。

三、简述、计算与查询题

简述、计算与查询题见如下二维码:

第 2 章　简述、计算与查询题

第3章 关系数据库标准语言SQL

本章要点

学习、掌握与灵活应用国际标准数据库语言 SQL 是本章的要求。SQL 语言的学习从数据定义(DDL)、数据查询(Query)、数据更新(DML)、视图(View)等方面逐步展开,而嵌入式 SQL 是 SQL 的初步应用内容。SQL 数据查询是本章学习的重点。

3.1 SQL 语言的基本概念与特点

SQL(Structured Query Language,结构化查询语言)是国际标准数据库语言,如今无论是 Oracle、SQL Server、Sybase、Informix 这样的大型数据库管理系统,还是 Visual FoxPro、Access 这样的 PC 上常用的微小型数据库管理系统,都支持 SQL 语言。学习本章后,应该了解 SQL 语言的特点,掌握 SQL 语言的四大功能及其使用方法,重点掌握 SQL 数据查询功能及其使用方法。

3.1.1 语言的发展及标准化

思政 3.1

在 20 世纪 70 年代初,E. F. Codd 首先提出了关系模型。20 世纪 70 年代中期,IBM 公司在研制 SYSTEM R 关系数据库管理系统中研制了 SQL,最早的 SQL(叫 SEQUEL2)是在 1976 年 11 月的 IBM Journal of R&D 上公布的。

1979 年 ORACLE 公司首先提供商用的 SQL,IBM 公司在 DB2 和 SQL/DS 数据库系统中也实现了 SQL。

1986 年 10 月,美国 ANSI 采用 SQL 作为关系数据库管理系统的标准语言(ANSI X3. 135-1986),后为国际标准化组织(ISO)采纳为国际标准。

1989 年,美国 ANSI 采纳在 ANSI X3. 135-1989 报告中定义的关系数据库管理系统的 SQL 标准语言,称为 ANSI SQL 89。

1992 年,ISO 推出了 SQL 92 标准,也称为 SQL2,最重要的一个版本。引入了标准的分级概念。

1999 年,ISO/IEC(International Electrotechnical Commission) 9075:1999,SQL1999(SQL3),变动最大的一个版本。改变了标准符合程度的定义;增加了面向对象特性、正则表达式、存储过程、Java 等支持。

2003 年,ISO/IEC 9075:2003,SQL2003。引入了 XML、Window 等函数。

2008年，SQL2008标准发布。这个版本增加了TRUNCATE TABLE语句、INSTEAD OF触发器以及FETCH子句等功能。

2011年，ISO/IEC发布了SQL2011标准。这个版本主要增加了对时态数据库（Temporal Database）的支持。

2016年，SQL2016标准发布。SQL2016引入了新的JSON函数和操作符，以及增加了行模式识别（RPR）和多态表函数（PTF）。具有处理复杂事件的强大功能。

2019年，ISO/IEC发布了SQL2019标准。这个版本引进了多维数组（MDA）。

2023年，ISO发布了SQL2023标准。这个版本包含11个部分，对SQL语言进行了全面的增强和扩展。除了增强SQL语言和JSON相关功能，SQL2023最大的变化是在SQL中直接提供图形查询语言（GQL）功能。

SQL是一种介于关系代数与关系演算之间的语言，其功能包括查询、操作、定义和控制4个方面，是一个通用的、功能极强的关系数据库语言。目前已成为关系数据库的标准语言，广泛应用于各种数据库。

3.1.2 SQL语言的基本概念

SQL语言支持关系数据库系统三级模式结构，如图3.1所示。其中，外模式对应于视图和部分基本表（Base Table），模式对应于基本表，内模式对应于存储文件。

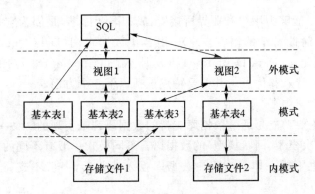

图3.1 数据库系统三级模式结构

基本表是本身独立存在的表，在SQL中，一个关系就对应一个表。一些基本表对应一个存储文件，一个表可以有若干索引，索引也存放在存储文件中。

视图是从基本表或其他视图中导出的表，它本身不独立存储在数据库中，也就是说，数据库中只存放视图的定义而不存放视图对应的数据，这些数据仍存放在导出视图的基本表中，因此视图是一个虚表。

存储文件的物理结构及存储方式等组成了关系数据库的内模式。对于不同数据库管理系统，其存储文件的物理结构及存储方式等往往是不同的，一般也是不公开的。

视图和基本表是SQL的主要操作对象，用户可以用SQL对视图和基本表进行各种操作。在用户眼中，视图和基本表都是关系表，而存储文件对用户是透明的。

关系数据库系统三级模式结构直观示意图如图3.2所示。

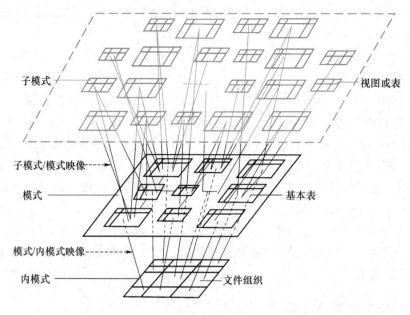

图 3.2 关系数据库系统三级模式结构示意图

3.1.3 SQL 语言的主要特点

SQL 语言之所以能够为用户和业界所接受，成为国际标准，是因为它是一个综合的、通用的、功能极强同时又简捷易学的语言。SQL 语言集数据查询（Data Query）、数据操作（Data Manipulation）、数据定义（Data Definition）和数据控制（Data Control）功能于一体，充分体现了关系数据库语言的特点和优点。其主要特点包括以下 5 个方面。

1. 综合统一

数据库系统的主要功能是通过数据库支持的数据语言来实现的。

非关系模型（层次模型、网状模型）的数据语言不同模式一般有不同的定义语言，数据操作语言与各定义语言也不成一体。当用户数据库投入运行后，一般不支持联机实时修改各级模式。

而 SQL 语言则集数据定义语言 DDL、数据操作语言 DML、数据控制语言 DCL 的功能于一体，语言风格统一，可以独立完成数据库生命周期中的全部活动，包括定义关系模式、录入数据以建立数据库、查询、更新、维护、数据库重构、数据库安全性控制等一系列操作要求，这就为数据库应用系统开发提供了良好的环境，例如，用户在数据库投入运行后，还可根据需要随时地、逐步地修改模式，而不影响数据库的整体正常运行，从而使系统具有良好的可扩充性。

2. 高度非过程化

非关系数据模型的数据操作语言是面向过程的语言，若用其完成某项请求则必须指定存取路径。而用 SQL 语言进行数据操作时，用户只需提出"做什么"，而不必指明"怎么做"，因此用户无须了解存取路径，存取路径的选择以及 SQL 语句的具体操作过程由系统自动完成，这不但大大减轻了用户负担，而且有利于提高数据独立性。

3. 面向集合的操作方式

SQL 语言采用集合操作方式，不仅查找结果可以是元组的集合（即关系），而且一次插入、删除、更新操作的对象也可以是元组的集合。非关系数据模型采用的是面向记录的操作方式，任何一个操作其对象都是一条记录。例如,查询所有平均成绩在 90 分以上的学生姓名,用户必须说明完成该请求的具体处理过程,即如何用多重循环结构按照某条路径一条一条地把学生记录及其所有选课记录读出,并计算、判断后选择出来;而关系数据库中,一条 SELECT 命令就能完成该功能。

4. 以同一种语法结构提供两种使用方式

SQL 语言既是自含式语言,又是嵌入式语言。作为自含式语言,它能够独立地用于联机交互的使用方式,用户可以在终端键盘上直接键入 SQL 命令对数据库进行操作;作为嵌入式语言,SQL 语句能够嵌入高级语言(如 Java、C♯、C、COBOL、FORTRAN、PL/1)程序中,供程序员设计程序时使用。而在两种不同的使用方式下,SQL 语言的语法结构基本上是一致的。这种以统一的语法结构提供两种不同的使用方式的做法,为用户提供了极大的灵活性与方便性。

5. 语言简捷,易学易用

SQL 语言功能极强,但由于设计巧妙,语言十分简捷,完成数据查询(SELECT 命令)、数据定义(如 CREATE、DROP、ALTER 等命令)、数据操作(如 INSERT、UPDATE、DELETE 等命令)、数据控制(如 GRANT、REVOKE 等命令)四大核心功能只用了 9 个动词,而且 SQL 语言语法简单,接近英语口语,因此易学易用。

3.2 SQL 数据定义

SQL 语言使用数据定义语言(Data Definition Language,DDL)实现其数据定义功能,可对数据库用户、基本表、视图和索引等进行定义、修改和删除。

3.2.1 字段数据类型

当用 SQL 语句定义表时,需要为表中的每一个字段设置一个数据类型,用来指定字段所存放的数据是精确数字、近似数字、日期和时间、字符串、Unicode 字符串、二进制字符串或其他数据类型的数据。为此,目前 SQL Server 的数据类型可以分为以下 7 类,共有 35 种。

① 精确数字数据类型有 bigint,bit,decimal,int,money,numeric,smallint,smallmoney,tinyint 9 种。

② 近似数字数据类型有 float,real 两种。

③ 日期和时间数据类型有 date,datetime2,datetime,datetimeoffset,smalldatetime,time 6 种。

④ 字符串数据类型有 char,text,varchar 3 种。

⑤ Unicode 字符串数据类型有 nchar,ntext,nvarchar 3 种。

⑥ 二进制字符串数据类型有 binary,varbinary,图像 3 种。

⑦ 其他数据类型有 cursor,hierarchyid,rowversion(timestamp 的数据类型为 rowversion 数据类型的同义词,并具有数据类型同义词的行为。在 DDL 语句中,应尽量使用 rowversion,而不是 timestamp),sql_variant,table,uniqueidentifier,xml,空间几何 geometry 类型,空间地理 geography 类型 9 种。

在 SQL Server 中,根据其存储特征,某些数据类型被指定为属于下列各组:①大值数据类型,varchar(max)和 nvarchar(max);②大型对象数据类型,text、ntext、image、varbinary (max)和 xml。

以下对某些数据类型作说明。

① 整数数据类型按照整数数值的范围大小,有 bigint,int,smallint,tinyint 4 种。

② 精确数值类型用来定义可带小数部分的数字,有 numeric,decimal 两种,二者相同,但建议使用 decimal,如 123.0,8000.56。类型表示形式为 Numeric[(p[,d])]或 Decimal[(p[,d])],表示由 p 位数字(不包括符号、小数点)组成,小数点后面有 d 位数字(也可写成 DECIMAL(p,d) 或 DEC(p,d))。

③ 近似浮点数值数据类型:当数值的位数太多时,可用此数据类型来取数值的近似值,有 float 和 real 两种,如 1.35E+10。类型表示形式为 Float[(n)]或 Real 浮点数,n 为用于存储科学记数法 float 数尾数的位数,同时指示其精度和存储大小。n 必须为从 1~53 之间的值。

④ 日期时间数据类型用来表示日期和时间,共有 date,datetime2,datetime,datetimeoffset,smalldatetime,time 6 种。按照时间范围与精确程度常用的为 datetime 与 smalldatetime 两种,形如 1998-06-12 15:30:00。

⑤ 非 Unicode 的字符型数据,包括 char,varchar,text 3 种,如"I am a student."。字符型数据有固定长度(char)或可变长度(varchar)字符数据类型之分。类型表示形式为 char[(n)]或 varchar[(n)],长度为 n 字节的固定长度且非 Unicode 的字符数据。n 必须是一个介于 1~8 000 之间的数值。

⑥ Unicode 的字符型数据,采用双字节文字编码标准,包括 nchar,nvarchar,ntext 3 种。它与字符串数据类型相当类似,但 Unicode 的一个字符占用 2 字节存储空间。nchar 是固定长度 Unicode 数据的数据类型,nvarchar 是可变长度 Unicode 数据的数据类型,二者均使用 UNICODE UCS-2 字符集。类型表示形式为 nchar(n)或 nvarchar(n),包含 n 个字符的固定长度 Unicode 字符数据。n 的值必须介于 1~4 000 之间。存储大小为 n 字节的两倍。nchar 在 SQL-92 中的同义词为 national char 和 national character。

⑦ 二进制数据类型用来定义二进制代码的数据,有 binary,varbinary,image 3 种,通常用十六进制表示,如 0X5F3C。二进制数据类型也有固定长度(binary)的或可变长度(varbinary)的 binary 数据类型之分。类型表示形式为 binary[(n)]或 varbinary[(n)],为长度 n 字节二进制数据。n 必须介于 1~8 000 之间。存储空间大小为(n+4)字节。

⑧ 货币数据类型用来定义与货币有关的数据,分为 money,smallmoney 两种,如 123.0000。

⑨ 标记数据类型有 rowversion(timestamp,时间标记)和 uniqueidentifier(唯一识别码)两种,属于此数据类型的字段值通常由系统自动产生,而不是用户输入。在一个表中最多只能有一个 timestamp 数据类型的字段。这时,当表中一笔记录被更新或修改时,该笔数据的 timestamp 字段值会自动更新,其值就是更新数据时的时间标记。而当数据表中含有 uniqueidentifier 数据类型的字段时,则该字段的值在整个数据库中的值是唯一的,所以常用它来识别每一笔数据的唯一性。

各种数据类型的有关规定参见二维码(表 3.1)。各数据类型的详细说明请参阅相应版本的 SQL Server 联机帮助(例如,https://learn.microsoft.com/zh-cn/sql/t-sql/data-types/data-types-transact-sql?view=sql-server-ver16#data-type-categories)。

表 3.1 数据类型

3.2.2 创建、修改和删除数据表

1. 定义基本表

在 SQL 语言中,使用语句 CREATE TABLE 创建数据表,其一般格式为

CREATE TABLE <表名>(<列名><数据类型>[列级完整性约束条件]
[,<列名><数据类型>[列级完整性约束条件]]…[,<表级完整性约束条件>])

其中,<表名>是所要定义的基本表的名字,必须是合法的标识符,最多可有 128 个字符,但本地临时表的表名(名称前有一个编号符♯)最多只能包含 116 个字符。表名不允许重名,一个表可以由一个或多个属性(列)组成。建表的同时通常还可以定义与该表有关的完整性约束条件,这些完整性约束条件被存入系统的数据字典中,当用户操作表中数据时由 DBMS 自动检查该操作是否违背这些完整性约束条件。如果完整性约束条件涉及该表的多个属性列,则必须定义在表级上,否则既可以定义在列级也可以定义在表级。

关系模型的完整性规则是对关系的某种约束条件。

(1) 实体完整性

① 主码(PRIMARY KEY):在一个基本表中只能定义一个 PRIMARY KEY 约束,对于指定为 PRIMARY KEY 的一个或多个列的组合,其中任何一个列都不能出现空值。PRIMARY KEY 既可用于列约束,也可用于表约束,PRIMARY KEY 用于定义列约束时语法格式:

[CONSTRAINT <约束名>] PRIMARY KEY [CLUSTERED | NONCLUSTERED][(column_name [ASC | DESC] [,…n])]

说明:[,…n]表示可以重复,下同。

② 空值(NULL/NOT NULL):空值不等于 0 也不等于空白,而是表示不知道、不确定、没有意义的意思,该约束只能用于列约束,语法格式:

[CONSTRAINT <约束名>][NULL|NOT NULL]

③ 唯一值(UNIQUE):表示在某一列或多个列的组合上的取值必须唯一,系统会自动为其建立唯一索引。UNIQUE 约束可用于列约束,也可用于表约束,语法格式:

[CONSTRAINT <约束名>] UNIQUE [CLUSTERED | NONCLUSTERED][(column_name [ASC | DESC] [,…n])]

(2) 参照完整性

FOREIGN KEY 约束指定某一个或一组列作为外部键,其中,包含外部键的表称为从表,包含外部键引用的主键或唯一键的表称为主表。系统保证从表在外部键上的取值是主表中某一个主键,或唯一键值,或取空值,以此保证两个表之间连接,确保实体的参照完整性。

FOREIGN KEY 既可用于列约束,也可用于表约束,其语法格式分别为

[CONSTRAINT <约束名>] FOREIGN KEY REFERENCES <主表名>(<列名>)

或

[CONSTRAINT <约束名>] FOREIGN KEY [(<从表列名>[,…n])] REFERENCES <主表名> [(<主表列名>[,…n])] [ON DELETE { CASCADE | NO ACTION }] [ON UPDATE { CASCADE | NO ACTION }][NOT FOR REPLICATION]

(3) 用户自定义的完整性约束规则

CHECK 可用于定义用户自定义的完整性约束规则,CHECK 既可用于列约束,也可用于表约束,其语法格式为

[CONSTRAINT <约束名>] CHECK [NOT FOR REPLICATION](<条件>)

下面以一个"学生-课程"数据库为例来说明,表内容如图 3.3 所示。

S

学号 SNO	姓名 SN	性别 SEX	年龄 AGE	系别 DEPT
S1	李涛	男	19	信息
S2	王林	女	18	计算机
S3	陈高	女	21	自动化
S4	张杰	男	17	自动化
S5	吴小丽	女	19	信息
S6	徐敏敏	女	20	计算机

C

课程号 CNO	课程名 CN	学分 CT
C1	C语言	4
C2	离散数学	2
C3	操作系统	3
C4	数据结构	4
C5	数据库	4
C6	汇编语言	3
C7	信息基础	2

SC

学号 SNO	课程号 CNO	成绩 SCORE
S1	C1	90
S1	C2	85
S2	C1	84
S2	C2	94
S2	C3	83
S3	C1	73
S3	C7	68
S3	C4	88
S3	C5	85
S4	C2	65
S4	C5	90
S4	C6	79
S5	C2	89

图 3.3 "学生-课程"数据库中的三表内容

"学生-课程"数据库中包括3个表:①"学生"表 S 由学号(SNO)、姓名(SN)、性别(SEX)、年龄(AGE)和系别(DEPT)5个属性组成,可记为 S(SNO,SN,SEX,AGE,DEPT);②"课程"表 C 由课程号(CNO)、课程名(CN)和学分(CT)3个属性组成,可记为 C(CNO,CN,CT);③"选修"表 SC 由学号(SNO)、课程号(CNO)和成绩(SCORE)3个属性组成,可记为 SC(SNO,CNO,SCORE)。先创建数据库,并选择当前数据库,命令为

```
CREATE DATABASE jxgl
GO
USE jxgl
```

例 3.1 建立一个"学生"表 S,它由学号 SNO、姓名 SN、性别 SEX、年龄 AGE 和系别 DEPT 5个属性组成,其中学号属性为主键,姓名、年龄与性别不为空,假设姓名具有唯一性,并建立唯一索引,并且性别只能在男和女中选一个,年龄不能小于0。

```
CREATE TABLE S
( SNO CHAR(5) PRIMARY KEY,
  SN VARCHAR(8) NOT NULL,
  SEX CHAR(2) NOT NULL CHECK (SEX IN ('男','女')),
  AGE INT NOT NULL CHECK (AGE>0),
  DEPT VARCHAR(20),
  CONSTRAINT SN_U UNIQUE(SN)
)
```

例 3.2 建立"课程"表 C,它由课程号(CNO)、课程名(CN)和学分(CT)3个属性组成,

CNO 为该表主键,学分大于或等于 1。
```
CREATE TABLE C
    ( CNO CHAR(5) NOT NULL PRIMARY KEY,
      CN VARCHAR(20),
      CT INT CHECK(CT >= 1))
```

例 3.3 建立"选修"关系表 SC,分别定义 SNO 和 CNO 为 SC 的外部键,(SNO,CNO)为该表的主键。

```
CREATE TABLE SC
    ( SNO CHAR(5) NOT NULL CONSTRAINT S_F FOREIGN KEY REFERENCES S(SNO),
      CNO CHAR(5) NOT NULL,
      SCORE NUMERIC(3,0),
      CONSTRAINT S_C_P PRIMARY KEY(SNO,CNO),
      CONSTRAINT C_F FOREIGN KEY(CNO) REFERENCES C(CNO))
```

2. 修改基本表

由于分析设计不到位或应用需求的不断变化等原因,基本表结构的修改也是不可避免的,如增加新列和完整性约束、修改原有的列定义和完整性约束定义等。SQL 语言使用 ALTER TABLE 命令来完成这一功能,其一般格式为

```
ALTER TABLE <表名>{
  [ ALTER COLUMN column_name { new_data_type [ ( precision [ , scale ] ) ] [ COLLATE < collation_name > ] [ NULL | NOT NULL ] | {ADD | DROP} ROWGUIDCOL }
  | ADD { [< column_definition >] | column_name AS computed_column_expression } [ ,…n ]
  | [ WITH CHECK | WITH NOCHECK ] ADD { < table_constraint > } [ ,…n ]
  | DROP { [ CONSTRAINT ] constraint_name | COLUMN column } [ ,…n ]
  | { CHECK | NOCHECK } CONSTRAINT { ALL | constraint_name [ ,…n ] }
  | { ENABLE | DISABLE } TRIGGER { ALL | trigger_name [ ,…n ] } }
```

其中,<表名>指定需要修改的基本表,ADD 子句用于增加新列和新的完整性约束条件,DROP 子句用于删除指定的完整性约束条件或原有列,ALTER COLUMN 子句用于修改原有的列定义。{ CHECK | NOCHECK } CONSTRAINT 指定启用或禁用 constraint_name。如果禁用,将来插入或更新该列时不用该约束条件进行验证。此选项只能与 FOREIGN KEY 和 CHECK 约束一起使用。{ ENABLE | DISABLE } TRIGGER 指定启用或禁用 trigger_name,则当一个触发器被禁用时,它对表的定义依然存在,但当在表上执行 INSERT、UPDATE 或 DELETE 语句时,触发器中的操作将不执行,除非重新启用该触发器。

ALTER TABLE 命令详细语法格式之一见二维码。

例 3.4 向 S 表增加"入学时间"列,其数据类型为日期型。

```
ALTER TABLE S ADD SCOME DATETIME
```

不论基本表中原来是否已有数据,新增加的列一律为空值。

例 3.5 将年龄的数据类型改为半字长整数。

```
ALTER TABLE S ALTER COLUMN AGE SMALLINT
```

ATLER TABLE
命令详细语法格式之一

修改原有的列定义,会使列中数据做新旧类型的自动转换,有可能会破坏已有数据。

例 3.6 删除例 3.4 中增加的"入学时间"列。

```
ALTER TABLE S DROP COLUMN SCOME
```

例 3.7 禁止 SC 中的参照完整性 C_F。

ALTER TABLE SC **NOCHECK** CONSTRAINT C_F

3. 删除基本表

随着时间的变化,有些基本表无用了,可将其删除。删除某基本表后,该表中数据及表结构将从数据库中彻底删除,表相关的对象如索引、视图和参照关系等也将同时删除或无法再使用,因此执行删除操作一定要格外小心。删除基本表命令的一般格式为

DROP TABLE <表名>

例 3.8 删除 S 表。

DROP TABLE S

注意:删除表需要相应的操作权限,一般只删除自己建立的无用表,执行删除命令后是否真能完成删除操作,这还取决于其操作是否有违反完整性约束。

3.2.3 设计、创建和维护索引

1. 索引的概念

在现实生活中经常借用索引的手段实现快速查找,如图书目录、词典索引等。同样道理,数据库中的索引是为了加速对表中元组(或记录)的检索而创建的一种分散存储结构(如 B^+ 树数据结构),它实际上是记录的关键字与其相应地址的对应表。索引是对表或视图而建立的,由索引页面组成。

改变表中的数据(如增加或删除记录)时,索引将自动更新。索引建立后,在查询使用该列时,系统将自动使用索引进行查询。索引是把双刃剑,由于要建立索引页面,索引也会减慢更新数据的速度。索引数目无限制,但索引越多,更新数据的速度越慢。对于仅用于查询的表可多建索引,对于数据更新频繁的表则应少建索引。

按照索引记录的存放位置可分为聚集索引(Clustered Index)与非聚集索引(Non-Clustered Index)两类。聚集索引是指索引项的顺序与表中记录的物理顺序一致的索引组织;非聚集索引按照索引字段排列记录,该索引中索引的逻辑顺序与磁盘上记录的物理存储顺序不同。在检索记录时,聚集索引会比非聚集索引速度快,一个表中只能有一个聚集索引,而非聚集索引可以有多个。

2. 创建索引

创建索引语句的一般格式为

CREATE [UNIQUE] [CLUSTERED|NONCLUSTERED] INDEX <索引名> ON {<表名>|<视图名>} (<列名>[ASC| DESC] [,…n]) [WITH <索引选项>[,…n]][ON 文件组名]

其中,UNIQUE 表明建立唯一索引,CLUSTERED 表示建立聚集索引,NONCLUSTERED 表示建立非聚集索引。索引可以建在该表或视图的一列或多列上,各列名之间用逗号分隔。每个<列名>后面还可以用<次序>指定索引值的排列次序,包括 ASC(升序)和 DESC(降序)两种,缺省值为 ASC。例如,执行下面的 CREATE INDEX 语句:

CREATE CLUSTERED INDEX StuSN ON S(SN)

将会在 S 表的 SN(姓名)列上建立一个聚簇索引,而且 S 表中的记录将按照 SN 值的升序存放。建立聚簇索引后,更新索引列数据时,往往导致表中记录的物理顺序的变更,代价较大,因此对于经常更新的列不宜建立聚簇索引。

例 3.9 为"学生-课程"数据库中的 S、C 和 SC 3 个表建立索引。其中,S 表按学号升序建唯一索引,C 表按课程号降序建立聚簇索引,SC 表按学号升序和课程号降序建非聚簇索引。

```
CREATE UNIQUE INDEX S_SNO ON S(SNO)
CREATE CLUSTERED INDEX C_CNO ON C(CNO DESC)
CREATE NONCLUSTERED INDEX SC_SNO_CNO ON SC(SNO ASC,CNO DESC)
```
说明:每个表至多只能有一个聚簇索引。

3. 删除索引

删除索引一般格式为

DROP INDEX 表名.<索引名>|视图名.<索引名>[,…n]

例 3.10 删除 S 表的 S_SNO 索引。

DROP INDEX S.S_SNO

说明:索引一经建立,就由系统使用和维护它,一般不需用户干预。建立索引是为了减少查询操作的时间,但如果数据增删改频繁,系统会花费许多时间来维护索引。这时,可以删除一些不必要的索引。删除索引时,系统会同时从数据字典中删除有关该索引的描述。

3.3 SQL 数据查询

3.3.1 SELECT 命令的格式及其含义

数据查询是数据库中最常用的操作命令。SQL 语言提供 SELECT 语句,通过查询操作可以得到所需的信息。SELECT 语句的一般格式为

```
[ WITH <公用表表达式>[,…n]]
SELECT [ALL|DISTINCT] [TOP [(]n[)]] <目标列表达式 1> [[AS] 列别名 1] [,<目标列表达式 2>
[[AS] 列别名 2]]…
[INTO <新表名>]
FROM <表名 1 或视图名 1>[[AS] 表别名 1] [,<表名 2 或视图名 2>[[AS] 表别名 2]]…
[WHERE <元组或记录筛选条件表达式>]
[GROUP BY <列名 11>[,<列名 12>]|rollup(列表)|cube(列表)|GROUPING SETS(< grouping set list >)|
()… [HAVING <分组筛选条件表达式>]
[ORDER BY <列名 21 > [ASC|DESC] [,<列名 22 > [ASC|DESC]]…]
[ OPTION ( < query_option > [ ,…n ] ) ]
```

可在查询之间使用 UNION、EXCEPT 和 INTERSECT 运算符,以便将各个查询的结果合并到一个结果集中或进行比较。

SELECT 语句组成成分的说明。

(1) WITH <公用表表达式>[,…n]:指定临时命名的结果集,这些结果集称为公用表表达式。该表达式源自简单查询,并且在单条 SELECT、INSERT、UPDATE 或 DELETE 语句的执行范围内定义并使用。

<公用表表达式>::= 表达式名[列名[,…n]] AS (SELECT 语句)

(2) 目标列表达式的可选格式:

① [<表名>.]属性列名 | 各种普通函数 | 常量 | …;

② [<表名>.]*;

③ COUNT([ALL|DISTINCT] <属性列名>| *)等集函数;

④ 算术运算(+、-、*、/)为主的表达式,其中,函数参数可以是属性列名、集函数、常量、普通函数、表达式等形式;

⑤ [ALL|DISTINCT][TOP[(]expression[)] [PERCENT] [WITH TIES]] < select_list >。

(3) 集函数的可选格式：

① COUNT([ALL|DISTINCT] <属性列名>|*)

② SUM | AVG | MAX | MIN([ALL|DISTINCT] <属性列名>)

(4) WHERE 子句的元组或记录筛选条件表达式有以下可选格式：

① <属性列名> θ { <属性列名> | <常量> | [ANY | ALL] (SELECT 语句) }，其中，θ 为 6 种关系比较运算符之一；

② <属性列名> [NOT] BETWEEN { <属性列名> | <常量> | (SELECT 语句) } AND { <属性列名> | <常量> | (SELECT 语句) }；

③ <属性列名> [NOT] IN { (值1 [,值2]…) | (SELECT 语句) }；

④ <属性列名> [NOT] LIKE <匹配串>；

⑤ <属性列名> IS [NOT] NULL；

⑥ [NOT] EXISTS (SELECT 语句)；

⑦ [NOT] <条件表达式> { AND|OR } [NOT] <条件表达式> [{ AND|OR } ([NOT] <条件表达式>)]…。

(5) 最新 GROUP BY (Transact-SQL) 子句说明。

按 SQL Server 中一个或多个列或表达式的值将一组选定行组合成一个摘要行集，针对每一组返回一行。SELECT 子句 <select> 列表中的聚合函数提供有关每个组（而不是各行）的信息。GROUP BY (Transact-SQL) 子句的语法如下。

--SQL Server 和 Azure SQL 数据库的语法，符合 ISO 的语法

GROUP BY { column-expression | ROLLUP (<group_by_expression> [,...n]) | CUBE (<group_by_expression> [,...n]) | GROUPING SETS (<grouping_set> [,...n]) | () --计算总数 } [,...n]

<group_by_expression> ::= column-expression | (column-expression [,...n])

<grouping_set> ::= () --计算总数 | <grouping_set_item> | (<grouping_set_item> [,...n])

<grouping_set_item> ::= <group_by_expression> | ROLLUP (<group_by_expression> [,...n]) | CUBE (<group_by_expression> [,...n])

--仅用于向后兼容性。SQL Server 和 Azure SQL 数据库的非 ISO 兼容语法

GROUP BY {ALL column-expression [,...n]|column-expression [,...n] WITH { CUBE | ROLLUP }}

① GROUP BY ROLLUP。

GROUP BY ROLLUP 为每个列表达式的组合创建一个组。此外，它将结果"汇总"到小计和总计，因此它会从右向左减少创建的组和聚合的列表达式的数量。例如，GROUP BY ROLLUP (col1, col2, col3, col4) 为 (col1, col2, col3, col4)、(col1, col2, col3, NULL)、(col1, col2, NULL, NULL)、(col1, NULL, NULL, NULL)、(NULL, NULL, NULL, NULL) 中的每个列表达式组合创建组，(NULL, NULL, NULL, NULL) 是总计。

② GROUP BY CUBE。

GROUP BY CUBE 为所有可能的列组合创建组。例如，对于 GROUP BY CUBE (a, b)，结果为具有 (a, b)、(NULL, b)、(a, NULL) 和 (NULL, NULL) 的每个唯一值来创建组。

③ GROUP BY GROUPING SETS ( )。

GROUPING SETS 选项可将多个 GROUP BY 子句组合到一个 GROUP BY 子句中，其结果与对指定的组执行 UNION ALL 运算等效。

设有 Sales 表，其创建命令为

CREATE TABLE Sales (Country VARCHAR(50), Region VARCHAR(50), Sales INT)

例如,GROUP BY ROLLUP(Country,Region)和 GROUP BY GROUPING SETS (ROLLUP(Country,Region))返回相同的结果。

当 GROUPING SETS 具有两个或多个元素时,结果是元素的联合。例如:
GROUP BY GROUPING SETS (ROLLUP (Country, Region), CUBE (Country, Region))

返回 Country 和 Region 的 ROLLUP 和 CUBE 结果的联合。其结果与 GROUP BY ROLLUP(Country,Region)语句、GROUP BY CUBE(Country,Region)语句的联合的查询相同。

SQL 不会合并为 GROUPING SETS 列表生成的重复组。例如,在 GROUP BY (( ), CUBE (Country,Region))中,两个元素都返回总计行并且这两行都会列在结果中。

④ GROUP BY ( )。

指定生成总计的空组。这作为 GROUPING SET 的元素之一来说非常有用。例如,以下语句给出每个国家/地区的总销售额,然后给出了所有国家/地区的总和。

SELECT Country, SUM(Sales) AS TotalSales FROM Sales
GROUP BY GROUPING SETS (Country, ());

⑤ GROUP BY ALL column-expression [,...n]。

指定将所有组包含在结果中,无论它们是否满足 WHERE 子句中的搜索条件。不满足搜索条件的组的聚合为 NULL。

⑥ HAVING 子句的分组筛选条件表达式有以下可选格式。

HAVING 子句的分组筛选条件表达式格式基本与 WHERE 子句的可选格式相同。不同的是,HAVING 子句的条件表达式中出现的属性列名应为 GROUP BY 子句中的分组列名。HAVING 子句的条件表达式中一般要使用到集函数 COUNT、SUM、AVG、MAX 或 MIN 等,因为只有这样才能表达出筛选分组的要求。

整个 SELECT 语句的含义是,根据 WHERE 子句的条件表达式,从 FROM 子句指定的基本表或视图中找出满足条件的元组,再按 SELECT 子句中的目标列表达式,选出元组中的属性值形成结果表,若有 TOP n 或 TOP(n),则只取前面的 n 个元组。如果有 GROUP 子句,则将结果按<列名 11>的值进行分组(假设只有一列分组列),该属性列值相等的元组为一个组,每个组将产生结果表中的一条记录,通常会对每组作用集函数。如果 GROUP 子句带 HAVING 短语,则只有满足指定条件的组才给予输出。如果有 ORDER 子句,则结果表还要按<列名 21>的值的升序或降序排序后(假设只有一列排序列)再输出。

SELECT 语句既可以完成简单的单表查询,也可以完成复杂的连接查询或嵌套查询。一个 SELECT 语句至少需要 SELECT 与 FROM 两个子句,下面将以"学生-课程"数据库(参阅本章3.2.2节)为例,说明 SELECT 语句的各种用法。

3.3.2 SELECT 子句的基本使用

1. 查询指定列

例 3.11 查询全体学生的学号与姓名。

SELECT SNO,SN
FROM S

<目标列表达式>中各个列的先后顺序可以与表中的顺序不一致,也就是说,用户在查询时可以根据应用的需要改变列的显示顺序。

例 3.12 查询前3位学生的姓名、学号和所在系。

SELECT TOP 3 SN,SNO,DEPT
FROM S

这时结果表中列的顺序与基表中不同,它是按查询要求,先列出姓名属性,然后再列出学号和所在系属性。

注意:TOP 3 或 TOP (3)的使用。

2. 查询全部列

例 3.13 查询全体学生的详细记录。

SELECT * FROM S

该 SELECT 语句实际上是无条件地把 S 表的全部信息都查询出来,所以也称为全表查询,这是最简单的一种查询命令形式,它等价于如下命令:

SELECT SNO,SN,SEX,AGE,DEPT FROM S

3. 查询经过计算的值

SELECT 子句的<目标列表达式>不仅可以是表中的属性列,也可以是含或不含属性列的表达式,即可以将查询出来的属性列经过一定的计算后列出结果或是常量表达式的值。

例 3.14 查全体学生的姓名及其出生年份。

SELECT SN, 2005-AGE FROM S

本例中,<目标列表达式>中第二项不是通常的列名,而是一个计算表达式,是用当前的年份(假设为 2005 年)减去学生的年龄,这样,所得的就是学生的出生年份。输出的结果为

```
   SN       (无列名)
 --------  ------
  李涛       1986
  王林       1987
  陈高       1984
  张杰       1988
  吴小丽     1986
  徐敏敏     1985
```

<目标列表达式>不仅可以是算术表达式,还可以是字符串常量、函数等。

例 3.15 查询全体学生的姓名、出生年份和所有系,要求用小写字母表示所有系名。

SELECT SN,´出生年份:´,2005-AGE, lower(DEPT) FROM S

结果为

```
SN       (无列名)     (无列名)     (无列名)
-----    --------     --------     --------
李涛     出生年份:     1986         信息
王林     出生年份:     1987         计算机
陈高     出生年份:     1984         自动化
张杰     出生年份:     1988         自动化
吴小丽   出生年份:     1986         信息
徐敏敏   出生年份:     1985         计算机
```

用户可以通过指定别名来改变查询结果的列标题,这对于含算术表达式、常量和函数名的目标列表达式尤为有用。例如,对于上例,可以如下定义列别名:

SELECT SN NAME,´出生年份:´BIRTH,2005-AGE BIRTHDAY, DEPT as DEPARTMENT
FROM S

注意:列别名与表达式间可以直接用空格分隔或用 as 关键字来连接。

执行结果为

```
NAME      BIRTH        BIRTHDAY      DEPARTMENT
------    -------      --------      ----------
李涛      出生年份:     1986          信息
```

王林	出生年份：	1987	计算机
陈高	出生年份：	1984	自动化
张杰	出生年份：	1988	自动化
吴小丽	出生年份：	1986	信息
徐敏敏	出生年份：	1985	计算机

3.3.3 WHERE 子句的基本使用

1. 消除取值重复的行

例 3.16 查询所有选修过课的学生的学号。

SELECT SNO FROM SC

或

SELECT ALL SNO FROM SC

ALL 是默认值,指定结果集中可以包含重复行。结果类似为

```
SNO
---
S1
S1
S2
S2
...
S5
```

该查询结果里包含了许多重复的行。如果想去掉结果表中的重复行,必须指定 DISTINCT 短语：

SELECT DISTINCT SNO FROM SC

DISTINCT 指定在结果集中只能包含唯一的行。执行结果为

```
SNO
----
S1
S2
S3
S4
S5
```

2. 指定 WHERE 查询条件

查询满足指定条件的元组可以通过 WHERE 子句实现。WHERE 子句常用的查询条件如表 3.2 所示。

表 3.2 常用的查询条件

查询条件	谓 词
比较运算符	=,>,<,>=,<=,!=,<>,!>,!<;Not（上述比较运算符构成的比较关系表达式）
确定范围	BETWEEN AND,NOT BETWEEN AND
确定集合	IN,NOT IN
字符匹配	LIKE,NOT LIKE
空值	IS NULL,IS NOT NULL
多重条件	AND,OR,NOT

（1）比较运算符

例 3.17 查询计算机系全体学生的名单。

SELECT SN

FROM S

WHERE DEPT = ´计算机´

例 3.18 查询所有年龄在 20 岁以下的学生姓名及其年龄。

　　SELECT SN, AGE FROM S WHERE AGE < 20

或 SELECT SN, AGE FROM S WHERE NOT AGE >= 20

例 3.19 查询考试成绩有不及格的学生的学号。

　　SELECT DISTINCT SNO FROM SC WHERE SCORE < 60

这里使用了 DISTINCT 短语,当一个学生有多门课程不及格,他的学号也只列一次。

(2) 确定范围

例 3.20 查询年龄在 20～23 岁之间(包括 20 与 23)的学生的姓名、系别和年龄。

　　SELECT SN,DEPT,AGE　FROM S WHERE AGE BETWEEN 20 AND 23

与"BETWEEN…AND…"相对的谓词是"NOT BETWEEN…AND…"。

例 3.21 查询年龄不在 20～23 岁之间的学生姓名、系别和年龄。

　　SELECT SN,DEPT,AGE FROM S WHERE AGE NOT BETWEEN 20 AND 23

(3) 确定集合

例 3.22 查询信息系、自动化系和计算机系的学生的姓名和性别。

　　SELECT SN,SEX FROM S WHERE DEPT IN (´信息´,´自动化´,´计算机´)

与 IN 相对的谓词是 NOT IN,用于查找属性值不属于指定集合的元组。

例 3.23 查询既不是信息系、自动化系,也不是计算机科学系的学生的姓名和性别。

　　SELECT SN,SEX FROM S WHERE DEPT NOT IN (´信息´,´自动化´,´计算机´)

(4) 字符匹配

谓词 LIKE 可以用来进行字符串的匹配,其一般语法格式如下:

　　　　　　　　属性名 [NOT] LIKE <匹配串> [ESCAPE <换码字符>]

其含义是查找指定的属性列值与<匹配串>相匹配的元组。<匹配串>可以是一个完整的字符串,也可以含有通配符%、_、[]与[^]等,其含义如表 3.3 所示。ESCAPE <换码字符>的功能说明见后例 3.28。

表 3.3　通配符及其含义

通配符	描　　述	示　　例
%(百分号)	代表零个或多个字符的任意字符串	WHERE title LIKE ´%computer%´,表达书名任意位置包含单词 computer 的条件
_(下画线)	代表任何单个字符(长度可以为 0)	WHERE au_fname LIKE ´_ean´,表达以 ean 结尾的所有 4 个字母的名字(如 Dean、Sean 等)的条件
[ ](中括号)	指定范围(如[a-f])或集合(如 [abcdef])中的任何单个字符	WHERE au_lname LIKE ´[C-P]arsen´,表达以 arsen 结尾且以介于 C 与 P 之间的任何单个字符开始的作者姓氏的条件,如 Carsen、Larsen、Karsen 等
[^]	不属于指定范围(如[^a-f])或不属于指定集合(如[^abcdef])的任何单个字符	WHERE au_lname LIKE ´de[^l]%´,表达以 de 开始且其后的字母不为 l 的所有作者的姓氏的条件

例 3.24 查询所有姓王的学生的姓名、学号和性别。

　　SELECT SN, SNO, SEX FROM S WHERE SN LIKE ´王%´

例 3.25 查询姓"李"且全名为 2 个汉字的学生的姓名。

　　SELECT SN FROM S WHERE SN LIKE ´李_´

例 3.26 查询名字中第二字为"敏"字的学生的姓名和学号。

SELECT SN, SNO FROM S WHERE SN LIKE ´_敏％´

例 3.27　查询所有不姓吴的学生姓名。

SELECT SN, SNO, SEX FROM S WHERE SN NOT LIKE ´吴％´

如果用户要查询的匹配字符串本身就含有"％"或"_"字符应如何实现呢？这时就要使用 ESCAPE <换码字符> 短语对通配符进行转义了。

例 3.28　查询 DB_Design 课程的课程号和学分。

SELECT CNO, CT FROM C WHERE CN LIKE ´DB_Design´ ESCAPE ´\´

ESCAPE ´\´ 短语表示"\"为换码字符,这样匹配串中紧跟在"\"后面的字符"_"或"％"不再具有通配符的含义,而是取其本身含义,即被转义为普通的"_"或"％"字符。

注意:ESCAPE 定义的换码字符"\"是可以换成其他字符的。

（5）涉及空值的查询

例 3.29　某些学生选修某门课程后没有参加考试,所以有选课记录,但没有考试成绩,下面查一下缺少成绩的学生的学号和相应的课程号。

SELECT SNO, CNO FROM SC WHERE SCORE IS NULL

注意:这里的 IS 不能用等号（＝）代替。

例 3.30　查询所有有成绩记录的学生学号和课程号。

SELECT SNO, CNO FROM SC WHERE SCORE IS NOT NULL

（6）多重条件查询

逻辑运算符 AND、OR 和 NOT 可用来联结多个查询条件。NOT 优先级最高,接着是 AND,OR 优先级最低,但用户可以用括号改变运算的优先顺序。

例 3.31　查询计算机系年龄在 20 岁以下的学生姓名。

SELECT SN FROM S WHERE DEPT＝´计算机´ AND AGE＜20

例 3.32　IN 谓词实际上是多个 OR 运算符的缩写,因此例 3.22 也可以用 OR 运算符写成如下形式：

SELECT SN, SEX FROM S
WHERE DEPT＝´计算机´ OR DEPT＝´信息´ OR DEPT＝´自动化´

或　SELECT SN, SEX FROM S
WHERE NOT(DEPT＜＞´计算机´ AND DEPT＜＞´信息´ AND DEPT＜＞´自动化´)

3.3.4　常用集函数及统计汇总查询

为了进一步方便用户,增强检索功能,SQL 提供了许多集函数,如表 3.4 所示。

表 3.4　常用集函数

函数名	功能
COUNT(｛[ALL｜DISTINCT] expression ｝｜＊）	返回组中项目的数量。Expression 一般是指<列名>,下同。COUNT(＊)表示对元组(或记录)计数
SUM([ALL｜DISTINCT] expression)	返回表达式中所有值的和,或只返回 DISTINCT 不同值的和。SUM 只能用于数字列,空值将被忽略
AVG([ALL｜DISTINCT] expression)	返回组中值的平均值,空值被忽略
MAX([ALL｜DISTINCT] expression)	返回组中值的最大值,空值被忽略
MIN([ALL｜DISTINCT] expression)	返回组中值的最小值,空值被忽略

如果指定 DISTINCT 短语,则表示在计算时要取消指定列中的重复值。如果不指定 DISTINCT 短语或指定 ALL 短语(ALL 为缺省值),则表示不取消重复值而统计或汇总。

例 3.33 查询学生总人数。

SELECT COUNT(*) FROM S

例 3.34 查询选修了课程的学生人数。

SELECT COUNT(DISTINCT SNO) FROM SC

学生每选修一门课,在 SC 中都有一条相应的记录,而一个学生一般都要选修多门课程,为避免重复计算学生人数,必须在 COUNT 函数中用 DISTINCT 短语。

例 3.35 计算 C1 课程的学生人数、最高成绩、最低成绩及平均成绩。

SELECT COUNT(*),MAX(SCORE),MIN(SCORE),AVG(SCORE)
FROM SC WHERE CNO = ´C1´

3.3.5 分组查询

GROUP BY 子句可以将查询结果表的各行按一列或多列取值相等的原则进行分组。对查询结果分组的目的是细化集函数的作用对象。如果未对查询结果分组,集函数将作用于整个查询结果,即整个查询结果为一组对应统计产生一个函数值;否则,集函数将作用于每一个组,即每一组分别统计,分别产生一个函数值。

例 3.36 查询各个课程号与相应的选课人数。

SELECT CNO, COUNT(SNO)
FROM SC
GROUP BY CNO

该 SELECT 语句对 SC 表按 CNO 的取值进行分组,所有具有相同 CNO 值的元组为一组,然后对每一组作用集函数 COUNT 以求得各组的学生人数,执行结果为

```
CNO    (无列名)
----   ----
C1     3
C2     4
C3     1
C4     1
C5     2
C6     1
C7     1
```

如果分组后还要求按一定的条件对这些分组进行筛选,最终只输出满足指定条件的组的统计值,则可以使用 HAVING 短语指定筛选条件。

例 3.37 查询有 3 人以上学生(包括 3 人)选修的课程的课程号及选修人数。

SELECT CNO,COUNT(SNO) FROM SC GROUP BY CNO HAVING COUNT(*)>= 3

结果为

```
CNO    (无列名)
---    ------
C1     3
C2     4
```

例 3.38 对(AGE,SEX)、(AGE)值的每个唯一组合统计学生人数,并还能统计出总人数。

```
SELECT AGE,SEX,count( * ) FROM S
GROUP BY rollup(AGE,SEX);  -- 符合 ISO 语法的命令表示
SELECT AGE,SEX,count( * ) FROM S
GROUP BY AGE,SEX with rollup   -- 不符合 ISO 语法的命令表示
```

说明:例 3.38~例 3.40 适用于 SQL Server 2012 及后续版本。

例 3.39 为"AGE"和"SEX"两属性的所有组合($2^2-1=3$ 种组合)情况对应的值的每个不同值统计学生人数,并能统计出总人数。

```
SELECT AGE,SEX,count( * ) FROM S
GROUP BY cube(AGE,SEX);  -- 符合 ISO 语法的命令表示
SELECT AGE,SEX,count( * ) FROM S
GROUP BY AGE,SEX with cube   -- 不符合 ISO 语法的命令表示
```

例 3.40 实现分男、女、各年龄、各年龄男、各年龄女的每个不同值统计学生人数。

```
SELECT AGE,SEX,count( * ) FROM S
GROUP BY GROUPING SETS(AGE,SEX,(AGE,SEX));
```

注意:①有 GROUP BY 子句,才能使用 HAVING 子句;②有 GROUP BY 子句,则 SELECT 子句中只能出现 GROUP BY 子句中的分组列名或集函数;③同样 HAVING 子句条件表达时,也只能使用分组列名或集函数。有 GROUP BY 子句时,SELECT 子句或 HAVING 子句中使用非分组列名是错误的。

3.3.6 查询的排序

如果没有指定查询结果的显示顺序,DBMS 将按其最方便的顺序(通常是元组添加到表中的先后顺序)输出查询结果。用户也可以用 ORDER BY 子句指定按照一个或多个属性列的升序(ASC)或降序(DESC)重新排列查询结果,其中升序 ASC 为缺省值。

例 3.41 查询选修了 3 号课程的学生的学号及其成绩,查询结果按分数的降序排列。

```
SELECT SNO, SCORE
FROM SC
WHERE CNO = ´C3´
ORDER BY SCORE DESC
```

前面已经提到,可能有些学生选修了 C3 号课程后没有参加考试,即成绩列为空值。用 ORDER BY 子句对查询结果按成绩排序时,在 SQL SERVER 中空值(NULL)被认为是最小值。

例 3.42 查询全体学生情况,查询结果按所在系升序排列,对同一系中的学生按年龄降序排列。

```
SELECT * FROM S ORDER BY DEPT,AGE DESC
```

3.3.7 连接查询

一个数据库中的多个表之间一般都存在某种内在联系,它们共同关联着以提供有用的信息。前面的查询都是针对一个表进行的。若一个查询同时涉及两个以上的表,则称之为连接查询。连接查询主要包括等值连接查询、非等值连接查询、自然连接查询、自身连接查询、外连接查询和复合条件连接查询等,而广义笛卡尔积连接一般不常用。

1. 等值与非等值连接查询

用来连接两个表的条件称为连接条件或连接谓词,其一般格式为

[<表名 1>.]<列名 1><比较运算符>[<表名 2>.]<列名 2>

其中比较运算符主要有=、>、<、>=、<=、!=、<>。此外连接谓词还可以使用下面形式：

[<表名 1>.]<列名 1> BETWEEN [<表名 2>.]<列名 2> AND [<表名 2>.]<列名 3>

当比较运算符为"="时，称为**等值连接**，使用其他运算符时称为**非等值连接**。

连接谓词中的列名称为连接字段。连接条件中的各连接字段类型必须是可比的，但不必是相同的。例如，可以都是字符型，或都是日期型；也可以一个是整型，另一个是实型，整型和实型都是数值型，因此是可比的。但若一个是字符型，另一个是整数型就不允许了，因为它们是不可比的类型。

从概念上讲 DBMS 执行连接操作的过程是，先在表 1 中找到第一个元组，然后从头开始顺序扫描或按索引扫描表 2，查找满足连接条件的元组，每找到一个满足条件的元组，就将表 1 中的第一个元组与该元组拼接起来，形成结果表中一个元组。表 2 全部扫描完毕后，再到表 1 中找第二个元组，然后再从头开始顺序扫描或按索引扫描表 2，查找满足连接条件的元组，每找到一个满足条件的元组，就将表 1 中的第二个元组与该元组拼接起来，形成结果表中一个元组。重复上述操作，直到表 1 全部元组都处理完毕为止。

例 3.43 查询每个学生及其选修课程的情况。

学生情况存放在 S 表中，学生选课情况存放在 SC 表中，所以本查询实际上同时涉及 S 与 SC 两个表中的数据。这两个表之间的联系是通过两个表都具有的属性 SNO 实现的。要查询学生及其选修课程的情况，就必须将这两个表中学号相同的元组连接起来，这是一个等值连接。完成本查询的 SQL 语句为

```
SELECT *
FROM S, SC
WHERE S.SNO = SC.SNO  --若省略 WHERE 即为 S 与 SC 两表的广义笛卡尔积操作
```

连接运算中有两种特殊情况，一种称为**广义笛卡尔积连接**，另一种称为**自然连接**。

广义笛卡尔积连接是不带连接谓词的连接。两个表的广义笛卡尔积连接即两表中元组的交叉乘积，也即其中一表中的每一元组都要与另一表中的每一元组作拼接，因此结果表往往很大。

如果是按照两个表中的相同属性进行等值连接，且目标列中去掉了重复的属性列，但保留了所有不重复的属性列，则称之为自然连接。

例 3.44 自然连接 S 和 SC 表。

```
SELECT S.SNO, SN, SEX, AGE, DEPT, CNO, SCORE
FROM S, SC
WHERE S.SNO = SC.SNO
```

在本查询中，由于 SN、SEX、AGE、DEPT、CNO 和 SCORE 属性列在 S 与 SC 表中是唯一的，因此引用时可以去掉表名前缀。而 SNO 在两个表都出现了，因此引用时必须加上表名前缀，以明确属性所属的表。该查询的执行结果不再出现 SC.SNO 列。

2. 自身连接

连接操作不仅可以在两个表之间进行，也可以是一个表与自己进行连接，这种连接称为表的**自身连接**。

例 3.45 查询比李涛年龄大的学生的姓名、年龄和李涛的年龄。

要查询的内容均在同一表 S 中，可以将表 S 分别取两个别名，一个是 X，一个是 Y。将 X 和 Y 中满足比李涛年龄大的行连接起来，这实际上是同一表 S 的大于连接。

完成该查询的 SQL 语句为

```
SELECT X.SN AS 姓名,X.AGE AS 年龄,Y.AGE AS 李涛的年龄
FROM S AS X,S AS Y
WHERE X.AGE>Y.AGE AND Y.SN=´李涛´
```

结果为

姓名	年龄	李涛的年龄
陈高	21	19
徐敏敏	20	19

注意：SELECT 语句的可读性可通过为表指定别名来提高,别名也称为相关名称或范围变量。指派表的别名时,可以使用也可以不使用 AS 关键字,如上 SQL 命令也可表示为

```
SELECT X.SN 姓名, X.AGE 年龄, Y.AGE 李涛的年龄
FROM S X,S Y
WHERE X.AGE>Y.AGE AND Y.SN=´李涛´
```

3. 外连接

在通常的连接操作中,只有满足连接条件的元组才能作为结果输出,如在例 3.43 和例 3.44 的结果表中没有关于学生 S6 的信息,原因在于她没有选课,在 SC 表中没有相应的元组。但是有时想以 S 表为主体列出每个学生的基本情况及其选课情况,若某个学生没有选课,则只输出其基本情况信息,其选课信息为空值即可,这时就需要使用**外连接**([Outer] Join)。外连接的运算符通常为" * ",有的关系数据库中也用" + ",使它出现在" = "左边或右边。如下 SQL Server 中使用类英语的表示方式([Outer] Join)来表达外连接。

这样,可以如下改写例 3.44：

```
SELECT S.SNO, SN, SEX, AGE, DEPT, CNO, SCORE
FROM S LEFT Outer JOIN SC ON S.SNO = SC.SNO
```

结果为

SNO	SN	SEX	AGE	DEPT	CNO	SCORE
S1	李涛	男	19	信息	C1	90
S1	李涛	男	19	信息	C2	85
......						
S5	吴小丽	女	19	信息	C2	89
S6	**徐敏敏**	**女**	**20**	**计算机**	**NULL**	**NULL**

从查询结果可以看到,S6 没选课,但 S6 的信息也出现在查询结果中,上例中外连接符 LEFT [OUTER] JOIN 称为左外连接,相应地,外连接符 RIGHT [OUTER] JOIN 称为右外连接,外连接符 FULL [OUTER] JOIN 称为全外连接(既是左外连接,又是右外连接)。CROSS JOIN 为交叉连接,即广义笛卡尔积连接。

3.3.8 合并查询

合并查询结果就是使用 UNION 操作符将来自不同查询的数据组合起来,形成一个具有综合信息的查询结果。UNION 操作会自动将重复的数据行剔除。必须注意的是,参加合并查询结果的各子查询的结构应该相同,即各子查询的列数目和列顺序要相同,对应的数据类型要相容。

例 3.46 从 SC 数据表中查询出学号为"S1"的同学的学号和总分,再从 SC 数据表中查询出学号为"S5"的同学的学号和总分,然后将两个查询结果合并成一个结果集。

```
SELECT SNO AS 学号,SUM(SCORE) AS 总分
FROM SC WHERE (SNO = ´S1´) GROUP BY SNO
UNION    -- UNION ALL 组合多个集合包括重复元组
SELECT SNO AS 学号,SUM(SCORE) AS 总分
FROM SC WHERE (SNO = ´S5´) GROUP BY SNO
```

注意:若 UNION 改为 EXCEPT(或 MINUS)或 INTERSECT,就完成关系代数中差或交的功能。

3.3.9 嵌套查询

在 SQL 语言中,一个 SELECT-FROM-WHERE 语句称为一个查询块。将一个查询块嵌套在另一个查询块的 WHERE 子句或 HAVING 短语的条件中的查询称为嵌套查询,如:

```
SELECT SN
FROM S
WHERE SNO IN (SELECT SNO
              FROM SC
              WHERE CNO = ´C2´)
```

说明:在这个例子中,下层查询块 SELECT SNO FROM SC WHERE CNO=´C2´是嵌套在上层查询块 SELECT SN FROM S WHERE SNO IN 的 WHERE 条件中的。上层的查询块又称为外层查询或父查询或主查询,下层查询块又称为内层查询或子查询。SQL 语言允许多层嵌套查询,即一个子查询中还可以嵌套其他子查询。需要特别指出的是,子查询的 SELECT 语句中不能使用 ORDER BY 子句,ORDER BY 子句永远只能对最终(或外)查询结果排序。

上面嵌套查询的求解方法是由里向外处理,即每个子查询在其上一级查询处理之前求解,子查询的结果用于建立其父查询的查找条件。这种与其父查询不相关的子查询被称为**不相关子查询**。

嵌套查询使得可以用一系列简单查询构成复杂的查询,从而明显地增强了 SQL 的查询表达能力,以层层嵌套的方式来构造查询命令或语句正是 SQL 中"结构化"的含义所在。

有 4 种能引出子查询的嵌套查询方式,下面分别介绍。

1. 带有 IN 谓词的子查询

带有 IN 谓词的子查询是指父查询与子查询之间用 IN 进行连接,判断某个属性列值是否在子查询的结果中。由于在嵌套查询中,子查询的结果往往是一个集合,所以谓词 IN 是嵌套查询中最经常使用的谓词。

例 3.47 查询与"王林"在同一个系学习的学生的学号、姓名和所在系。

查询与"王林"在同一个系学习的学生,可以首先确定"王林"所在系名,然后再查找所有在该系学习的学生,所以可以分步来完成此查询。

① 确定"王林"所在系名。

```
SELECT DEPT
FROM S
WHERE SN = ´王林´
```

结果为

```
DEPT
------
计算机
```

② 查找所有在计算机系学习的学生。
```
SELECT SNO, SN, DEPT
FROM S
WHERE DEPT = ´计算机´
```
结果为
```
SNO    SN      DEPT
---    ----    -------
S2     王林    计算机
S6     徐敏敏  计算机
```

分步写查询毕竟比较麻烦，上述查询实际上可以用子查询来实现，即将第一步查询嵌入第二步查询中，用以构造第二步查询的条件。SQL 语句如下：
```
SELECT SNO, SN, DEPT FROM S
WHERE DEPT IN ( SELECT DEPT FROM S WHERE SN = ´王林´)
```
本例中的查询也可以用前面学过的表的自身连接查询来完成：
```
SELECT S1.SNO, S1.SN, S1.DEPT  FROM S S1, S S2
WHERE S1.DEPT = S2.DEPT AND S2.SN = ´王林´
```
可见，实现同一个查询可以有多种方法，当然，不同的方法其执行效率可能会有差别，甚至会差别很大。

例 3.48　查询选修了课程名为"数据库"的学生学号和姓名。
```
SELECT SNO, SN FROM S
WHERE SNO IN (SELECT SNO FROM SC
                WHERE CNO IN (SELECT CNO FROM C
                                WHERE CN = ´数据库´))
```
结果为
```
SNO     SN
----    ------
S3      陈高
S4      张杰
```
本查询同样可以用连接查询实现：
```
SELECT S.SNO, SN
FROM S, SC, C
WHERE S.SNO = SC.SNO AND SC.CNO = C.CNO AND C.CN = ´数据库´
```

2. 带有比较运算符的子查询

带有比较运算符的子查询是指父查询与子查询之间用比较运算符进行连接。当用户能确切知道内层查询返回的是单列单值时，可以用＞、＜、＝、＞＝、＜＝、！＝或＜＞等比较运算符。

例如，在例 3.47 中，由于一个学生只可能在一个系学习，也就是说，内查询王林所在系的结果是一个唯一值，因此，该查询也可以用带比较运算符的子查询来实现，其 SQL 语句如下：
```
SELECT SNO, SN, DEPT FROM S
WHERE DEPT = ( SELECT DEPT FROM S WHERE SN = ´王林´)
```
需要注意的是，子查询一般要跟在比较符之后，下列写法是不推荐的（子查询在"＝"的左边，尽管这种表示在 SQL Server 还是允许的）：
```
SELECT SNO, SN, DEPT FROM S
WHERE ( SELECT DEPT FROM S WHERE SN = ´王林´) = DEPT
```

3. 带有 ANY 或 ALL 谓词的子查询

子查询返回单值时可以用比较运算符,而使用 ANY 或 ALL 谓词时则必须同时使用比较运算符,其语义如表 3.5 所示。

表 3.5 ANY 和 ALL 谓词与比较运算符

> ANY	大于子查询结果中的某个值
< ANY	小于子查询结果中的某个值
>= ANY	大于或等于子查询结果中的某个值
<= ANY	小于或等于子查询结果中的某个值
= ANY	等于子查询结果中的某个值
!= ANY 或 <> ANY	不等于子查询结果中的某个值(往往肯定成立而没有实际意义)
> ALL	大于子查询结果中的所有值
< ALL	小于子查询结果中的所有值
>= ALL	大于或等于子查询结果中的所有值
<= ALL	小于或等于子查询结果中的所有值
= ALL	等于子查询结果中的所有值(通常没有实际意义)
!= ALL 或 <> ALL	不等于子查询结果中的任何一个值

例 3.49 查询其他系中比信息系所有学生年龄小的学生名及年龄,按年龄降序输出。

```
SELECT SN, AGE
FROM S
WHERE AGE < ALL(SELECT AGE
                FROM S
                WHERE DEPT = '信息') AND DEPT <> '信息'
ORDER BY AGE DESC
```

本查询实际上也可以在子查询中用集函数(请参阅表 3.6)实现。

```
SELECT SN, AGE FROM S
WHERE AGE <(SELECT MIN(AGE) FROM S WHERE DEPT = '信息')
      AND DEPT <> '信息'
ORDER BY AGE DESC
```

事实上,用集函数实现子查询通常比直接用 ANY 或 ALL 查询效率要高。

表 3.6 ANY、ALL 谓词与集函数及 IN 谓词的等价转换关系

	=	<> 或 !=	<	<=	>	>=
ANY	IN	—	<MAX	<=MAX	>MIN	>=MIN
ALL	—	NOT IN	<MIN	<=MIN	>MAX	>=MAX

4. 带有 EXISTS 谓词的子查询

EXISTS 代表存在量词"∃",带有 EXISTS 谓词的子查询不返回任何实际数据,它只产生逻辑真值"true"或逻辑假值"false"。

例 3.50 查询所有选修了 C1 号课程的学生姓名。

经分析,本题涉及 S 关系和 SC 关系,可以在 S 关系中依次取每个元组的 SNO 值,用此 S.SNO 值去检查 SC 关系,若 SC 中存在这样的元组,其 SC.SNO 值等于用来检查的 S.SNO 值,并且其 SC.CNO = 'C1',则取此 S.SN 送入结果关系。也即在 S 表中查找学生姓名,条件

是该学生存在对 C1 号课程的选修情况。将此想法写成 SQL 语句就是：
```
SELECT SN
FROM S
WHERE EXISTS (SELECT *
              FROM SC
              WHERE SNO = S.SNO AND CNO = ´C1´)
```

使用存在量词 EXISTS 后，若内层查询结果非空，则外层的 WHERE 子句返回真值，否则返回假值。由 EXISTS 引出的子查询，其目标列表达式通常都用"*"，因为带 EXISTS 的子查询只返回真值或假值，给出列名亦无实际意义。

这类嵌套查询与前面的不相关子查询有一个明显区别，即子查询的查询条件依赖于外层父查询的某个属性值（在本例中是依赖于 S 表的 SNO 值），称这类查询为相关子查询（Correlated Subquery）。求解相关子查询不能像求解不相关子查询那样，一次将子查询求解出来，然后求解父查询。相关子查询的内层查询由于与外层查询有关，因此必须反复求值。从概念上讲，相关子查询的一般处理过程是：首先取外层查询中 S 表的第一个元组，根据它与内层查询相关的属性值（即 SNO 值）处理内层查询，若 WHERE 子句返回值为真（即内层查询结果非空），则取此元组或部分属性值放入结果表；然后再检查 S 表的下一个元组；重复这一过程，直至 S 表全部检查完毕为止。

本例中的查询也可以用连接运算来实现，读者可以参照有关的例子，自己给出相应的 SQL 语句。与 EXISTS 谓词相对应的是 NOT EXISTS 谓词，使用存在量词 NOT EXISTS 后，若内层查询结果为空，则外层的 WHERE 子句返回真值，否则返回假值。

例 3.51 查询所有未修 C1 号课程的学生姓名。
```
SELECT SN
FROM S
WHERE NOT EXISTS (SELECT *
                  FROM SC
                  WHERE SNO = S.SNO AND CNO = ´C1´)
```
或
```
--注意两种表达的区别
SELECT SN FROM S
WHERE SNO NOT IN (SELECT SNO FROM SC WHERE CNO = ´C1´)
```
但如下表达是完全错的，请能明白其中的缘由。
```
SELECT SN FROM S,SC WHERE S.SNO = SC.SNO AND SC.CNO<>´C1´--错误的表达
```

一些带 EXISTS 或 NOT EXISTS 谓词的子查询不能被其他形式的子查询等价替换，但所有带 IN 谓词、比较运算符、ANY 和 ALL 谓词的子查询都能用带 EXISTS 谓词的子查询等价替换，如带有 IN 谓词的例 3.47 可以用如下带 EXISTS 谓词的子查询替换：
```
SELECT SNO,SN,DEPT FROM S S1
WHERE EXISTS (SELECT * FROM S S2
              WHERE S2.DEPT = S1.DEPT AND S2.SN = ´王林´)
```

由于带 EXISTS 量词的相关子查询只关心内层查询是否有返回值，并不需要查具体值，因此其效率并不一定低于不相关子查询，甚至有时是最高效的方法。

SQL 语言中没有全称量词 ∀(For All)对应的直接语法表达，因此必须利用谓词演算将一个带有全称量词的谓词转换为等价的带有存在量词的谓词。

例 3.52 查询选修了全部课程的学生姓名。

由于没有直接全称量词表达,可将题目的意思转换成等价的存在量词的形式:查询这样的学生姓名,没有一门课程是他不选的。该查询涉及 3 个关系,即存放学生姓名的 S 表、存放所有课程信息的 C 表和存放学生选课信息的 SC 表,其 SQL 语句为:

```
SELECT SN
FROM S
WHERE NOT EXISTS(SELECT *
                 FROM C
                 WHERE NOT EXISTS(SELECT *
                                  FROM SC
                                  WHERE SNO = S.SNO AND CNO = C.CNO))
```

注意,本题也有如下不太常规的解答方法(S 表中姓名 SN 允许重名):

```
SELECT SN FROM S,SC
WHERE S.SNO = SC.SNO
GROUP BY S.SNO,SN
HAVING COUNT(*)>=(SELECT COUNT(*) FROM C)
```

例 3.53 查询至少选修了学号为 S1 的学生所选全部课程的学生学号。

首先对本查询题改写为:查找这样的学生学号,对该生来说**不存在**有课程是学生 S1 选修而该学生**不选修**的情况。言下之意,只要是学生 S1 选修的课程该学生都修读的。

接着对改写的题意,WHERE 子句套用"NOT EXISTS … NOT EXISTS …",写出如下 SELECT 语句:

```
SELECT SNO FROM S
WHERE NOT EXISTS(SELECT * FROM SC SCX
                 WHERE SNO = 'S1' AND
                     NOT EXISTS(SELECT * FROM SC SCY
                                WHERE SNO = S.SNO AND CNO = SCX.CNO))
```

3.3.10 子查询别名表达式的使用*

在查询语句中,直接使用子查询别名的表达形式不失为一种简捷的查询表达方法,以下举例说明。

例 3.54 在选修 C2 课程成绩大于该课平均成绩的学生中,查询还选 C1 课程的学生学号、姓名与 C1 课程成绩。

```
SELECT S.SNO,S.SN,SCORE
FROM SC,S,(SELECT SNO FROM SC
           WHERE CNO = 'C2' AND
               SCORE >(SELECT AVG(SCORE)
                       FROM SC WHERE CNO = 'C2')) AS T1(sno)
WHERE SC.SNO = T1.SNO AND S.SNO = T1.SNO AND CNO = 'C1'
```

注意:通过 AS 关键字给子查询命名的表达式称为子查询别名表达式,别名后的括号中可对应给子查询列指定列名。一旦命名,别名表可如同一般表一样的使用。

例 3.55 查询选课门数唯一的学生的学号(例如,若只有学号为 S1 的学生选 2 门,则 S1 应为结果之一)。

```
SELECT T3.SNO
FROM (SELECT CT
      FROM (SELECT SNO,COUNT(SNO) AS CT
            FROM SC GROUP BY SNO) AS T1(SNO,ct)
```

```
            GROUP BY CT HAVING COUNT( * ) = 1
          ) AS T2(CT),(SELECT SNO,COUNT(SNO) AS CT
          FROM SC GROUP BY SNO) AS T3(SNO,CT)
WHERE T2.CT = T3.CT
```

本题改用"WITH <公用表表达式>[,…n]"表达为：

```
WITH T1(SNO,CT) AS (SELECT SNO,COUNT(SNO) AS CT FROM SC GROUP BY SNO),
     T2(CT) AS (SELECT CT FROM T1 GROUP BY CT HAVING COUNT( * ) = 1)
SELECT T1.SNO FROM T1,T2 WHERE T2.CT = T1.CT --请类似改写例3.54和例3.56
```

例 3.56 查询学习编号为 C2,课程成绩为第 3 名的学生的学号(设选 C2 课程的学生人数大于或等于 3)。

```
SELECT SC.SNO
FROM (SELECT MIN(SCORE)
      FROM (SELECT DISTINCT TOP 3 SCORE FROM SC WHERE CNO = ´C2´
            ORDER BY SCORE DESC) AS t1(SCORE)
     ) AS t2(SCORE) INNER JOIN SC ON t2.SCORE = SC.SCORE
WHERE CNO = ´C2´
```

思考:读者可试试若不用子查询别名表达式的表示方法,这些查询该如何表达?

3.3.11 存储查询结果到表中

使用"SELECT…INTO"语句可以将查询到的结果存储到一个新建的数据库表或临时表中。

例 3.57 从 SC 数据表中查询出所有同学的学号和总分,并将查询结果存放到一个新的数据表 Cal_Table 中。

```
SELECT SNO AS 学号,SUM(SCORE) AS 总分
INTO Cal_Table
FROM SC
GROUP BY SNO
```

如果在该例中,将 INTO Cal_Table 改为 INTO ♯Cal_Table,则查询结果被存放到一个临时表中,临时表只存储在内存中,并不存储在数据库中,所以其存在时间比较短。

3.4 SQL 数据更新

3.4.1 插入数据

1. 插入单个或多个元组

插入单个或多个元组的 INSERT 语句的格式为

```
INSERT [INTO] <表名>[(<属性列 1>[,<属性列 2>]…)]
        {VALUES(<常量 1>[,<常量 2>]…)[,…n]}
```

如果某些属性列在 INTO 子句中没有出现,则新记录在这些列上将取空值,但必须注意的是,在表定义时说明了 NOT NULL 的属性列不能取空值,为此它必须出现在属性列表中,并给它指定值,否则会出错。

如果 INTO 子句中没有指明任何列名,则新插入的记录必须在表的每个属性列上均对应指定值。

例 3.58 将一个新学生记录(学号:S7;姓名:陈冬;性别:男;年龄:18 岁;所在系:信息)插入 S 表中。

```
INSERT INTO S VALUES ('S7','陈冬','男',18,'信息')
```

例 3.59 插入两条 S7 选课记录('S7','C1'),('S7','C2')。

```
INSERT INTO SC(SNO, CNO) VALUES('S7','C1'),('S7','C2')
```

新插入的记录在 SCORE 列上取空值。

2. 插入子查询结果

子查询不仅可以嵌套在 SELECT 语句中,用以构造父查询的条件(如 3.3.9 节所述),还可以嵌套在 INSERT 语句中,用以生成要插入的一批数据记录集。

插入子查询结果的 INSERT 语句的格式为

```
INSERT INTO <表名>[(<属性列 1>[,<属性列 2>]…)] 子查询
```

其功能是可以批量插入,一次将子查询的结果全部插入指定表中。

例 3.60 对每一个系,求学生的平均年龄,并把结果存入数据库。

对于这道题,首先要在数据库中建立一个有两个属性列的新表,其中一列存放系名,另一列存放相应系的学生平均年龄。

```
CREATE TABLE DEPTAGE( DEPT CHAR(15),AVGAGE TINYINT)
```

然后对数据库的 S 表按系分组求平均年龄,再把系名和平均年龄存入新表中。

```
INSERT INTO DEPTAGE (DEPT, AVGAGE)
    SELECT DEPT, AVG(AGE) FROM S GROUP BY DEPT
```

3.4.2 修改数据

修改操作又称为更新操作,其语句的一般格式为

```
UPDATE <表名>
SET <列名>=<表达式>[,<列名>=<表达式>]…
[WHERE <条件>]
```

其功能是修改指定表中满足 WHERE 子句条件的元组。其中 SET 子句用于指定修改方法,即用<表达式>的值取代相应的属性列的值。如果省略 WHERE 子句,则表示要修改表中的所有元组。

1. 修改某一个元组的值

例 3.61 将学生 S3 的年龄改为 22 岁。

```
UPDATE S
SET AGE = 22
WHERE SNO = 'S3'
```

2. 修改多个元组的值

例 3.62 将所有学生的年龄增加 1 岁。

```
UPDATE S SET AGE = AGE + 1
```

3. 带子查询的修改语句

子查询也可以嵌套在 UPDATE 语句中,用以构造执行修改操作的条件。

例 3.63 将计算机科学系全体学生的成绩置零。

```
UPDATE SC
SET SCORE = 0
WHERE '计算机' = (SELECT DEPT
```

```
            FROM S
            WHERE SC.SNO = S.SNO)
```
或
```
UPDATE SC
SET SCORE = 0
WHERE SNO IN (SELECT SNO
              FROM S
              WHERE DEPT = ´计算机´)
```

3.4.3 删除数据

删除语句的一般格式为

DELETE [FROM] <表名> [WHERE <条件>]

DELETE 语句的功能是从指定表中删除满足 WHERE 子句条件的所有元组。如果省略 WHERE 子句,表示删除表中全部元组,但表的定义仍在字典中。也就是说,DELETE 语句删除的只是表中的数据,而不包括表的结构定义。

1. 删除某一个元组的值

例 3.64 删除学号为 S7 的学生记录。

```
DELETE
FROM S
WHERE SNO = ´S7´
```

2. 删除多个元组的值

例 3.65 删除所有的学生选课记录。

```
DELETE FROM SC
```

3. 带子查询的删除语句

子查询同样也可以嵌套在 DELETE 语句中,用以构造执行删除操作的条件。

例 3.66 删除计算机科学系所有学生的选课记录。

```
DELETE FROM SC
WHERE ´计算机´ = (SELECT DEPT FROM S WHERE S.SNO = SC.SNO)
```

3.5 视 图

3.5.1 定义和删除视图

在关系数据库系统中,视图为用户提供了多种看待数据库数据的方法与途径,是关系数据库系统中的一种重要对象。

视图是从一个或几个基本表(或视图)导出的表,它与基本表不同,是一个虚表。通过视图能操作数据,基本表数据的变化也能在刷新视图中反映出来。从这个意义上讲,视图像一个窗口或望远镜,透过它可以看到数据库中自己感兴趣的数据及其变化。

视图在概念上与基本表等同,一经定义,就可以和基本表一样被查询、被删除等,也可以在一个视图上再定义新的视图,但对视图的更新(插入、删除、修改)操作则有一定的限制。

1. 创建视图

SQL 语言用 CREATE VIEW 命令建立视图,其一般格式为

$$\text{CREATE VIEW <视图名>[(<列名>[,<列名>]…)]}$$
$$\text{AS <子查询> [WITH CHECK OPTION] [;]}$$

其中，<子查询>可以是任意复杂的 SELECT 语句，但通常不允许含有 ORDER BY 子句和 DISTINCT 短语。WITH CHECK OPTION 强制要求对视图执行的所有数据修改语句都必须符合在<子查询>中设置的条件，通过视图修改行时，WITH CHECK OPTION 可确保提交修改后，仍可通过视图看到数据。

注意：如果 CREATE VIEW 语句仅指定了视图名，省略了组成视图的各个属性列名，则隐含该视图的属性列名由子查询中 SELECT 子句目标列中的诸字段名组成，但在下列 3 种情况下必须明确指定组成视图的所有列名：

① 其中某个目标列不是单纯的属性名，而是集函数或列表达式；
② 多表连接时选出了几个同名列作为视图的字段；
③ 需要在视图中为某个列启用新的更合适的名字。

需要说明的是，组成视图的属性列名必须依照上面的原则，或者全部省略或者全部指定，没有第三种选择。

例 3.67 建立信息系学生的视图。

```
CREATE VIEW IS_S
    AS  SELECT SNO,SN,AGE
        FROM S
        WHERE DEPT='信息' WITH CHECK OPTION;
```

实际上，DBMS 执行 CREATE VIEW 语句的结果只是把对视图的定义存入数据字典，并不执行其中的 SELECT 语句。只是在对视图查询时，才按视图的定义从基本表中将数据查出。

例 3.68 建立信息系选修了 C1 课程的学生的视图（给出学号、姓名与成绩）。

```
CREATE VIEW IS_S1(SNO,SN,SCORE)
    AS  SELECT S.SNO,SN,SCORE FROM S,SC
        WHERE DEPT='信息' AND S.SNO=SC.SNO AND SC.CNO='C1'
```

2. 删除视图

语句的格式为

$$\text{DROP VIEW <视图名>}$$

一个视图被删除后，由此视图导出的其他视图也将失效，用户应该使用 DROP VIEW 语句将它们一一删除。

例 3.69 删除视图 IS_S1。

```
DROP VIEW IS_S1
```

3.5.2 查询视图

视图定义后，用户就可以像对基本表进行查询一样对视图进行查询了。

DBMS 执行对视图的查询时，首先进行有效性检查，检查查询涉及的表、视图等是否在数据库中存在，如果存在，则从数据字典中取出查询涉及的视图的定义，把定义中的子查询和用户对视图的查询结合起来，转换成对基本表的查询，再执行这个经过修正的查询。将对视图的查询转换为对基本表的查询的过程称为视图的消解(View Resolution)。

例 3.70 在信息系学生的视图中找出年龄小于 20 岁的学生。

SELECT SNO,AGE FROM IS_S WHERE AGE<20

视图是定义在基本表上的虚表,它可以和其他基本表一起使用,实现连接查询或嵌套查询。这也就是说,在关系数据库的三级模式结构中,外模式不仅包括视图,而且还可以包括一些基本表。

3.5.3 更新视图

更新视图包括插入(INSERT)、删除(DELETE)和修改(UPDATE)3类操作。

由于视图是不实际存储数据的虚表,因此对视图的更新,最终要转换为对基本表的更新,对视图与对基本表的更新操作表达是完全相同的。

例 3.71 将信息系学生视图 IS_S 中学号为 S3 的学生姓名改为"刘辰"。
```
UPDATE IS_S
SET SN = ´刘辰´
WHERE SNO = ´S3´
```

然而,在关系数据库中并不是所有的视图都是可更新的,因为有些视图的更新不能唯一地有意义地转换成对相应基本表的更新。

不同的数据库管理系统对视图的更新还有不同的规定,如下是 IBM 的 DB2 数据库中视图不允许更新的规定:

① 若视图是由两个以上基本表导出的,则此视图不允许更新;

② 若视图的字段来自字段表达式或常数,则不允许对此视图执行 INSERT 和 UPDATE 操作,但允许执行 DELETE 操作;

③ 若视图的字段来自集函数,则此视图不允许更新;

④ 若视图定义中含有 GROUP BY 子句,则此视图不允许更新;

⑤ 若视图定义中含有 DISTINCT 短语,则此视图不允许更新;

⑥ 若视图定义中有嵌套查询,并且内层查询的 FROM 子句中涉及的表也是导出该视图的基本表,则此视图不允许更新;

⑦ 一个不允许更新的视图上定义的视图也不允许更新。

应该指出的是,不可更新的视图与不允许更新的视图是两个不同的概念,前者指理论上已证明其是不可更新的视图,后者指实际系统中不支持其更新,但它本身有可能是可更新的视图。

3.5.4 视图的作用

视图最终是定义在基本表之上的,对视图的一切操作最终是要转换为对基本表的操作。视图作为关系模型外模式的主要表示形式,其合理地使用能带来许多好处。

1. 视图能够简化用户的操作

视图机制使用户可以将注意力集中在所关心的数据上。如果这些数据不是直接来自基本表,则可以通过定义视图,使数据库看起来结构简单、清晰,并且可以简化用户的数据查询操作。例如,那些定义了若干张表连接的视图,就将表与表之间的连接操作对用户隐蔽起来了,换句话说,用户所做的只是对一张虚表的简单查询,而这个虚表是怎样得来的,用户无须了解。

2. 视图使用户能以多种角度看待同一数据

视图机制能使不同的用户以不同的方式看待同一数据,当许多不同种类的用户共享同一数据库时,这种灵活性是非常重要的。

3. 视图对重构数据库提供了一定程度的逻辑独立性

视图在关系数据库中对应于子模式或外模式,在一定程度上能支持当数据库模式发生改变,而子模式不变。例如,重构学生关系 S(SNO,SN,SEX,AGE,DEPT)为 SX(SNO,SN,SEX)和 SY(SNO,AGE,DEPT)两个关系,这时原表 S 还可由 SX 表和 SY 表自然连接获得。如果建立一个视图 S:

```
CREATE VIEW S(SNO,SN,SEX,AGE,DEPT)
AS SELECT SX.SNO,SX.SN,SX.SEX,SY.AGE,SY.DEPT
    FROM SX,SY
      WHERE SX.SNO = SY.SNO
```

这样尽管数据库的逻辑结构(或称模式)改变了(变为 SX 和 SY 两个表),但应用程序不必修改,因为新建的视图可定义成原来的关系(指属性个数及对应类型相同),使用户能在新建视图后的关系表和视图基础上,保持外模式不变。

当然,视图只能在一定程度上提供数据的逻辑独立性,因为若视图定义基于的关系表的信息不存在了或定义的视图是不可更新的,则仍然会因为基本表结构的改变而改变应用程序基于操作的外模式,因而只能改变应用程序。

4. 视图能够对机密数据提供安全保护

有了视图机制,就可以在数据库应用时对不同的用户定义不同的视图,使机密数据不出现在不应该看到这些机密数据的应用视图上,这样视图机制就自动提供了对机密数据的安全保护功能。例如,就全校而言,完整的学生信息表中一般含有学生家庭住址、父母姓名和家庭电话等机密信息,而一般教务管理子系统中对学生机密数据是屏蔽的,这样就可以通过定义不含机密信息的学生视图来提供相应的安全性保护。

5. 适当的利用视图可以更清晰、更方便地表达查询

例如,经常需要查找"成绩良好(各门课程均 80 分及以上)学生的学号、姓名和所在系等信息",可以先定义一个成绩良好的学生学号的视图,其定义如下:

```
CREATE VIEW S_GOOD_VIEW
AS SELECT SNO FROM SC GROUP BY SNO HAVING MIN(SCORE)>= 80
```

然后再用如下语句实现查询:

```
SELECT S.SNO,S.SN,S.DEPT
FROM S,S_GOOD_VIEW  WHERE S.SNO = S_GOOD_VIEW.SNO
```

这样其他涉及成绩良好的学生查询的表达均可清晰、方便地直接使用视图 S_GOOD_VIEW 参与表达了。

3.6　SQL 数据控制

数据库中的数据由多个用户共享,为保证数据库的安全,SQL 语言提供数据控制语言(Data Control Language,DCL)对数据库进行统一的控制管理。

3.6.1　权限与角色

1. 权限

在 SQL 系统中,有两个安全机制,一种是视图机制,当用户通过视图访问数据库时,他不能访问此视图外的数据,它提供了一定的安全性,而主要的安全机制是权限机制。权限机制的基本思想是给用户授予不同类型的权限,在必要时,可以收回授权,使用户能够进行的数据库操作以及所操作的数据限定在指定时间与指定范围内,禁止用户超越权限对数据库进行非法的操作,从而保证数据库的安全性。

在数据库中,权限可分为系统权限和对象权限。

系统权限是指数据库用户能够对数据库系统进行某种特定的操作的权力,由数据库管理员授予其他用户,如创建一个基本表(CREATE TABLE)的权力。

对象权限是指数据库用户在指定的数据库对象上进行某种特定的操作权力。对象权限由创建基本表、视图等数据库对象的用户授予其他用户,如查询(SELECT)、插入(INSERT)、修改(UPDATE)和删除(DELETE)等操作。

2. 角色

角色是多种权限的集合,可以把角色授予用户或角色。当要为一些用户同时授予或收回多项权限时,则可以把这些权限定义为一个角色,对此角色进行操作,这样就避免许多重复性的工作,简化管理数据库用户权限的工作。

3.6.2 系统权限和角色的授予与收回

1. 系统权限和角色的授予

SQL 语言用 GRANT 语句向用户授予操作权限,GRANT 语句的一般格式为

```
GRANT  <系统权限>|<角色>[,<系统权限>|<角色>]… TO <用户>|<角色>|PUBLIC [,<用户>|<角色>]…
[WITH GRANT OPTION]
```

其语义为:将对指定的系统权限或角色授予指定的用户或角色。其中,PUBLIC 代表数据库中的全部用户,WITH GRANT OPTION 为可选项,指定后则允许被授权用户将指定的系统特权或角色再授予其他用户或角色。

例 3.72 把创建表的权限授给用户 U1。

```
GRANT CREATE TABLE TO U1
```

说明:对用户授予创建表的权限后,用户可以试着利用 CREATE TABLE 命令创建表。但是表是基于某架构的,所谓架构(Schema)是指一组数据库对象的集合,它被用户或角色所拥有并构成唯一命名空间,可以将架构看成对象的容器,为此,要实现表的创建往往还要授予对表所属架构的相应权限。例如,要对 U1 授予架构 dbo 的 ALTER 权限,命令为 GRANT ALTER ON SCHEMA::dbo TO U1。然后就可以用"CREATE TABLE 表名(…)"来创建表了。

GRANT 架构权限命令的一般语法(具体说明略):

```
GRANT permission [,…n] ON SCHEMA::schema_name
TO database_principal[,…n][ WITH GRANT OPTION ][ AS granting_principal]
```

2. 系统权限与角色的收回

数据库管理员可以使用 REVOKE 语句收回系统权限,其语法格式为

```
REVOKE <系统权限>|<角色>[,<系统权限>|<角色>]…
FROM <用户名>|<角色>|PUBLIC[,<用户名>|<角色>]…
```

例 3.73 把 U1 所拥有的创建表权限收回。

```
REVOKE CREATE TABLE FROM U1
```

3.6.3 对象权限和角色的授予与收回

1. 对象权限和角色的授予

数据库管理员拥有系统权限,而作为数据库的普通用户,只对自己建的基本表、视图等数据库对象拥有对象权限。如果要共享其他的数据库对象,则必须授予普通用户一定的对象权限。同系统权限的授予方法类似,SQL 语言使用 GRANT 语句为用户授予对象权限,其语法格式为

GRANT ALL|<对象权限>[(列名[,列名]…)][,<对象权限>]…ON <对象名> TO <用户>|<角色>| PUBLIC[,<用户>|<角色>]…[WITH GRANT OPTION]

其语义为:将指定的操作对象的对象权限授予指定的用户或角色。其中,ALL 代表所有的对象权限,列名用于指定要授权的数据库对象的一列或多列。如果不指定列名,被授权的用户将在数据库对象的所有列上均拥有指定的特权,实际上,只有当授予 INSERT、UPDATE 权限时才需要指定列名。ON 子句用于指定要授予对象权限的数据库对象名,可以是基本表名、视图名等。WITH GRANT OPTION 为可选项,指定后则允许被授权的用户将权限再授予其他用户或角色。

例 3.74 把查询 S 表权限授给用户 U1。

GRANT SELECT ON　S TO U1

2. 对象权限与角色的收回

所有授予出去的权限在必要时都可以由数据库管理员和授权者收回,收回对象权限仍然是使用 REVOKE 语句,其语法格式为

REVOKE <对象权限>|<角色>[,<对象权限>|<角色>]…
FROM <用户名>|<角色>|PUBLIC[,<用户名>|<角色>]…

例 3.75 收回用户 U1 对 S 表的查询权限。

REVOKE SELECT ON S FROM U1

3.7 嵌入式 SQL 语言*

3.7.1 嵌入式 SQL 简介

SQL 语言提供了两种不同的使用方式,一种是在终端交互式方式下使用,前面介绍的就是作为独立语言由用户在交互环境下使用的 SQL 语言,另一种是将 SQL 语言嵌入某种高级语言(如 C 语言、Java、Python、DELPHI 等)中使用,利用高级语言的过程性结构来弥补 SQL 语言在实现逻辑关系复杂的应用方面的不足,这种方式下使用的 SQL 语言称为嵌入式 SQL (Embedded SQL),而嵌入 SQL 的高级语言称为主语言或宿主语言,而 SQL 语言称为子语言。

广义来讲,各类第四代开发工具或开发语言,如 VB、VC、C♯、VB.NET、Java、Python 和 PB 等,其通过 SQL 来实现数据库操作均为嵌入式 SQL 应用。

一般来讲,在终端交互方式下使用的 SQL 语句也可用在应用程序中,当然这两种方式下的 SQL 语句在细节上会有些差别,在程序设计的环境下,SQL 语句要做某些必要的扩充。

对于嵌入了 SQL 语句的高级程序源程序,一般可采用两种方法处理,一种是预编译,其处

理过程如图 3.4 所示,另一种是修改和扩充主语言及其编译器使之能直接处理 SQL 语句。目前采用较多的是预编译方法,即由 DBMS 的预处理程序对源程序进行扫描,识别出 SQL 语句,把它们转换成主语言调用语句,以使主语言编译程序能识别它,最后由主语言的编译程序将经预处理后的整个源程序编译成目标码。

下节将以 C 语言中嵌入 SQL 为例来介绍。

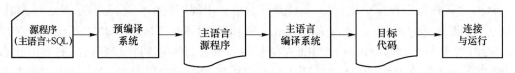

图 3.4 嵌入式 SQL 的预编译、编译、连接与运行处理过程

3.7.2 嵌入式 SQL 要解决的 3 个问题

1. 区分 SQL 语句与主语言语句

在嵌入式 SQL 中,为了能够区分 SQL 语句与主语言语句,所有 SQL 语句都必须加前缀 EXEC SQL(如图 3.6 中②所示)。SQL 语句的结束标志则随主语言的不同而不同,例如,在 PL/1 和 C 中以分号";"结束,在 COBOL 中以 END-EXEC 结束。这样,以 C 或 PL/1 作为主语言的嵌入式 SQL 语句的一般形式为

EXEC SQL ＜ SQL 语句＞;

例如,一条交互形式的 SQL 语句 DROP TABLE S 嵌入 C 程序中,应写作:

EXEC SQL DROP TABLE S;

嵌入 SQL 语句根据其作用的不同,可分为可执行语句(如图 3.6 中③④⑤所示)和说明性语句(如图 3.6 中①②所示)两类。可执行语句又分为数据定义、数据控制和数据操作 3 种,几乎所有的 SQL 语句都能以嵌入式的方式使用。

在宿主程序中,任何允许出现可执行的高级语言语句的地方,都可以出现可执行 SQL 语句;任何允许出现说明性高级语言语句的地方,都可以写说明性 SQL 语句。

2. 数据库工作单元和程序工作单元之间的通信

嵌入式 SQL 语句中可以使用主语言的程序变量来输入或输出数据,把 SQL 语句中使用的主语言程序变量称为主变量(Host Variable),主变量在宿主语言程序与数据库之间的作用可参阅图 3.5。

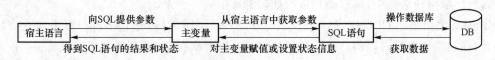

图 3.5 主变量的通信与传递数据的作用示意图

主变量根据其作用的不同,分为输入主变量、输出主变量和指示主变量。输入主变量(如图 3.6 中⑨所示的 UPDATE 语句中使用的 newdisc 主变量)由应用程序对其赋值,SQL 语句引用;输出主变量(如图 3.6 中⑧所示的 FETCH 语句中的 cscustid、csname 等主变量)由 SQL 语句对其赋值或设置状态信息,返回给应用程序;一个主变量可以附带一个任选的指示主变量(Indicator Variable),指示主变量(如图 3.6 中⑧所示的 FETCH 语句中的 csdiscnull 主变量)是一个整型变量,用来"指示"所指主变量的值的情况,指示主变量可以指示输入主变

量是否希望设置为空值,也可以检测输出主变量是否是空值(指示主变量为负值,指示所指主变量为空值)。一个主变量可能既是输入主变量又是输出主变量(如图 3.6 中③所示的 tname 主变量)。在 SQL 语句中使用这些变量时,需在主变量名前加冒号":"作为标记,以区别于表中的字段(或属性)名。程序中使用到的主变量都需要在程序说明部分使用 EXEC SQL DECLARE 语句加以说明,一则使程序更加清晰,二则使预编译系统程序能做某些语法检查。

SQL 语句在应用程序中执行后,系统要反馈给应用程序若干信息,这些信息送到 SQL 的通信区 SQLCA(SQL Communication Area),SQLCA 用语句 EXEC SQL INCLUDE 加以定义。SQLCA 是一个数据结构(即 SQLCA 结构中含有能反映不同执行后状况的多个状态变量,如 SQLCODE、SQLERRD1、SQLERRMC、SQLWARN、SQLERRM 等),SQLCA 中有一个存放每次执行 SQL 语句后返回代码的状态变量 SQLCODE。当 SQLCODE 为零时(如图 3.6 中的"if (SQLCODE == 0)…"语句),表示 SQL 语句执行成功,否则返回一个错误代码(负值)或警告信息(正值),一般程序员应该在每个 SQL 语句之后测试 SQLCODE 的值,以便根据当前 SQL 命令执行情况决定后续的处理。

3. 协调 SQL 集合式操作与高级语言记录式处理之间的关系

一个 SQL 语句一般能处理一组记录,而主语言一次只能处理一个记录,为此必须协调两种处理方式,使它们相互协调地处理。嵌入式 SQL 中是引入游标(Cursor)机制来解决这个问题的。

游标是系统为用户开设的一个数据缓冲区,用来存放 SQL 语句的执行结果,每个游标区都有一个名字。用户可以通过游标逐一获取记录,并赋给主变量,再由主语言程序做进一步处理。

与游标有关的 SQL 语句有下列 4 个:

① 游标定义语句 DECLARE(如图 3.6 中⑥所示)。游标是与某个查询结果相联系的符号名,用 SQL 的 DECLARE 语句定义,它是说明性语句,定义时游标定义中的 SELECT 语句并不马上执行(情况与视图的定义相似)。

② 游标打开语句 OPEN(如图 3.6 中⑦所示)。此时执行游标定义中的 SELECT 语句,同时游标缓冲区中含有 SELECT 语句执行后对应的所有记录,游标也处于活动状态,游标指针指向游标中记录结果第一行之前。

③ 游标推进语句 FETCH(如图 3.6 中⑧所示)。此时执行游标向前推进一行,并把游标指针指向的当前记录读出,放到 FETCH 语句中指定的对应主变量中。FETCH 语句常置于主语言程序的循环结构中,通过循环逐一处理游标中的一个个记录。

④ 游标关闭语句 CLOSE(如图 3.6 中⑩所示)。关闭游标,使它不再和原来的查询结果相联系,同时释放游标占用的资源。关闭的游标可以再次打开,得到新的游标记录后再使用游标,再关闭。

在游标处于活动状态时,可以修改和删除游标指针指向的当前记录,这时,UPDATE 语句和 DELETE 语句中要用子句 WHERE CURRENT OF <游标名>(如图 3.6 中⑨所示)。

4. 举例

为了能够更好地理解上面的概念,下面给出带有嵌入式 SQL 的一段完整的 C 程序,该程序先使用"SELECT INTO …"语句检测数据库中是否存在客户表(Customer),若不存在则先用 CREATE TABLE 命令创建该表,并使用 INSERT INTO 插入若干条记录;若存在则继续。程序接着利用游标,借助循环语句结构,逐一显示出客户表中的记录(含客户号、客户名和客户折扣率),显示的同时询问是否要修改当前客户的折扣率,得到肯定回答后,要求输入新的折扣率,并利用UPDATE命令修改当前记录的折扣率。

```c
void ErrorHandler (void);
#include <stddef.h>                              // standard C run-time header
#include <stdio.h>                               // standard C run-time header
#include "gcutil.h"                              // utility header
int main (int argc, char ** argv, char ** envp)
{   int nRet;                                    // for return values
    char yn[2];
    EXEC SQL BEGIN DECLARE SECTION;              //①先说明主变量
        char szServerDatabase[(SQLID_MAX * 2)+2] = ""; // 放数据库服务器名与数据库名
        char szLoginPassword[(SQLID_MAX * 2)+2] = "";  // 放登录用户名与口令
        char tname[21] = "xxxxxxxxxxx";          //放表名变量
        char cscustid[8];
        char csname[31];
        double csdiscount;
        double newdisc;
        int csdiscnull = 0;
    EXEC SQL END DECLARE SECTION;
    //②接着是错误处理设置与连接的相关选项设置
    EXEC SQL WHENEVER SQLERROR CALL ErrorHandler();
    EXEC SQL SET OPTION LOGINTIME 10;
    EXEC SQL SET OPTION QUERYTIME 100;
    printf("Sample Embedded SQL for C application\n");   // display logo
        // 若不使用GetConnectToInfo(),则也可直接指定"服务器名.数据库名"与
        //"用户名.口令名"来连接,如 EXEC SQL CONNECT TO qh.qxz USER sa.sa;
        // 这里qh为服务器名,qxz为数据库名,sa为用户名,sa为口令
        // GetConnectToInfo()实现连接信息的获取,该函数一般在gcutil.c这一C源程序文件中
    nRet = GetConnectToInfo(argc, argv, szServerDatabase, szLoginPassword);
    if (!nRet) { return (1); }
        // 下面CONNECT TO命令真正实现与SQL Server的连接
    EXEC SQL CONNECT TO :szServerDatabase USER :szLoginPassword;
    if (SQLCODE == 0) { printf("Connection to SQL Server established\n"); }
    else { // problem connecting to SQL Server
        printf("ERROR: Connection to SQL Server failed\n"); return (1);}
        // 检测数据库是否有customer表
    EXEC SQL SELECT name into :tname FROM sysobjects //③ SELECT INTO 语句
            WHERE (xtype = 'U' and name = 'customer');
    //SELECT name into :tname FROM sys.objects WHERE (type = 'U' and name = 'customer');
    //SQL SERVER 2008 中如上语句有所变化
    if (SQLCODE == 0 || strcmp(tname,"customer") == 0)
    { printf("客户表已经存在。\n");}
    else{           // 若不存在customer表,则创建表并插入若干条记录
        EXEC SQL CREATE TABLE customer      //④ 创建customer表
            (CustID    Dec(7,0) not null,
             Name      Char(30)  not null,
```

```
                ShipCity Char(30) NULL,
                Discount Dec(5,3) NULL,
                primary key(CustID));
    if (SQLCODE == 0)
    { printf("create success! %d\n",SQLCODE);}
    else
    { printf("ERROR: create %d\n",SQLCODE);return (-1);}
      EXEC SQL INSERT into customer values('133568','Smith Mfg.','Portland',0.050);
      EXEC SQL INSERT into customer values('246900','Bolt Co.','Eugene',0.020);
      EXEC SQL INSERT into customer values('275978','Ajax Inc','Albany',null); //⑤
      EXEC SQL INSERT into customer values('499320','Adapto','Portland',0.000);
      EXEC SQL INSERT into customer values('499921','Bell Bldg.','Eugene',0.100);
    if (SQLCODE == 0){ printf("execute success! %d\n",SQLCODE);}
    else{ printf("ERROR: execute %d\n",SQLCODE);return (-1);}
}
  EXEC SQL DECLARE customercursor cursor       // ⑥定义游标 customercursor
        for SELECT custid,name,discount
              FROM customer
                order by custid
            for update of discount;
  EXEC SQL OPEN customercursor;                // ⑦打开游标 customercursor
  if (SQLCODE == 0){ printf("open success! %d\n",SQLCODE);}
  else { printf("ERROR: open %d\n",SQLCODE); return (-1);}
  while (SQLCODE == 0){
      EXEC SQL FETCH NEXT customercursor       // ⑧推进游标 customercursor
              INTO :cscustid,:csname,:csdiscount :csdiscnull;
      if (SQLCODE == 0)
      {   printf("客户号 = %s",cscustid);        // 显示客户信息
          printf("客户名 = %14s",csname);
          if (csdiscnull == 0) printf("折扣率 = %lf\n",csdiscount);
          else printf("折扣率 = NULL\n");
          printf("需要修改吗? (Y/N)?");           // 询问是否要修改
          scanf("%s",yn);
          if (yn[0] == 'y' || yn[0] == 'Y'){    // 输入并修改
              printf("请输入新的折扣率:");
              scanf("%lf",&newdisc);
              EXEC SQL UPDATE customer set discount = :newdisc
                  where current of customercursor; //⑨ CURRENT 形式的 UPDATE 语句
              if (SQLCODE == 0){printf("该客户的折扣率修改成功!");}
              else{printf("该客户的折扣率修改未成功!");}
          };
      }
      else{printf("ERROR: fetch %d\n",SQLCODE);}
  }
  EXEC SQL CLOSE customercursor;       // ⑩关闭游标 customercursor
  EXEC SQL DISCONNECT ALL;              // 关闭与数据库的连接
  return (0);
}
```

```
void ErrorHandler (void)              // 显示错误信息子程序
{    printf("Error Handler called:\n");
     printf("     SQL Code  =  %li\n", SQLCODE);
     printf("     SQL Server Message %li: '%Fs'\n", SQLERRD1, SQLERRMC);
}
```

图 3.6　一个嵌入了 SQL 的完整 C 语言程序

3.7.3　第四代数据库应用开发工具或高级语言中 SQL 的使用

第四代开发工具或高级语言一般是面向对象编程的，往往是借助于某数据库操作组件或对象，如 ADO.NET 对象、JDBC 或 ODBC 等，再通过传递 SQL 命令操作数据库数据的（这一点来说，操作数据库的原理与嵌入 SQL 的 C 程序是一样的），下面通过几个例子来了解第四代程序语言中 SQL 的使用情况。

1. Python 中数据库数据操作例子

该例子利用 Python 实现一个简易的窗体界面，运行界面如图 3.7 所示。当运行时，左边文本框中可输入对数据库表的查询类命令（如 SELECT），选择左边文本框下的按钮，窗体上面网格中即能显示出 SELECT 查询的结果（前提是输入正确的 SELECT 命令）；右边文本框中可输入对数据库表的更新类命令（如 INSERT、UPDATE、DELETE），同样，SQL 命令正确的话即能更新操作数据库中的数据，更新数据后，在左边文本框中再输入查询类命令能加以检验。如此强大的 SQL 命令交互操作功能，利用 Python 引入 pymssql 模块就能轻松实现。

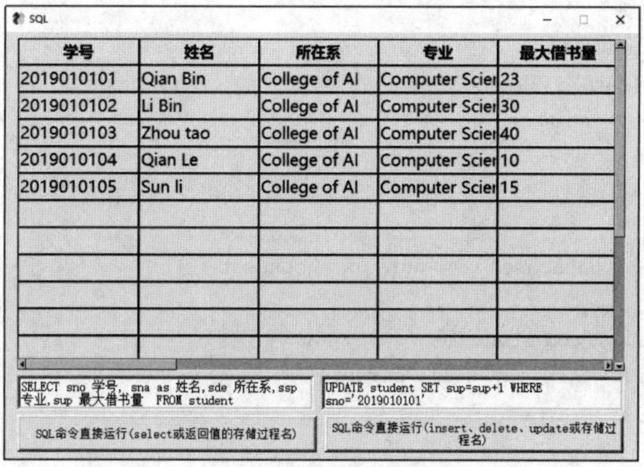

图 3.7　运行效果

该例子操作数据库数据的部分代码（不含界面实现代码）如下：

```
import pymssql
database = {'database': 'jxgl', 'server': '127.0.0.1', 'user': 'sa', 'password': 'sasasasa', 'port': '1433', 'charset': 'utf8'}
con = ''
def connect(data):
    global database, con
    # connect database
    con = pymssql.connect(
        server = database['server'], database = database['database'], user = database['user'], password = database['password'], charset = database['charset'])
    cursor = con.cursor()
```

```python
            return cursor
    def select(sql, cursor):
        cursor.execute(sql)
        # 将 result 转换成列表
        result = cursor.fetchall()
        result = [list(i) for i in result]
        # 获取列名
        description = cursor.description
        column_list = [column[0] for column in description]
        # 拼接列名和数据
        to_list = [column_list]
        for i in range(len(result)):
            to_list.append(result[i])
        return to_list, column_list
    def renew(sql, cursor):
        global con
        # 执行 删除 修改 添加等 SQL 操作
        cursor.execute(sql)
        submit()
    def submit():
        global con
        con.commit()
    def show(data):
        if len(data) == 0:
            return
        for i in range(len(data)):
            print(list(data[i]))
    def log(object):
        str = object
        print(str)
    def main():
        cursor = connect(database)   # cursor = connect('')
        # 查询测试
        sql1 = "select * from student"
        data, column_list = select(sql1, cursor)
        log("查询结果:")
        show(data)
        # 删除测试
        #     sql2 = "delete from student where sno = '2019010101'"
        #     renew(sql2, cursor)
        # 插入测试
        #     sql4 = "insert into student values('2019010106','Sun Hong','College of AI','Computer Science',15)"
        #     renew(sql4, cursor)
        # 修改测试
        sql3 = "update student set sup = sup + 1 where sno = '2019010101'"
        renew(sql3, cursor)

        data, column_list = select(sql1, cursor)
        log("修改后的查询结果:")
        show(data)
```

```
        cursor.close()
        con.close()
if __name__ == '__main__':
    main()
```
程序下载见二维码。

2. C♯中连接并执行 SQL 语句的程序段

在 C♯ 中操作 MS SQL Server,可以使用 ADO.NET 或 Entity Framework。以下是使用 ADO.NET 操作 MS SQL Server 的基本示例。下面示例的程序首先连接到 enterprise 数据库,其次对 customer 表添加记录与修改记录值,再次显示 customer 表中全部数据,最后删除前面添加记录(恢复原 customer 表),以此来领略 C♯程序执行 SQL 语句操作数据库数据的基本情况。具体程序段如下：

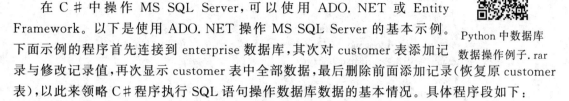

Python 中数据库数据操作例子.rar

```
using System;
using System.Collections.Generic;
using System.Linq;
using System.Text;
using System.Threading.Tasks;
usingSystem.Data.SqlClient;   //添加引用
class Program
{
    static void Main(string[] args)
    {
        int count = 0;
        //建立连接代码:
        SqlConnection sqlCon = new SqlConnection("Database = enterprise; Server = localhost; User Id = sa;Password = sasasasa;pooling = true;");
        //定义查询结果读取器
        SqlDataReader reader = null;
        try
        {
            //打开连接
            sqlCon.Open();
            //由命令对象的 ExecuteNonQuery() 方法完成添加记录功能
            SqlCommand cmd = new SqlCommand("insert into customer values('143568','Tommon Js.','Portland', 0.150)", sqlCon);
            //再修改该新添记录的折扣率为 0.123
            count = cmd.ExecuteNonQuery();
            cmd = new SqlCommand("update customer set discount = 0.123 where custid = '143568'", sqlCon);
            count = cmd.ExecuteNonQuery();
            //设置查询命令
            cmd = new SqlCommand("select * from customer;", sqlCon);
            //执行查询,并将结果返回给读取器
            reader = cmd.ExecuteReader();
            Console.WriteLine("CustID  Name\t\tShipCity    \t\t\t Discount(折扣率)");
            while (reader.Read())   // 循环显示表记录
            {
                if (! reader.IsDBNull(3))
                {
                    Console.WriteLine(reader[0].ToString() + "\t" + reader[1].ToString() + "\t" + reader[2].ToString() + "\t\t" + reader[3].ToString());
```

```
                }
                else
                {
                        Console.WriteLine(reader[0].ToString() + "\t" + reader[1].ToString() +
"\t" + reader[2].ToString() + "\t\t" + " NULL");
                }
            }
            reader.Close(); // 关闭读取器
            //由命令对象的 ExecuteNonQuery()方法 完成删除记录功能
            cmd = new SqlCommand("delete from customer where custid='143568'", sqlCon);
            count = cmd.ExecuteNonQuery();
        }
        catch (Exception ex) { Console.WriteLine(ex.StackTrace.ToString()); }
        finally
        {
            if (!reader.IsClosed) reader.Close();
            sqlCon.Close();
        }
    }
}
```

程序下载见二维码。

3. Java 语言中通过 JDBC 来连接并执行数据查询的程序段

在 Java 语言中主要通过 JDBC 来连接并执行数据操作,该例子查询 customer 表里每位客户的客户编号、客户姓名、客户运送城市等信息。该例子操作数据库数据的部分代码如下：

C#中连接并执行 SQL 语句的程序段.rar

```java
import java.sql.*;
public class MySQLDemo {
    static final String JDBC_DRIVER = "com.microsoft.sqlserver.jdbc.SQLServerDriver";
    static final String DB_URL = "jdbc:sqlserver://localhost:1433;databaseName=enterprise;user=sa;password=sasasasa;";
    //或: static final String DB_URL = "jdbc:sqlserver://localhost:1433;databaseName=enterprise;user=sa;password=sasasasa;encrypt=false;trustServerCertificate=false";
    // main 主类
    public static void main(String[] args) {
        Connection conn = null;       // 定义连接对象并初始化
        Statement stmt = null;        // 定义命令对象并初始化
        try{
            Class.forName(JDBC_DRIVER);     // 注册 JDBC 驱动
            // 打开连接
            System.out.println("连接数据库...");
            conn = DriverManager.getConnection(DB_URL);
            // 执行查询
            System.out.println(" 实例化 Statement 对象...");
            stmt = conn.createStatement();
            String sql;
            sql = "SELECT CustID,Name,ShipCity,Discount FROM customer ";
            ResultSet rs = stmt.executeQuery(sql);
            // 展开结果集数据库
            while(rs.next()){// 通过字段名检索
                int id = rs.getInt("CustID");
```

```
                String name = rs.getString("name");
                String ShipCity = rs.getString("ShipCity");
                // 输出数据
                System.out.print("ID: " + Integer.toString(id) +", 姓名: " + name + ", 运送城
市: " + ShipCity + "\n");
            }
            // 完成后关闭
            rs.close();
            stmt.close();
            conn.close();
        }catch(SQLException se){    se.printStackTrace();// 处理 JDBC 错误
        }catch(Exception e){        // 处理 Class.forName 错误
            e.printStackTrace();
        }finally{ // 关闭资源
            try{
                if(stmt!= null) stmt.close();
            }catch(SQLException se2){ }// 什么都不做
            try{
                if(conn!= null) conn.close();
            }catch(SQLException se){ se.printStackTrace(); }
        }
        System.out.println("Goodbye!");
    }
}
```

程序下载见二维码。

通过以上 3 个简单例子，读者能了解到目前第四代开发工具或高级语言中操作数据库数据的一般方法，也能认识到 SQL 命令仍然是数据库操作的核心与关键。

Java 语言中通过 JDBC 来连接并执行数据查询的程序段.rar

3.8 小　　结

本章系统而详尽地讲解了 SQL 语言。在讲解 SQL 语言的同时，进一步介绍了关系数据库的基本概念，如索引和视图的概念及其作用等。

SQL 语言具有数据定义、数据查询、数据更新、数据控制四大功能。数据库的管理与各类数据库应用系统的开发都是通过 SQL 语言来实现。然而，需要注意的是，本章的有些例子在不同的数据库系统中也许要稍作修改后才能使用，具体数据库管理系统实现 SQL 语句时也会有少量语句格式变形（应通过"帮助"具体了解），这是在实际数据库系统中操作与实践时要先注意的。

本章的视图是关系数据库系统中的重要概念，这是因为合理使用视图具有许多优点，使用它是非常有必要的。

SQL 语言的数据查询功能是最丰富而复杂的，需要通过不断实践才能真正牢固地掌握。若面对各种数据操作都能即时正确写出相应的 SQL 操作命令，则表明对 SQL 语言的掌握已达到较好水平。

习 题

一、选择题

1. 在 SQL 语言中授权的操作是通过（　　）语句实现的。
   A. CREATE　　　　B. REVOKE　　　　C. GRANT　　　　D. INSERT
2. SQL 语言的一体化特点是主要同（　　）相比较而言的。
   A. 操作系统命令　　　　　　　　B. 非关系模型的数据语言
   C. 高级语言　　　　　　　　　　D. 关系模型语言
3. 在嵌入式 SQL 语言中使用游标的目的在于（　　）。
   A. 区分 SQL 与宿主语言　　　　　B. 与数据库通信
   C. 处理错误信息　　　　　　　　D. 处理多行记录
4. 设有关系 $R=(A,B,C)$，与 SQL 语句 SELECT DISTINCT A FROM R WHERE B=17 等价的关系代数表达式是（　　）。
   A. $\Pi_A(R)$　　B. $\sigma_{B=17}(R)$　　C. $\Pi_A(\sigma_{B=17}(R))$　　D. $\sigma_{B=17}(\Pi_A(R))$
5. 两个子查询的结果（　　）时，可以执行并、交和差操作。
   A. 结构完全一致　　　　　　　　B. 结构完全不一致
   C. 结构部分一致　　　　　　　　D. 主键一致
6. 在 SQL 查询语句中，用于测试子查询是否为空的谓词是（　　）。
   A. EXISTS　　　　B. UNIQUE　　　　C. SOME　　　　D. ALL
7. 使用 SQL 语句进行查询操作时，若希望查询结果中不出现重复元组，应在 SELECT 子句中使用（　　）保留字。
   A. UNIQUE　　　　B. All　　　　C. EXCEPT　　　　D. DISTINCT
8. 在视图上不可能完成的操作是（　　）
   A. 更新视图　　　　　　　　　　B. 查询
   C. 在视图上定义新的基本表　　　D. 在视图上定义新视图
9. SQL 中涉及属性 AGE 是否为空值的比较操作，写法（　　）是错误的。
   A. AGE IS NULL　　　　　　　　B. NOT(AGE IS NULL)
   C. AGE=NULL　　　　　　　　　D. AGE IS NOT NULL
10. 假定学生关系是 $S(S\sharp,SNAME,SEX,AGE)$，课程关系是 $C(C\sharp,CNAME,TEACHER)$，学生选课关系是 $SC(S\sharp,C\sharp,GRADE)$。要查找选修"数据库系统概论"课程的"男"学生学号，将涉及关系（　　）。
    A. S　　　　B. SC,C　　　　C. S,SC　　　　D. S,SC,C

二、填空题

1. SQL 操作命令 CREATE、DROP 和 ALTER 主要完成的是数据的＿＿＿＿功能。
2. ＿＿＿＿为关系数据库语言国际标准语言。
3. SQL 中文含义是＿＿＿＿，它集查询、操作、定义和控制等多种功能。
4. 视图是从＿＿＿＿导出的表，它相当于三级结构中的外模式。

5. 视图是虚表,它一经定义就可以和基本表一样被查询,但_____操作将有一定限制。
6. SQL 的数据更新功能主要包括_____、_____和_____3 个语句。
7. 在字符匹配查询中,通配符"％"代表_____,"_"代表_____。
8. SQL 语句具有_____和_____两种使用方式。
9. SQL 语言中,实现数据检索的语句是_____。
10. 在 SQL 中,如果希望将查询结果排序,应在 SELECT 语句中使用_____子句。

三、简答与 SQL 操作表达题

简答与 SQL 操作表达题见二维码。

第 3 章　简答与 SQL 操作表达题

第4章 关系数据库设计理论

本章要点

关系数据库设计理论主要包括数据依赖、范式及规范化方法这三部分内容。关系模式中数据依赖问题的存在可能会导致库中数据冗余、插入异常、删除异常、修改复杂等问题,规范化模式设计方法使用范式这一概念来定义关系模式所要符合的不同等级。较低级别范式的关系模式经模式分解可转换为若干符合较高级别范式要求的关系模式。本章的重点是函数依赖相关概念及基于函数依赖的范式及其判定。

4.1 问题的提出

前面已经讲述了关系数据库、关系模型的基本概念以及关系数据库的标准语言 SQL。这一章讨论关系数据库设计理论,即如何采用关系模型设计较优关系数据库。数据库逻辑结构设计主要关心的问题就是面对一个现实问题,如何选择一个比较好的关系模式的集合,其中每个关系模式又由哪些属性组成?

4.1.1 规范化理论概述

关系数据库的规范化理论最早是由关系数据库的创始人 E. F. Codd 提出的,后经许多专家学者对关系数据库设计理论做了深入的研究和发展,形成了一整套有关关系数据库设计的理论。在该理论出现以前,层次数据库和网状数据库的设计只是遵循其模型本身固有的特点与原则,而无具体的理论依据可言,因而带有盲目性,可能在以后的运行和使用中会发生许多预想不到的问题。

思政 4.1

那么如何设计一个合适的关系数据库系统?关键是关系数据库模式的设计,即应该构造几个关系模式,每个关系模式由哪些属性组成,又如何将这些相互关联的关系模式组建成一个适合的关系数据库模型,这些都决定了整个系统的运行效率,也是应用系统开发设计成败的因素之一。实际上,关系数据库的设计必须在关系数据库规范化理论的指导下进行。

关系数据库设计理论主要包括 3 个方面内容:函数依赖、范式(Normal Form)和规范化方法。其中,函数依赖起着核心作用,是规范化方法(模式分解和模式设计等)的基础,范式是规范化方法的标准。

4.1.2 不合理的关系模式存在的问题

关系数据库设计时要遵循一定的规范化理论。只有这样才可能设计出一个较好的数据库来。前面已经讲过关系数据库设计的关键所在是关系数据库模式的设计,也就是关系模式的设计。那么到底什么是好的关系模式呢?某些不好的关系模式可能导致哪些问题?下面通过例子对这些问题进行分析。

例 4.1 要求设计"学生-课程"数据库,其关系模式 SDC 如下:

$$SDC(SNO,SN,AGE,DEPT,MN,CNO,SCORE)$$

其中,SNO 表示学生学号,SN 表示学生姓名,AGE 表示学生年龄,DEPT 表示学生所在的系别,MN 表示系主任姓名,CNO 表示课程号,SCORE 表示成绩。

根据实际情况,这些数据有如下语义规定:

① 一个系有若干学生,但一个学生只属于一个系;
② 一个系只有一名系主任,但一个系主任可以同时兼几个系的系主任;
③ 一个学生可以选修多门功课,每门课程可被若干学生选修;
④ 每个学生学习每门课程有一个成绩。

在此关系模式中填入一部分具体的数据,则可得到 SDC 关系模式的实例,即一个"学生-课程"数据库表,如图 4.1 所示。

SNO	SN	AGE	DEPT	MN	CNO	SCORE
S1	赵红	20	计算机	张文斌	C1	90
S1	赵红	20	计算机	张文斌	C2	85
S2	王小明	17	外语	刘伟华	C5	57
S2	王小明	17	外语	刘伟华	C6	80
S2	王小明	17	外语	刘伟华	C7	
S2	王小明	17	外语	刘伟华	C4	70
S3	吴小林	19	信息	刘伟华	C1	75
S3	吴小林	19	信息	刘伟华	C2	70
S3	吴小林	19	信息	刘伟华	C4	85
S4	张涛	22	自动化	钟志强	C1	93

图 4.1 关系表 SDC

根据上述语义规定并分析以上关系中的数据可以看出,(SNO,CNO)属性的组合能唯一标识一个元组(每行中 SNO 与 CNO 的组合均是不同的),所以(SNO,CNO)是该关系模式的主关系键(即主键,又名主码等)。但在进行数据库的操作时,会出现以下几方面的问题。

① 数据冗余。每个系名和系主任的名字存储的次数等于该系的所有学生每人选修课程门数的累加和,同时学生的姓名、年龄也都要重复存储多次(选几门课就要重复几次),数据的冗余度很大,浪费了存储空间。

② 插入异常。如果某个新系没有招生,尚无学生时,则系名和系主任的信息无法插入数据库中,因为在这个关系模式中,(SNO,CNO)是主键。根据关系的实体完整性约束,主键的值不能为空,而这时没有学生,SNO 和 CNO 均无值,因此不能进行插入操作。另外,实体完整性约束还规定,当某个学生尚未选课,即 CNO 未知,主键的值不能部分为空,同样也不能进行插入操作。

③ 删除异常。当某系学生全部毕业而还没有招生时,要删除全部学生的记录,这时系名、

系主任的信息也随之删除,而现实中这个系依然存在,但在数据库中却无法存在该系信息。另外,如果某个学生不再选修 C1 课程,本应该只删去对 C1 的选修关系,但 C1 是主键的一部分,为保证实体完整性,必须将整个元组一起删掉,这样,有关该学生的其他信息也随之丢失(假设他原只选修一门 C1 课程)。

④ 修改复杂。如果某学生改名,则该学生的所有记录都要逐一修改 SN 的值;又如某系更换系主任,则属于该系的"学生-课程"记录都要修改 MN 的内容,稍有不慎,就有可能漏改某些记录,造成数据的不一致性,破坏数据的完整性。

由于存在以上问题,可以说,SDC 是一个不好的关系模式。之所以产生上述问题,直观地说,是因为关系中"包罗万象",内容太杂了。一个好的关系模式不应该产生如此多的问题。

那么,怎样才能得到一个好的关系模式呢?现在把关系模式 SDC 分解为学生关系 S(SNO,SN,AGE,DEPT)、系关系 D(DEPT,MN)和选课关系 SC(SNO,CNO,SCORE)3 个结构简单的关系模式,针对图 4.1 的 SDC 表内容,分解后的三表内容如图 4.2 所示。

S

SNO	SN	AGE	DEPT
S1	赵红	20	计算机
S2	王小明	17	外语
S3	吴小林	19	信息
S4	张涛	22	自动化

D

DEPT	MN
计算机	张文斌
外语	刘伟华
信息	刘伟华
自动化	钟志强

SC

SNO	CNO	SCORE
S1	C1	90
S1	C2	85
S2	C5	57
S2	C6	80
S2	C7	
S2	C4	70
S3	C1	75
S3	C2	70
S3	C4	85
S4	C1	93

图 4.2 关系 SDC 经分解后的三关系 S、D 与 SC

在这 3 个关系中,实现了信息的某种程度的分离,S 中存储学生基本信息,与所选课程及系主任无关;D 中存储系的有关信息,与学生及课程信息无关;SC 中存储学生选课的信息,而与学生及系的有关信息无关。与 SDC 相比,分解为 3 个关系模式后,数据的冗余度明显降低。当新增一个系时,只要在关系 D 中添加一条记录即可。当某个学生尚未选课时,只要在关系 S 中添加一条学生记录即可,而与选课关系无关,这就避免了插入异常。当一个系的学生全部毕业时,只需在 S 中删除该系的全部学生记录,而不会影响到系的信息,数据冗余很低,也不会引起修改复杂。

经过上述分析,可见分解后的关系模式集是一个好的关系数据库模式。这 3 个关系模式都不会发生插入异常、删除异常的问题,数据冗余也得到了尽可能地控制。

但要注意,一个好的关系模式并不是在任何情况下都是最优的,例如,查询某个学生选修课程名及所在系的系主任时,要通过连接操作来完成(即由图 4.2 中的 3 张表,连接形成图 4.1 中的一张总表),而连接所需要的系统开销非常大,因此,现实中要在规范化设计理论指导下以实际应用系统功能与性能需求的目标出发进行设计。

要设计的关系模式中的各属性是相互依赖的、相互制约的,关系的内容实际上是这些依赖与制约作用的结果,关系模式的好坏也是由这些依赖与制约作用产生的。为此,在关系模式设计时,必须从实际出发,从语义上分析这些属性间的依赖关系,由此来做关系的规范化工作。

一般而言,规范化设计关系模式,是将结构复杂(即依赖与制约关系复杂)的关系分解成结构简单的关系,从而把不好的关系数据库模式转变为较好的关系数据库模式,这就是下一节要讨论的内容——关系的规范化。

4.2 规范化

本节将讨论下述内容:首先讨论一个关系属性间不同的依赖情况,讨论如何根据属性间的依赖情况来判定关系是否具有某些不合适的性质,通常按属性间依赖情况可将关系规范化的程度划分为第一范式、第二范式、第三范式、BC 范式和第四范式等,然后直观地描述如何将具有不合适性质的关系转换为更合适的形式。

4.2.1 函数依赖

1. 函数依赖

定义 4.1 设关系模式 $R(U,F)$,U 是属性全集,F 是 U 上的函数依赖集,X 和 Y 是 U 的子集。如果对于 $R(U)$ 的任意一个可能的关系 r,对于 X 的每一个具体值,Y 都有唯一的具体的值与之对应,则称 X 函数决定 Y,或 Y 函数依赖于 X,记作 $X \rightarrow Y$,称 X 为决定因素,Y 为依赖因素。当 Y 不函数依赖于 X 时,记作 $X \nrightarrow Y$,当 $X \rightarrow Y$ 且 $Y \rightarrow X$ 时,则记作 $X \leftrightarrow Y$。

对于关系模式 SDC:

$U=\{$SNO,SN,AGE,DEPT,MN,CNO,SCORE$\}$

$F=\{$SNO$\rightarrow$SN,SNO$\rightarrow$AGE,SNO$\rightarrow$DEPT,DEPT$\rightarrow$MN,SNO$\rightarrow$MN,(SNO,CNO)$\rightarrow$SCORE$\}$

一个 SNO 有多个 SCORE 的值与之对应,因此 SCORE 不能唯一地确定,即 SCORE 不能函数依赖于 SNO,所以有 SNO$\nrightarrow$SCORE,同样有 CNO$\nrightarrow$SCORE。

但是 SCORE 可以被(SNO,CNO)唯一地确定,所以可表示为(SNO,CNO)$\rightarrow$SCORE。

函数依赖有几点需要说明。

(1) 平凡的函数依赖与非平凡的函数依赖

当属性集 Y 是属性集 X 的子集时,则必然存在着函数依赖 $X \rightarrow Y$,这种类型的函数依赖称为平凡的函数依赖。如果 Y 不是 X 的子集,则称 $X \rightarrow Y$ 为非平凡的函数依赖。若不特别声明,本书讨论的都是非平凡的函数依赖。

(2) 函数依赖与属性间的联系类型有关

① 在一个关系模式中,如果属性 X 与 Y 有 1∶1 联系时,则存在函数依赖 $X \rightarrow Y$,$Y \rightarrow X$,即 $X \leftrightarrow Y$。例如,当学生没有重名时,SNO$\leftrightarrow$SN。

② 如果属性 X 与 Y 有 m∶1 的联系时,则只存在函数依赖 $X \rightarrow Y$。例如,SNO 与 AGE,DEPT 之间均为 m∶1 联系,所以有 SNO$\rightarrow$AGE,SNO$\rightarrow$DEPT。

③ 如果属性 X 与 Y 有 m∶n 的联系时,则 X 与 Y 之间不存在任何函数依赖关系。例如,一个学生(有唯一学号 SNO)可以选修多门课程,一门课程(有唯一课程号 CNO)又可以为多个学生选修,即 SNO 与 CNO 有 m∶n 的选修联系,所以 SNO 与 CNO 之间不存在函数依赖关系。

由于函数依赖与属性之间的联系类型有关,所以在确定属性间的函数依赖时,从分析属性间的联系入手,便可确定属性间的函数依赖。

(3) **函数依赖是语义范畴的概念**

只能根据语义来确定一个函数依赖,而不能按照其形式化定义来证明一个函数依赖是否成立。例如,对于关系模式 S,当学生不存在重名的情况下,可以得到:

$$SN \rightarrow AGE, SN \rightarrow DEPT$$

这种函数依赖关系必须是在规定没有重名的学生条件下才成立,否则就不存在这些函数依赖了。所以函数依赖反映了一种语义完整性约束,是语义的要求。

(4) **函数依赖关系的存在与时间无关**

因为函数依赖是指关系中所有元组应该满足的约束条件,而不是指关系中某个或某些元组所满足的约束条件,当关系中的元组增加、删除或更新后都不能破坏这种函数依赖。因此,必须根据语义来确定属性之间的函数依赖,而不能单凭某一时刻关系中的实际数据值来判断。例如,对于关系模式 S,假设没有给出无重名的学生这种语义规定,则即使当前关系中没有重名的记录,也不能有"SN→AGE,SN→DEPT",因为在后续的对表 S 的操作中,可能马上会增加一个重名的学生,而使这些函数依赖不可能成立,所以函数依赖关系的存在与时间无关,而只与数据之间的语义规定有关。

(5) **函数依赖可以保证关系分解的无损连接性**

设 $R(X,Y,Z)$,X,Y,Z 为不相交的属性集合,如果有 $X \rightarrow Y$,$X \rightarrow Z$,则有 $R(X,Y,Z) = R_1(X,Y) \infty R_2(X,Z)$,其中 $R_1(X,Y)$ 表示关系 R 在属性 (X,Y) 上的投影,即 R 等于两个分别含决定因素 X 的投影关系,即 $R_1(X,Y)$ 与 $R_2(X,Z)$ 在 X 上的自然连接,这样便保证了关系 R 分解后不会丢失原有的信息,这称为关系分解的无损连接性。

例如,对于关系模式 S(SNO,SN,AGE,DEPT),有 SNO→SN,SNO→(AGE,DEPT),则 S(SNO,SN,AGE,DEPT) = S_1(SNO,SN) ∞ S_2(SNO,AGE,DEPT),也就是说,S 的两个投影关系 S_1,S_2 在 SNO 上的自然连接可复原关系模式 S。这一性质非常重要,在后面的关系规范化中要用到。

2. 函数依赖的基本性质

(1) **投影性**

根据平凡的函数依赖的定义可知,一组属性函数决定它的所有可能的子集。例如,在关系 SDC 中,有(SNO,CNO)→SNO 和(SNO,CNO)→CNO。

说明:投影性产生的是平凡的函数依赖,需要时也能使用。

(2) **扩张性**

若 $X \rightarrow Y$ 且 $W \rightarrow Z$,则 $(X,W) \rightarrow (Y,Z)$。例如,SNO→(SN,AGE),DEPT→MN,则有(SNO,DEPT)→(SN,AGE,MN)。

说明:扩张性实现了两函数依赖决定因素与被决定因素分别合并后仍保持决定关系。

(3) **合并性**

若 $X \rightarrow Y$ 且 $X \rightarrow Z$ 则必有 $X \rightarrow (Y,Z)$。例如,在关系 SDC 中,SNO→(SN,AGE),SNO→DEPT,则有 SNO→(SN,AGE,DEPT)。

说明:决定因素相同的两函数依赖,它们的被决定因素合并后,函数依赖关系依然保持。

(4) **分解性**

若 $X \rightarrow (Y,Z)$,则 $X \rightarrow Y$ 且 $X \rightarrow Z$。很显然,分解性为合并性的逆过程。

说明:决定因素能决定全部,当然也能决定全部中的部分。

由合并性和分解性,很容易得到以下事实:

$X \to (A_1, A_2, \cdots, A_n)$成立的充分必要条件是$X \to A_i (i=1,2,\cdots,n)$成立。

3. 完全/部分函数依赖和传递/非传递函数依赖

定义 4.2 设有关系模式$R(U)$,U是属性全集,X和Y是U的子集,$X \to Y$,并且对于X的任何一个真子集X',都有$X' \nrightarrow Y$,则称Y对X完全函数依赖(Full Functional Dependency),记作$X \xrightarrow{f} Y$。如果对X的某个真子集X',有$X' \to Y$,则称Y对X部分函数依赖(Partial Functional Dependency),记作$X \xrightarrow{p} Y$。

例如,在关系模式SDC中,因为SNO$\nrightarrow$SCORE,且CNO$\nrightarrow$SCORE,所以有(SNO,CNO)$\xrightarrow{f}$SCORE,而因为有SNO$\to$AGE,所以有(SNO,CNO)$\xrightarrow{p}$AGE。

由定义4.2可知,只有当决定因素是组合属性时,讨论部分函数依赖才有意义,当决定因素是单属性时,都是完全函数依赖。例如,在关系模式S(SNO,SN,AGE,DEPT)中,决定因素为单属性SNO,有SNO$\to$(SN,AGE,DEPT),它肯定不是部分函数依赖。

定义 4.3 设有关系模式$R(U)$,U是属性全集,X,Y,Z是U的子集,若$X \to Y (Y \nsubseteq X)$,但$Y \nrightarrow X$,又$Y \to Z$,则称Z对X传递函数依赖(Transitive Functional Dependency),记作$X \xrightarrow{t} Z$。

注意:如果有$Y \to X$,则$X \leftrightarrow Y$,这时还称Z对X直接函数依赖,而不是传递函数依赖。

例如,在关系模式SDC中,SNO$\to$DEPT,但DEPT$\nrightarrow$SNO,而DEPT$\to$MN,则有SNO$\xrightarrow{t}$MN。当学生不存在重名的情况下,有SNO$\to$SN,SN$\to$SNO,SNO$\leftrightarrow$SN,SN$\to$DEPT,这时DEPT对SNO是直接函数依赖,而不是传递函数依赖。

综上所述,函数依赖可以有不同的分类,即有如下之分:平凡的函数依赖与非平凡的函数依赖;完全函数依赖与部分函数依赖;传递函数依赖与非传递函数依赖(即直接函数依赖),这些是比较重要的概念,它们将在关系模式的规范化进程中作为准则的主要内容而被使用到。

4.2.2 码

在第2章中已给出有关码的概念,这里用函数依赖的概念来定义码。

定义 4.4 设K为$R(U,F)$中的属性或属性集,若$K \xrightarrow{f} U$,则K为R的**候选码**(或**候选关键字**或**候选键**)(Candidate Key)。若候选码多于一个,则选定其中的一个为**主码**(或称主键,Primary Key)。

包含在任何一个候选码中的属性,称为**主属性**(Prime Attribute);不包含在任何候选码中的属性称为**非主属性**(Nonprime Attribute)或**非码属性**(Non-key Attribute)。在最简单的情况下,单个属性是码;在最极端的情况下,整个属性组U是码,称为**全码**(All-Key)。如在关系模式S(SNO,DEPT,AGE)中SNO是码,而在关系模式SC(SNO,CNO,SCORE)中属性组(SNO,CNO)是码。下面举个全码的例子。

关系模式TCS(T,C,S),属性T表示教师号,C表示课程号,S表示学生号。一个教师可以讲授多门课程,一门课程可有多个教师讲授,同样一个学生可以选听多门课程,一门课程可被多个学生选听。教师T、课程C和学生S之间是三者之间多对多关系,单个属性T,C,S或两个属性组合$(T,C),(T,S),(C,S)$等均不能完全决定整个属性组U,只有$(T,C,S) \to U$,所以这个关系模式的码为(T,C,S),即全码。

那么,已知关系模式 $R(U,F)$,如何来找出 R 的所有候选码呢?

方法 1 定义法——通过候选码的定义来求解

根据定义 4.4,属性集 $K(K\subseteq U)$ 是 $R(U,F)$ 中的属性或属性集,K 为候选码的条件是:① $K \rightarrow U$(或 $K_F^+ = U$);② 对 K 的任一真子集 $K'(K' \subset K)$ 有 $K' \nrightarrow U$(或 $K'^+_F \neq U$),则 K 是关系模式的一个候选码。

说明:K_F^+,K'^+_F 分别为属性集 K,K' 关于函数依赖集 F 的闭包,参见本章定义 4.16 及算法 4.1。

这样,当 U 中属性个数不多时,只要对 U 的全部可能的属性集 $K(K\neq\varnothing$,共有 2^n-1 个,其中 n 为 U 中属性个数),逐个检验以上两个条件,就能找出 $R(U,F)$ 关系模式的全部候选码。

例 4.2 设有关系模式 $R(A,B,C,D)$,函数依赖集 $F=\{D\rightarrow B, B\rightarrow D, AD\rightarrow B, AC\rightarrow D\}$,求 R 的候选码。

解 R 有 4 个属性,为此有 $2^4-1=15$ 个属性组合:$A,B,C,D,AB,AC,AD,BC,BD,CD$,$ABC,ABD,ACD,BCD,ABCD$,经分析有如下各属性的函数依赖情况:

$A \rightarrow A$, $AB \rightarrow ABD$,   **$ABC \rightarrow ABCD$**,   **$ABCD \rightarrow ABCD$**

$B \rightarrow BD$,   **$AC \rightarrow ABCD$**, $ABD \rightarrow ABD$

$C \rightarrow C$, $AD \rightarrow ABD$, $BCD \rightarrow BCD$

$D \rightarrow BD$, $BC \rightarrow BCD$,   **$ACD \rightarrow ABCD$**

      $BD \rightarrow BD$

      $CD \rightarrow BCD$

因为有 $AC \rightarrow ABCD$,而 $A \nrightarrow ABCD$,$C \nrightarrow ABCD$,为此 AC 为候选码;而有 $ABC \rightarrow ABCD$,$ACD \rightarrow ABCD$,$ABCD \rightarrow ABCD$,但决定因素都含 AC,因有 $AC \rightarrow ABCD$,不符合候选码定义,为此 ABC、ACD 和 ABCD 均不是候选码,AC 是唯一候选码。

方法 2 规范求解法

本方法能简明地指导人们找出 R 的所有候选键。步骤如下:

(1) 查看函数依赖集 F 中的每个形如 $X_i \rightarrow Y_i$(**要确认每个函数依赖 $X_i \rightarrow Y_i$ 均为非平凡的完全的函数依赖**)的 $(i=1,2,\cdots,n)$ 函数依赖关系,看哪些属性在所有 $Y_i(i=1,2,\cdots,n)$ 中一次也没有出现过,设没出现过的属性集为 $P(P=U-Y_1-Y_2-\cdots-Y_n)$,设只在 Y_i 中出现的属性为 Q。则当 $P=\varnothing$(空集)时,转步骤(4);当 $P\neq\varnothing$ 时,转步骤(2)。

(2) 根据候选键的定义,候选键中应必含 P(因为没有其他属性能决定 P)。考察 P,若有 $P \xrightarrow{f} U$ 成立,则 P 为候选键,并且候选键只有一个 P(考虑一下为什么呢?),转步骤(5);若 $P \xrightarrow{f} U$ 不成立,则转步骤(3)。

(3) P 可以分别与 $\{U-P-Q\}$ 中的每一个属性合并,形成 $P_1,P_2,\cdots,P_m$。再分别判断 $P_j \xrightarrow{f} U(j=1,2,\cdots,m)$ 是否成立,能成立则找到了一个候选键,没有则放弃。合并一个属性若不能找到或不能找全候选键,可进一步考虑 P 与 $\{U-P-Q\}$ 中的 2 个(或 3 个,4 个,……)属性的所有组合分别进行合并,继续判断分别合并后的各属性组对 U 的完全函数决定情况,如此直到找出 R 的所有候选键为止,最后转步骤(5)(需要提醒的是:如若属性组 K 已有 $K \xrightarrow{f} U$,则完全不必去考察含 K 的其他属性组了,因为显然它们都不可能再是候选键)。

(4) 若 $P=\varnothing$,则可以先考察 $X_i \rightarrow Y_i(i=1,2,\cdots,n)$ 中的单个 X_i,判断是否有 $X_i \xrightarrow{f} U$,

若成立则 X_i 为候选键。剩下不是候选键的 X_i,可以考察它们2个或2个以上的组合,查看这些组合中是否有能完全函数决定 U 的,从而找出其他可能还有的候选键,最后转步骤(5)。

(5) 结束,输出结果。

例 4.3 设关系模式 $R(A,B,C,D,E,F)$,函数依赖集 $F=\{A\to BC, BC\to A, BCD\to EF, E\to C\}$,求 R 的候选码。

解 (1)经确认函数依赖集 F 中每个已都是非平凡的完全的函数依赖,经考察 $P=\{D\}, Q=\{F\}$。

(2) 因为 $D\xrightarrow{f}U$ 不成立,所以要考察 D 与 $U-P-Q=\{ABCE\}$ 中所有单个属性的组合,看是否能完全决定 U,即考察 DA, DB, DC, DE。

(3) 1) 因为 $A\to BC$,所以 DA→BCD　①

因为 BCD→EF,所以 DA→EF　②

显然 DA→A　③

由①②③得 DA→ABCDEF,所以 DA 是候选码。

而显然 DB→DB, DC→DC, DE→DEC,所以 DB、DC 和 DE 均不是候选码。

2) 要考察 D 与 $U-P-Q=\{ABCE\}$ 中除 A 以外所有2个属性的组合,即考察 DBC, DBE, DCE 对属性的确定情况;

对 DBC,因为 BCD→BC, BC→A,所以 BCD→A　①

已知 BCD→EF　②

显然,BCD→BCD　③

由①②③得 BCD→ABCDEF,所以 BCD 是候选码。

对 DBE,因为 BE→E, E→C,所以 BE→C,因为 BE→B,所以 BE→BC,所以 DBE→DBC,因为 BCD→ABCDEF,所以 DBE→ABCDEF,所以 DBE 是候选码。

对 DCE,显然只有 DCE→DCE,所以 DCE 不是候选码。

此时,$U-P-Q=\{ABCE\}$ 要去掉 A,BC 和 BE,已成空集,已没有其他情况要考察。

为此,关系 R 的候选码只有 DA, DBC, DBE。

方法3　属性划分求解法

(1) 优化 F 函数依赖集

对 F 做去掉平凡函数依赖与部分函数依赖的等价处理或求解与 F 等价的最小函数依赖集(说明:最小函数依赖集,参见本章定义 4.18 及定理 4.3)。

(2) 对所有属性进行分类

将 R 的所有属性分为 L, R_i, N, LR 4 类,L, R_i, N, LR 分别代表相应类的属性集。

L 类:仅出现在 F 的函数依赖左部的属性。

R_i 类:仅出现在 F 的函数依赖右部的属性。

N 类:在 F 的函数依赖左右两边都不出现的属性。

LR 类:在 F 的函数依赖左右两边都出现的属性。

(3) 计算候选码

结论:如果 L 非空,则候选码 K 中必含 L。

说明:这是因为设有一属性 $A\in L, K$ 是 R 的任一候选码,如果 A 不包含在 K 中,由候选码的定义则有 $K\to A\in F^+$,这就意味着必存在一个函数依赖 $X\to A, X\subseteq K$ 且 $A\notin X$,则 $X\to A$

与 $A \in L$ 矛盾,所以 A 必定是 K 的一部分,故 L 包含于 K 中。

同理,N 必包含于任一候选码 K 中。

结论:R_i 必不包含于任一候选码 K。

说明:设有一属性 $A \in R_i$,K 是 R 的某一候选码,则必有 $X \to A, X \subseteq U, A \notin X$。假设 A 包含于 K 中,即 $K = AK'$(K' 不含 A 了),设 $U = AU'$。

因为 $K \to U$,所以 $AK' \to AU', K' \to U'$ ①

因为 $K \to X$,即 $AK' \to X$,显然 $K' \to X$(因为 $A \in R_i$),又 $X \to A$,所以 $K' \to A$ ②

由①②得 $K' \to AU'$,即 $K' \to U$,这与 K 为某一候选码相矛盾,所以假设属性 A 包含于 K 不成立,所以 R_i 必不包含于任一候选码 K。

显然,L,N 中的所有属性都是主属性,R_i 类中的所有属性都是非主属性,而 LR 中的属性则可能是主属性也可能是非主属性。

因此,求解候选码的算法可概括如下:

① 令 X 代表 L,N 两类(即 $X = L \cup N$),Y 代表 LR 类(即 $Y = LR$),转②;

② 求属性集闭包 X_F^+,若 X_F^+ 包含了 R 的全部属性,则 X 即为 R 的唯一候选码(请考虑一下为什么?),转⑤,否则,转③;

③ 对 Y 中任一属性 A,求属性集闭包 $(XA)_F^+$,若 $(XA)_F^+$ 包含了 R 的全部属性,则 XA 是候选码(XA 表示 X 中属性与 A 的集合),直到试完所有 Y 中的单个属性,转④;

④ 在 Y 中依次取所有 2 个、3 个、…、m 个属性的组合,m 为 Y 中的属性个数,设属性组合为 P,求 $(XP)_F^+$,若 $(XP)_F^+$ 包含 R 的全部属性,则是候选码,重复此过程,直到所有可能情况都得到判断,则找到了所有候选码,转⑤;

注意:XP 即 $X \cup P$,若 XP 已包含某一已是的候选码,则 XP 肯定不会再是候选码而应忽略。为此,需要考察 XP 的可能情况,往往要远小于 $(2^m - m - 1)$ 种可能的。

⑤ 结束,输出结果。

例 4.4 设题目同例 4.3,求 R 的候选码。

解 (1) 函数依赖集 F 中不存在平凡函数依赖与部分函数依赖,可不处理。

(2) 对所有属性进行分类:$L = D, R_i = F, LR = ABCE, N = \varnothing$。

(3) 计算候选码。

因为 $L \cup N = D, D_F^+ = \{D\} \neq U$,所以可分别考察 DA,DB,DC 和 DE 的闭包。

因为 $(DA)_F^+ = \{DABCEF\} = U, (DB)_F^+ = \{DB\} \neq U, (DC)_F^+ = \{DC\} \neq U, (DE)_F^+ = \{DEC\} \neq U$,所以 DA 是候选码。

下面要考察 LR 除 A 以外所有两个属性的组合,即考察 DBC,DBE 和 DCE 的闭包。

因为 $(DBC)_F^+ = \{DBCAEF\} = U, (DBE)_F^+ = \{DBECAF\} = U, (DCE)_F^+ = \{DCE\} \neq U$,DBC 和 DBE 是候选码,因为 $LR - \{A\} - \{BC\} - \{BE\} = \varnothing$,因此已没有必要考察 3 个属性组合的情况了。

R 的候选码有 DA,DBC 和 DBE。

定义 4.5 关系模式 R 中属性或属性组 X 并非 R 的主码,但 X 是另外一个关系模式 S 的主码,则称 X 是 R 的**外部码**或**外部关系键**(Foreign Key),也称**外码**。

如在 SC(SNO,CNO,SCORE)中,单个 SNO 不是主码,但 SNO 是关系模式 S(SNO,SN,SEX,AGE,DEPT)的主码,则 SNO 是 SC 的外码,类似的 CNO 也是 SC 的外码。

主码与外码提供了一个表示关系间联系的手段,如关系模式 S 与 SC 的联系就是通过

SNO这个既在S中是主码又在SC中是外码的属性来体现的。

4.2.3 范式

规范化的基本思想是消除关系模式中的数据冗余,消除数据依赖中的不合适的部分,解决数据插入、删除与修改时发生的异常现象,这就要求关系数据库设计出来的关系模式要满足一定的条件。关系数据库的规范化过程中,为不同程度的规范化要求设立的不同标准或准则称为范式(Normal Form)。满足最低要求的称为第一范式,简称1NF。在第一范式中满足进一步要求的为第二范式(2NF),其余依次类推。R为第几范式就可以写成$R \in xNF$(x表示某范式名)。

从范式来讲,主要是由E.F.Codd先开始的。从1971年起,Codd相继提出了关系的三级规范化形式,即第一范式、第二范式和第三范式(3NF)。1974年,Codd和Boyce共同提出了一个新的范式概念,即Boyce-Codd范式,简称BCNF。1976年,Fagin提出了第四范式(4NF),后来又有人定义了第五范式(5NF)。至此在关系数据库规范中建立了一系列范式: 1NF,2NF,3NF,BCNF,4NF和5NF。

当把某范式看成满足该范式的所有关系模式的集合时,各个范式之间的集合关系可以表示为 $5NF \subset 4NF \subset BCNF \subset 3NF \subset 2NF \subset 1NF$,如图4.3所示。

图4.3 各范式之间的关系

一个低一级范式的关系模式通过模式分解可以转换为若干高一级范式的关系模式的集合,这种过程就叫规范化。

4.2.4 第一范式

第一范式(First Normal Form)是最基本的规范化形式,即关系中每个属性都是不可再分的简单项。

定义4.6 如果关系模式R所有的属性均为简单属性,即每个属性都是不可再分的,则称R属于第一范式,记作$R \in 1NF$。

在关系数据库系统中只讨论规范化的关系,凡是非规范化的关系模式必须转换成规范化的关系,在非规范化的关系中去掉组合项就能转换成规范化的关系。每个规范化的关系都是属于 1NF,下面是关系模式规范化为 1NF 的一个例子。

例 4.5 职工号、姓名和电话号码(一个人可能有一个办公室电话和一个家里电话号码)组成一个表,把它规范成为 1NF 的关系模式,有几种方法?

答:经粗略分析,应有如下 4 种方法:

① 重复存储职工号和姓名,这样关键字只能是职工号与电话号码的组合,关系模式为:职工(<u>职工号</u>,姓名,<u>电话号码</u>);

② 职工号为关键字,电话号码分为单位电话和住宅电话两个属性,关系模式为:职工(<u>职工号</u>,姓名,单位电话,住宅电话);

③ 职工号为关键字,但强制每个职工只能有一个电话号码,关系模式为:职工(<u>职工号</u>,姓名,电话号码);

④ 分析设计成两个关系,关系模式分别为:职工(<u>职工号</u>,姓名),职工电话(<u>职工号</u>,<u>电话号码</u>),两关系的关键字分别是职工号,职工号与电话号码的组合。

以上 4 种方法读者可分析其优劣,可按实际情况选用。

4.2.5 第二范式

1. 第二范式的定义

定义 4.7 如果关系模式 $R \in 1NF$,$R(U,F)$ 中的所有非主属性都完全函数依赖于任意一个候选关键字,则称关系 R 是属于第二范式(Second Normal Form),记作 $R \in 2NF$。

从定义可知,满足第二范式的关系模式 R 中,不可能有某非主属性对某候选关键字存在部分函数依赖。下面分析 4.1.2 节中给出的关系模式 SDC。

在关系模式 SDC 中,它的关系键是(SNO,CNO),函数依赖关系有:

$$(SNO,CNO) \xrightarrow{f} SCORE$$

$$SNO \xrightarrow{f} SN, (SNO,CNO) \xrightarrow{p} SN$$

$$SNO \xrightarrow{f} AGE, (SNO,CNO) \xrightarrow{p} AGE$$

$$SNO \xrightarrow{f} DEPT, (SNO,CNO) \xrightarrow{p} DEPT, DEPT \rightarrow MN$$

$$SNO \xrightarrow{f} MN, (SNO,CNO) \xrightarrow{p} MN$$

可以用函数依赖图表示以上函数依赖关系,如图 4.4 所示。

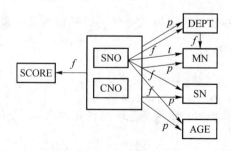

图 4.4 SDC 中函数依赖图

显然,SNO,CNO 为主属性,SN,AGE,DEPT,MN 为非主属性,因为存在非主属性如 SN

对关系键(SNO,CNO)是部分函数依赖的,所有根据定义可知 SDC∉2NF。

由此可见,在 SDC 中,既存在完全函数依赖,又存在部分函数依赖和传递函数依赖,这种情况往往在数据库中是不允许的,也正是由于关系中存在着复杂的函数依赖,才导致数据操作中出现了数据冗余、插入异常、删除异常和修改复杂等问题。

2. 2NF 的规范化

2NF 规范化是指把 1NF 关系模式通过投影分解,消除非主属性对候选关键字的部分函数依赖,转换成 2NF 关系模式的集合的过程。

分解时遵循的原则是"一事一地",让一个关系只描述一个实体或实体间的联系,如果多于一个实体或联系,则进行投影分解。

根据"一事一地"原则,可以将关系模式 SDC 分解成两个关系模式:
① SD(SNO,SN,AGE,DEPT,MN),描述学生实体;
② SC(SNO,CNO,SCORE),描述学生与课程的联系。

对于分解后的关系模式 SD 的候选关键字为 SNO,关系模式 SC 的候选关键字为(SNO,CNO),非主属性对候选关键字均是完全函数依赖的,这样就消除了非主属性对候选关键字的部分函数依赖。即 SD∈2NF,SC∈2NF,它们之间通过 SC 中的外键 SNO 相联系,需要时再进行自然连接,能恢复成原来的关系,这种分解不会丢失任何信息,具有无损连接性。

分解后的函数依赖图分别如图 4.5 和图 4.6 所示。

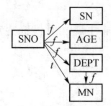

图 4.5 SD 中的函数依赖关系图

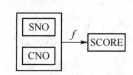

图 4.6 SC 中的函数依赖关系

注意:如果 R 的候选关键字均为单属性,或 R 的全体属性均为主属性,则 $R\in 2NF$。

例如,在讲述全码的概念时给出的关系模式 $TCS(T,C,S)$,(T,C,S) 3 个属性的组合才是其唯一的候选关键字,即关系键,T,C,S 均是主属性,不存在非主属性,所以也不可能存在非主属性对候选关键字的部分函数依赖,因此 $TCS\in 2NF$。

4.2.6 第三范式

1. 第三范式的定义

定义 4.8 如果关系模式 $R\in 2NF$,$R(U,F)$ 中所有非主属性对任何候选关键字都不存在传递函数依赖,则称 R 属于第三范式(Third Normal Form),记作 $R\in 3NF$。

第三范式具有如下性质。

(1) 如果 $R\in 3NF$,则 R 也是 2NF。

证明:采用反证法。设 $R\in 3NF$,但 $R\notin 2NF$,则根据判定 2NF 的定义知,必有非主属性 $A_i(A_i\in U,U$ 是 R 的所有属性集),候选关键字 K 和 K 的真子集 K'(即 $K'\subset K$)存在,使得有 $K'\rightarrow A_i$。由于 A_i 是非主属性,所以 $A_i-K\ne\varnothing$(空),$A_i-K'\ne\varnothing$。由于 $K'\subset K$,所以 $K-K'\ne\varnothing$,并可以断定 $K'\nrightarrow K$。这样有 $K\rightarrow K'$ 且 $K'\nrightarrow K$,$K'\rightarrow A_i$,且 $A_i-K\ne\varnothing$,$A_i-K'\ne\varnothing$,即

有非主属性 A_j 传递函数依赖于候选键 K（若认为有 $K'\subset K$，因而不满足传递函数依赖的定义，则可以在 K' 上合并一个 A_j，设 A_j 亦为非主属性，此时仍有 $K\to K'A_j$，且显然 $K'A_j\not\subseteq K$，$K'A_j\not\to K$，$K'A_j\to A_j$，可见仍有非主属性 A_j 传递函数依赖于候选键 K），所以 $R\notin 3NF$，与题设 $R\in 3NF$ 相矛盾，从而命题得证。

（2）如果 $R\in 2NF$，则 R 不一定是 3NF。

例如，前面讲的关系模式 SDC 分解为 SD 和 SC，其中 SC 是 3NF，但 SD 就不是 3NF，因为 SD 中存在非主属性对候选关键字的传递函数依赖：SNO → DEPT，DEPT → MN，即 SNO $\xrightarrow{t}$ MN。

2NF 的关系模式解决了 1NF 中存在的一些问题，但 2NF 的关系模式 SD 在进行数据操作时，仍然存在下面一些问题：

① 数据冗余，如果每个系名和系主任的名字存储的次数等于该系学生的人数；

② 插入异常，当一个新系没有招生时，有关该系的信息便无法插入；

③ 删除异常，如果某系学生全部毕业而没有招生，那么删除全部学生的记录也将随之删除该系的有关信息；

④ 修改复杂，如果更换系主任，则仍需要改动较多的学生记录。

之所以存在这些问题，是因为在 SD 中存在着非主属性对候选关键字的传递函数依赖，消除这种依赖就转换成了 3NF。

2. 3NF 的规范化

3NF 规范化是指把 2NF 关系模式通过投影分解，消除非主属性对候选关键字的传递函数依赖，而转换成 3NF 关系模式集合的过程。

3NF 规范化同样遵循"一事一地"原则。继续将只属于 2NF 的关系模式 SD 规范为 3NF。根据"一事一地"原则，关系模式 SD 可分解为

① S(SNO,SN,AGE,DEPT)，描述学生实体；

② D(DEPT,MN)，描述系的实体。

分解后 S 和 D 的主键分别为 SNO 和 DEPT，不存在传递函数依赖，所以 $S\in 3NF$，$D\in 3NF$。S 和 D 的函数依赖分别如图 4.7 和图 4.8 所示。

图 4.7 S 中的函数依赖关系图　　图 4.8 D 中的函数依赖关系图

由以上两图可以看出，关系模式 SD 由 2NF 分解为 3NF 后，函数依赖关系变得更加简单，既没有非主属性对码的部分依赖，也没有非主属性对码的传递依赖，解决了 2NF 中存在的 4 个问题，因此，分解后的关系模式 S 和 D 具有以下特点。

① 数据冗余度降低了。如系主任的名字存储的次数与该系的学生人数无关，只在关系 D 中存储一次。

② 不存在插入异常。如当一个新系没有学生时，该系的信息可以直接插入关系 D 中，而与学生关系 S 无关。

③ 不存在删除异常。如当要删除某系的全部学生而仍然保留该系的有关信息时，可以只

删除学生关系 S 中的相关记录,而不影响系关系 D 中的数据。

④ 不存在修改复杂。如更换系主任时,只需修改关系 D 中一个相应元组的 MN 属性值,因此不会出现数据的不一致现象。

SDC 规范化到 3NF 后,所存在的异常现象已经全部消失,但是 3NF 只限制了非主属性对码的依赖关系,而没有限制主属性对码的依赖关系。如果发生了这种依赖,仍有可能存在数据冗余、插入异常、删除异常和修改复杂的问题,这时则需对 3NF 进一步规范化,消除主属性对码的依赖关系,向更高一级的范式 BCNF 转换。

4.2.7 BC 范式

1. BC 范式的定义

定义 4.9 如果关系模式 $R \in 1NF$,且所有的函数依赖 $X \rightarrow Y$(Y 不包含于 X,即 $Y \nsubseteq X$),决定因素 X 都包含了 R 的一个候选码,则称 R 属于 BC 范式(Boyce-Codd Normal Form),记作 $R \in BCNF$。

由 BCNF 的定义可以得到以下结论,一个满足 BCNF 的关系模式有:

① 所有非主属性对每一个候选码都是完全函数依赖;
② 所有的主属性对每一个不包含它的候选码都是完全函数依赖;
③ 没有任何属性完全函数依赖于非码的任何一组属性。

由于 $R \in BCNF$,按定义排除了任何属性对候选码的传递依赖与部分依赖,所以 $R \in 3NF$,证明留给读者完成。但若 $R \in 3NF$,则 R 未必属于 BCNF,下面举例说明。

例 4.6 设有关系模式 SCS(SNO,SN,CNO,SCORE),其中 SNO 代表学号,SN 代表学生姓名,并假设不重名,CNO 代表课程号,SCORE 代表成绩。可以判定,SCS 有两个候选键(SNO,CNO)和(SN,CNO),其函数依赖如下:

$$SNO \leftrightarrow SN \quad (SNO,CNO) \rightarrow SCORE \quad (SN,CNO) \rightarrow SCORE$$

唯一的非主属性 SCORE 对键不存在部分函数依赖,也不存在传递函数依赖,所以 $SCS \in 3NF$。但是,因为 $SNO \leftrightarrow SN$,即决定因素 SNO 或 SN 不包含候选键,从另一个角度说,存在着主属性对键的部分函数依赖:$(SNO,CNO) \xrightarrow{P} SN$,$(SN,CNO) \xrightarrow{P} SNO$,所以 SCS 不是 BCNF。正是存在着这种主属性对键的部分函数依赖关系,导致关系 SCS 中存在着较大的数据冗余,学生姓名的存储次数等于该生所选的课程数,从而会引起修改复杂。例如,当要更改某个学生的姓名时,必须搜索出该姓名的每个学生记录,并对其姓名逐一修改,这样容易造成数据不一致的问题。解决这一问题的办法仍然是通过投影分解提高范式的等级,将其规范到 BCNF。

2. BCNF 规范化

BCNF 规范化是指把 3NF 的关系模式通过投影分解转换成 BCNF 关系模式的集合。

下面以 3NF 的关系模式 SCS 为例来说明 BCNF 规范化的过程。

例 4.7 将 SCS(SNO,SN,CNO,SCORE)规范到 BCNF。

SCS 产生数据冗余的原因是因为在这个关系中存在两个实体,一个为学生实体,属性有 SNO 和 SN;另一个为选课实体,属性有 SNO、CNO 和 SCORE。根据分解的"一事一地"概念单一化原则,可以将 SCS 分解成如下两个关系:

① S(SNO,SN),描述学生实体;
② SC(SNO,CNO,SCORE),描述学生与课程的联系。

对于 S,有两个候选码 SNO 和 SN;对于 SC,主码为(SNO,CNO)。在这两个关系中,无论主属性还是非主属性都不存在对码的部分函数依赖和传递依赖,$S\in$ BCNF,SC$\in$ BCNF。分解后,S 和 SC 的函数依赖分别如图 4.9 和图 4.10 所示。

图 4.9 S 中的函数依赖关系图　　　　图 4.10 SC 中的函数依赖关系图

关系 SCS 转换成两个属于 BCNF 的关系模式后,数据冗余度明显降低。学生的姓名只在关系 S 中存储一次,学生要改名时,只需改动一条学生记录中相应的 SN 值即可,因此不会发生修改复杂。

下面再举一个有关 BCNF 规范化的实例。

例 4.8 设有关系模式 STK(S,T,K),S 表示学生学号,T 表示教师号,K 表示课程号,语义假设是,每一位教师只讲授一门课程,每门课程由多个教师讲授,某一学生选定某门课程,就对应一个确定的教师。

根据语义假设,STK 的函数依赖是 $(S,K)\xrightarrow{f}T$,$(S,T)\xrightarrow{p}K$,$T\xrightarrow{f}K$。

函数依赖图如图 4.11 所示。

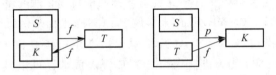

图 4.11 STK 中的函数依赖关系

这里,很容易判定(S,K)和(S,T)都是候选码。

STK 是 3NF,因为没有任何非主属性对码的传递依赖或部分依赖(因为 STK 中没有非主属性)。但 STK 不是 BCNF 关系,因为有 $T\rightarrow K$,T 是决定因素,而 T 不包含候选码。

对于不是 BCNF 的关系模式,仍然存在不合适的地方,读者可自己举例指出 STK 的不合适之处。非 BCNF 的关系模式 STK 可分解为 ST(S,T) 和 TK(T,K),它们都是 BCNF。

3NF 和 BCNF 是在函数依赖的条件下对模式分解所能达到的分离程度的测度。一个模式中的关系模式如果都属于 BCNF,那么在函数依赖范畴内,它已实现了彻底的分离,已消除了插入异常和删除异常。3NF 的"不彻底"性表现在可能存在主属性对候选码的部分依赖或传递依赖。

4.2.8 多值依赖与 4NF

前面所介绍的规范化都是建立在函数依赖的基础上,函数依赖表示的是关系模式中属性间的一对一或一对多的联系,但它并不能表示属性间多对多的关系,因而某些关系模式虽然已经规范到 BCNF,但仍然存在一些弊端,本节主要讨论属性间的多对多的联系,即多值依赖问题,以及在多值依赖范畴内定义的第四范式。

1. 多值依赖

(1) 多值依赖的定义

一个关系属于 BCNF 范式,是否就已经很完美了呢?为此,先看一个例子。

例 4.9 假设学校中一门课程可由多名教师教授,教学中教师使用相同的一套参考书,这样可用如图 4.12 的非规范化的关系来表示课程 C、教师 T 和参考书 R 间的关系。

课程 C	教师 T	参考书 R
数据库系统概论	萨师煊 王珊	数据库原理与应用 数据库系统 SQL Server 2005
计算数学	张平 周峰	数学分析 微分方程

图 4.12 非规范关系 CTR

如果把图 4.12 的关系 CTR 转换成规范化的关系,如图 4.13 所示。

课程 C	教师 T	参考书 R
数据库系统概论	萨师煊	数据库原理与应用
数据库系统概论	萨师煊	数据库系统
数据库系统概论	萨师煊	SQL Server 2005
数据库系统概论	王珊	数据库原理与应用
数据库系统概论	王珊	数据库系统
数据库系统概论	王珊	SQL Server 2005
计算数学	张平	数学分析
计算数学	张平	微分方程
计算数学	周峰	数学分析
计算数学	周峰	微分方程

图 4.13 规范后的关系 CTR

由此可以看出,规范后的关系模式 CTR 只有唯一的函数依赖 $(C,T,R) \rightarrow U$ (U 即关系模式 CTR 的所有属性的集合),其主码显然是 (C,T,R),即全码,因而 CTR 关系属于 BCNF 范式。但是进一步分析可以看出,CTR 还存在着如下弊端。

① 数据冗余大。课程、教师和参考书都被多次存储。

② 插入异常。若增加一名教授"计算数学"的教师"李静"时,由于这个教师也使用相同的一套参考书,所以需要添加两个元组,即(计算数学,李静,数学分析)和(计算数学,李静,微分方程)。

③ 删除异常。若要删除某一门课的一本参考书,则与该参考书有关的元组都要被删除,如删除"数据库系统概论"课程的一本参考书《数据库系统》,则需要删除(数据库系统概论,萨师煊,数据库系统)和(数据库系统概论,王珊,数据库系统)两个元组。

产生以上弊端的原因主要有以下两方面:

① 对于关系 CTR 中的 C 的一个具体值来说,有多个 T 值与其相对应,同样,C 与 R 间也存在着类似的联系;

② 对于关系 CTR 中的一个确定的 C 值,与其所对应的一组 T 值与 R 值无关,如与"数据

库系统概论"课程对应的一组教师与此课程的参考书毫无关系,或者说不管参考书情况如何,"数据库系统概论"课程总是要对应这一组教师的。

从以上两个方面可以看出,C 与 T 间的联系显然不是函数依赖,在此称之为多值依赖(Multivalued Dependency,MVD)。

定义 4.10 设有关系模式 $R(U)$,U 是属性全集,X,Y 和 Z 是属性集 U 的子集,且 $Z=U-X-Y$,如果对于 R 的任一关系,对于 X 的一个确定值,存在 Y 的一组值与之对应,且 Y 的这组值仅仅决定于 X 的值而与 Z 值无关,此时称 Y 多值依赖于 X,或 X 多值决定 Y,记作 $X \rightarrow\rightarrow Y$。在多值依赖中,若 $X \rightarrow\rightarrow Y$ 且 $Z=U-X-Y \neq \varnothing$,则称 $X \rightarrow\rightarrow Y$ 是非平凡的多值依赖,否则称为平凡的多值依赖。

如在关系模式 CTR 中,对于某一 C,R 属性值组合(数据库系统概论,数据库系统)来说,有一组 T 值{萨师煊,王珊},这组值仅仅决定于课程 C 上的值(数据库系统概论)。也就是说,对于另一个 C,R 属性值组合(数据库系统概论,SQL Server 2005),它对应的一组 T 值仍是{萨师煊,王珊},尽管这时参考书 R 的值已经改变了,因此 T 多值依赖于 C,即 $C \rightarrow\rightarrow T$。

下面是多值依赖的另一形式化定义:设有关系模式 $R(U)$,U 是属性全集,X,Y 和 Z 是属性集 U 的子集,且 $Z=U-X-Y$,r 是关系模式 R 的任一关系,t 和 s 是 r 的任意两个元组,如果 $t[X]=s[X]$,r 中必有另两个元组 u,v 存在,使得:① $s[X]=t[X]=u[X]=v[X]$,② $u[Y]=t[Y]$ 且 $u[Z]=s[Z]$,③ $v[Y]=s[Y]$ 且 $v[Z]=t[Z]$,则称 X 多值决定 Y 或 Y 多值依赖于 X。

(2) 多值依赖与函数依赖的区别

① 在关系模式 R 中,函数依赖 $X \rightarrow Y$ 的有效性仅仅决定于 X,Y 这两个属性集,不涉及第三个属性集,而在多值依赖中,$X \rightarrow\rightarrow Y$ 在属性集 $U(U=X+Y+Z)$ 上是否成立,不仅要检查属性集 X,Y 上的值,而且要检查属性集 U 的其余属性 Z 上的值。因此,如果 $X \rightarrow\rightarrow Y$ 在属性集 $W(W \subset U)$ 上成立,但 $X \rightarrow\rightarrow Y$ 在属性集 U 上不一定成立。所以,多值依赖的有效性与属性集的范围有关。

如果在 $R(U)$ 上有 $X \rightarrow\rightarrow Y$,在属性集 $W(W \subset U)$ 上也成立,则称 $X \rightarrow\rightarrow Y$ 为 $R(U)$ 的嵌入型多值依赖。

② 如果在关系模式 R 上存在函数依赖 $X \rightarrow Y$,则任何 Y' 包含于 Y 均有 $X \rightarrow Y'$ 成立,而多值依赖 $X \rightarrow\rightarrow Y$ 在 R 上成立,但不能断言对于任何包含于 Y 的 Y',有 $X \rightarrow\rightarrow Y'$ 成立。

③ 多值依赖的性质。

a. 多值依赖具有对称性,即若 $X \rightarrow\rightarrow Y$,则 $X \rightarrow\rightarrow Z$,其中 $Z=U-X-Y$。

b. 多值依赖具有传递性,即若 $X \rightarrow\rightarrow Y$,$Y \rightarrow\rightarrow Z$,则 $X \rightarrow\rightarrow Z-Y$。

c. 函数依赖可看作是多值依赖的特殊情况,即若 $X \rightarrow Y$,则 $X \rightarrow\rightarrow Y$。

d. 多值依赖合并性,即若 $X \rightarrow\rightarrow Y$,$X \rightarrow\rightarrow Z$,则 $X \rightarrow\rightarrow YZ$。

e. 多值依赖分解性,即若 $X \rightarrow\rightarrow Y$,$X \rightarrow\rightarrow Z$,则 $X \rightarrow\rightarrow (Y \cap Z)$,$X \rightarrow\rightarrow Y-Z$,$X \rightarrow\rightarrow Z-Y$ 均成立。这说明,如果两个相交的属性子集均多值依赖于另一个属性子集,则这两个属性子集因相交而分割成的三部分也都多值依赖于该属性子集。

2. 第四范式(4NF)

(1) 第四范式(4NF)的定义

在 4.2.8 节中分析了关系 CTR 虽然属于 BCNF,但还存在着数据冗余、插入异常和删除异常的弊端,究其原因就是 CTR 中存在非平凡的多值依赖,而决定因素不是码。因而必须将 CTR 继续分解,如果分解成两个关系模式 $CTR_1(C,T)$ 和 $CTR_2(C,R)$,则它们的冗余度会明显下降。从多值依赖的定义分析 CTR_1 和 CTR_2，它们的属性间各有一个多值依赖 $C\twoheadrightarrow T$ 和 $C\twoheadrightarrow R$，都是平凡的多值依赖。因此，在含有多值依赖的关系模式中，减少数据冗余和操作异常的常用方法是将关系模式分解为仅有平凡的多值依赖的关系模式。

定义 4.11 设有一关系模式 $R(U)$，U 是其属性全集，X、Y 是 U 的子集，D 是 R 上的数据依赖集。如果对于任一多值依赖 $X\twoheadrightarrow Y$，此多值依赖是平凡的，或者 X 包含了 R 的一个候选码，则称关系模式 R 是第四范式的，记作 $R\in 4NF$ 的。

由此定义可知：关系模式 CTR 分解后产生的 $CTR_1(C,T)$ 和 $CTR_2(C,R)$ 中，因为 $C\twoheadrightarrow T$ 和 $C\twoheadrightarrow R$ 均是平凡的多值依赖，所以 CTR_1 和 CTR_2 都是 4NF 的。

经过上面分析可以得知：一个 BCNF 的关系模式不一定是 4NF，而 4NF 的关系模式必定是 BCNF 的关系模式，即 4NF 是 BCNF 的推广，4NF 范式的定义涵盖了 BCNF 范式的定义。

(2) 4NF 的分解

把一个关系模式分解为 4NF 的方法与分解为 BCNF 的方法类似，就是把一个关系模式利用投影的方法消去非平凡且非函数依赖的多值依赖，并具有无损连接性。

例 4.10 设有关系模式 $R(A,B,C,E,F,G)$，数据依赖集 $D=\{A\twoheadrightarrow BGC, B\to AC, C\to G\}$，将 R 分解为 4NF。

解 利用 $A\twoheadrightarrow BGC$，可将 R 分解为 $R_1(\{ABCG\},\{A\twoheadrightarrow BGC, B\to AC, C\to G\})$ 和 $R_2(\{AEF\},\{A\twoheadrightarrow EF\})$，其中 R_2 无函数依赖又只有平凡的多值依赖，其已是 4NF 的关系模式，而 R_1 根据 4NF 的定义还不是 4NF 的关系模式。

再利用 $B\to AC$ 对 R_1 再分解为 $R_{11}(\{ABC\},\{B\to AC\})$ 和 $R_{12}(\{BG\},\{B\to G\})$，显然 R_{11}，R_{12} 都是 4NF 的关系模式了。

由此对 R 分解得到的 3 个关系模式 $R_{11}(\{ABC\},\{B\to AC\})$、$R_{12}(\{BG\},\{B\to G\})$ 和 $R_2(\{AEF\},\{A\twoheadrightarrow EF\})$，它们都属于 4NF，但此分解丢失了函数依赖 $\{C\to G\}$。若后面一次分解利用函数依赖 $C\to G$ 来做，则由此得到 R 的另一分解的 3 个关系模式 $R_{11}(\{ABC\},\{B\to AC\})$，$R_{12}(\{CG\},\{C\to G\})$ 和 $R_2(\{AEF\},\{A\twoheadrightarrow EF\})$，它们同样都是属于 4NF 的关系模式，且保持了所有的数据依赖（说明：$A\twoheadrightarrow BGC$ 的多值依赖保持在 R_{11} 与 R_{12} 连接后的关系中）。这说明，4NF 的分解结果不是唯一的，结果与选择数据依赖的次序有关。任何一个关系模式都可无损分解成一组等价的 4NF 关系模式，但这种分解不一定具有依赖保持性。

函数依赖和多值依赖是两种最重要的数据依赖。如果只考虑函数依赖，则属于 BCNF 的关系模式的规范化程度已经是最高了。如果考虑多值依赖，则属于 4NF 的关系模式规范化程度是最高的。事实上，数据依赖中除了函数依赖和多值依赖之外，还有其他的数据依赖如连接依赖。函数依赖是多值依赖的一种特殊情况，而多值依赖实际上又是连接依赖的一种特殊情况。但连接依赖不像函数依赖和多值依赖那样可由语义直接导出，而是在关系的连接运算时才反映出来。存在连接依赖的关系模式仍可能遇到数据冗余及插入、修改、删除异常的问题。如果消除了属于 4NF 的关系中存在的连接依赖，则可以进一步达到 5NF 的关系模式。下面简单地讨论连接依赖和 5NF 这方面的内容。

4.2.9 连接依赖与 5NF*

(1) 连接依赖的定义

定义 4.12 设有关系模式 $R(U), R_1(U_1), R_2(U_2), \cdots, R_n(U_n)$，且 $U=U_1\cup U_2\cup\cdots\cup U_n$，$\{R_1,\cdots,R_n\}$ 是 R 的一个分解，r 为 R 的一个任意的关系实例，若 $r=\Pi_{R_1}(r)\bowtie\Pi_{R_2}(r)\bowtie\cdots\bowtie\Pi_{R_n}(r)$（$\Pi_{R_i}(r)$ 表示 r 在 $R_i(U_i)$ 上的投影，即 $\Pi_{U_i}(r), i=1,2,\cdots,n$），则称 R 满足连接依赖

(Join Dependency,JD),记作$\infty(R_1,\cdots,R_n)$。

(2) 平凡连接依赖和非平凡连接依赖

设关系模式 R 满足连接依赖,记$\infty(R_1,\cdots,R_n)$,若存在 $R_i \in \{R_1,R_2,\cdots,R_n\}$,有 $R=R_i$,则称该连接依赖为平凡的连接依赖,否则称为非平凡连接依赖。

(3) 第五范式(5NF)

定义 4.13 设有关系模式 $R(U),R_1(U_1),R_2(U_2),\cdots,R_n(U_n)$,且 $U=U_1 \cup U_2 \cup \cdots \cup U_n$,D 是 R 上的函数依赖、多值依赖和连接依赖的集合。若对于 D^+(称为 D 的闭包,是 D 所蕴含的函数依赖、多值依赖和连接依赖的全体,可参阅 4.3 节中的相关概念)中的每个非平凡连接依赖$\infty(R_1,\cdots,R_n)$,其中的每个 R_i 都包含 R 的一个候选键,则称 R 属于第五范式,记作 $R \in 5NF$。

举例:设关系模式 SPJ($\{S,P,J\}$)的属性分别表示供应商、零件和项目,SPJ 表示三者间的供应关系。如果规定模式 SPJ 的关系是 3 个二元投影(SP($\{S,P\}$)、PJ($\{P,J\}$)、JS($\{J,S\}$))的连接,而不是其中任何两个的连接。例如,设关系中有$<S_1,P_1,J_2>$、$<S_1,P_2,J_1>$两个元组,则 SPJ 满足投影分解为 SP,PJ,SJ 后,SPJ 一定是 SP,PJ,SJ 的连接,那么模式 SPJ 中存在着一个连接依赖∞(SP,PJ,JS)。

在模式 SPJ 存在这个连接依赖时,其关系将存在冗余和异常现象。元组在插入或删除时就会出现各种异常,如插入一元组必须连带插入另一元组,而删除一元组时必须连带删除另外元组等,因为只有这样才能不违反模式 SPJ 存在的连接依赖。

例如,在上面 SPJ 中有两个元组的情况下,再插入元组$<S_2,P_1,J_1>$,读者会发现,有 3 个元组的 SPJ,分解后的 3 个二元关系 SP,PJ,SJ 连接后产生的 SPJ 不等于分解前的 SPJ,而是多了一个元组$<S_1,P_1,J_1>$,这就表明,根据语义的约束(或为了保证 SPJ 中连接依赖的存在),在插入$<S_2,P_1,J_1>$时,必须同时插入$<S_1,P_1,J_1>$。读者还可以验证,在 SPJ 中有以上 4 个元组后,再删除$<S_2,P_1,J_1>$或$<S_1,P_1,J_1>$时,也有需要连带删除其余某些元组的现象。这就是 SPJ 中存在非平凡连接依赖后存在操作异常的现象。

关系 SPJ,其有一个连接依赖∞(SP,PJ,JS)是非平凡的连接依赖,显然不满足 5NF 定义要求,它达不到 5NF。应该把 SPJ 分解成 SP($\{S,P\}$),PJ($\{P,J\}$),JS($\{J,S\}$)3 个模式,这样这个分解是无损分解,并且每个模式都是 5NF,各模式已清除了冗余和异常操作现象。

连接依赖也是现实世界属性间联系的一种抽象,是语义的体现,但它不像 FD 和 MVD 的语义那么直观,要判断一个模式是否是 5NF 往往也比较困难。可以证明,5NF 模式也一定是 4NF 的模式。根据 5NF 的定义,可以得出一个模式总是可以无损分解成 5NF 的模式集。

4.2.10 规范化小结

在这一章,首先由关系模式表现出的异常问题引出了函数依赖的概念,其中包括完全/部分函数依赖和传递/直接函数依赖之分,这些概念是规范化理论的依据和规范化程度的准则。规范化就是对原关系进行投影,消除决定属性不是候选码的任何函数依赖。一个关系只要其分量都是不可分的数据项,就可称为规范化的关系,也称为 1NF。消除 1NF 关系中非主属性对码的部分函数依赖,得到 2NF;消除 2NF 关系中非主属性对码的传递函数依赖,得到 3NF;消除 3NF 关系中主属性对码的部分函数依赖和传递函数依赖,便可得到一组 BCNF 关系。规范化目的是使结构更合理,消除异常,使数据冗余尽量小,便于插入、删除和修改。遵从概念单一化"一事一地"原则,即一个关系模式描述一个实体或实体间的一种联系。规范的实质就是概念的单一化,方法是将关系模式投影分解成两个或两个以上的关系模式。要求分解后的关系模式集合应当与原关系模式"等价",即经过自然连接可以恢复原关系而不丢失信息,并保持属性间合理的联系。注意:一个关系模式的不同分解可以得到不同关系模式集合,也就是说分解方法不是唯一的。最小冗余必须以分解后的数据库能够表达原来数据库所有信息为前提来实现,其根本目标是节省存储空间,避免数据不一致性,提高对关系的操作效率,同时满足应用需求。实际上,并不一定要求全部模式都达到 BCNF,有时故意保留部分冗余可能更便于数据查询,尤其对于那些更新频度不高,但查询频度极高的数据库系统更是如此。

4.3 数据依赖的公理系统*

数据依赖的公理系统是模式分解算法的理论基础,下面先讨论函数依赖的一个有效而完备的公理系统——Armstrong 公理系统。

定义 4.14 对于满足一组函数依赖 F 的关系模式 $R(U,F)$,其任何一个关系 r,若函数依赖 $X \to Y$ 都成立(即 r 中任意两元组 t,s,若 $t[X]=s[X]$,则 $t[Y]=s[Y]$),则称 F **逻辑蕴涵 $X \to Y$**。

为了求得给定关系模式的码,为了从一组函数依赖求得蕴涵的函数依赖,例如,已知函数依赖集 F,要问 $X \to Y$ 是否为 F 所蕴涵,就需要一套推理规则,这组推理规则是1974年首先由 Armstrong 提出来的。

Armstrong 公理系统 设 U 为属性集总体,F 是 U 上的一组函数依赖,于是有关系模式 $R(U,F)$,对 $R(U,F)$ 来说有以下的推理规则。

- **A1 自反律**(Reflexivity):若 $Y \subseteq X \subseteq U$,则 $X \to Y$ 为 F 所蕴涵。
- **A2 增广律**(Augmentation):若 $X \to Y$ 为 F 所蕴涵,且 $Z \subseteq U$,则 $XZ \to YZ$ 为 F 所蕴涵。
- **A3 传递律**(Transitivity):若 $X \to Y$ 及 $Y \to Z$ 为 F 所蕴涵,则 $X \to Z$ 为 F 所蕴涵。

注意:由自反律所得到的函数依赖均是平凡的函数依赖,自反律的使用并不依赖于 F。

定理 4.1 Armstrong 推理规则是正确的。

下面从定义出发证明推理规则的正确性。

证:

① $Y \subseteq X \subseteq U$。

对 $R(U,F)$ 的任一关系 r 中的任意两个元组 t 和 s:

若 $t[X]=s[X]$,由于 $Y \subseteq X$,有 $t[Y]=s[Y]$,所以 $X \to Y$ 成立,自反律得证。

② $X \to Y$ 为 F 所蕴涵,且 $Z \subseteq U$。

设 $R(U,F)$ 的任一关系 r 中的任意两个元组 t 和 s:

若 $t[XZ]=s[XZ]$,则有 $t[X]=s[X]$ 和 $t[Z]=s[Z]$;

由 $X \to Y$,于是有 $t[Y]=s[Y]$,所以 $t[YZ]=s[YZ]$,所以 $XZ \to YZ$ 为 F 所蕴涵,增广律得证。

③ 设 $X \to Y$ 及 $Y \to Z$ 为 F 所蕴涵。

设 $R(U,F)$ 的任一关系 r 中的任意两个元组 t 和 s:

若 $t[X]=s[X]$,由 $X \to Y$,有 $t[Y]=s[Y]$;

再由 $Y \to Z$,有 $t[Z]=s[Z]$,所以 $X \to Z$ 为 F 所蕴涵,传递律得证。

根据 A1,A2,A3 这 3 条推理规则可以得到下面很有用的推理规则。
- **合并规则**：由 $X \to Y, X \to Z, X \to YZ$。
- **伪传递规则**：由 $X \to Y, WY \to Z$，有 $XW \to Z$。
- **分解规则**：由 $X \to Y$ 及 $Z \subseteq Y$，有 $X \to Z$。

根据合并规则和分解规则，很容易得到这样一个重要事实。

引理 4.1 $X \to A_1 A_2 \cdots A_k$ 成立的充分必要条件是 $X \to A_i$ 成立 $(i=1,2,\cdots,k)$。

定义 4.15 在关系模式 $R(U,F)$ 中为 F 所蕴涵的函数依赖的全体称为 F 的闭包，记为 F^+。

人们把自反律、增广律和传递律称为 Armstrong 公理系统。Armstrong 公理系统是有效的、完备的。Armstrong 公理的有效性指的是由 F 出发根据 Armstrong 公理推导出来的每一个函数依赖一定在 F^+ 中；完备性指的是 F^+ 中的每一个函数依赖必定可以由 F 出发根据 Armstrong 公理推导出来。

要证明完备性，就首先要解决如何判定一个函数依赖是否属于由 F 根据 Armstrong 公理推导出来的函数依赖集合。当然，如果能求出这个集合，问题就解决了。但不幸的是，这是个 NP 完全问题。例如，从 $F=\{X \to A_1, \cdots, X \to A_n\}$ 出发，至少可以推导出 2^n 个不同的函数依赖，为此引出了下面的概念。

定义 4.16 设 F 为属性集 U 上的一组函数依赖，X 包含于 U，$X_F^+=\{A|X \to A$ 能由 F 根据 Armstrong 公理导出$\}$，X_F^+ 称为**属性集 X 关于函数依赖集 F 的闭包**。

由引理 4.1 容易得出以下内容。

引理 4.2 设 F 为属性集 U 上的一组函数依赖，X 和 Y 包含于 U，$X \to Y$ 能由 F 根据 Armstrong 公理导出的充分必要条件是 Y 包含于 X_F^+。

于是，判定 $X \to Y$ 是否能由 F 根据 Armstrong 公理推导出的问题就转换为求出 X_F^+ 的子集的问题，这个问题可由算法 4.1 解决。

算法 4.1 求属性集 $X(X \subseteq U)$ 关于 U 上的函数依赖集 F 的闭包 X_F^+。

输入：X,F

输出：X_F^+

步骤：

(1) 令 $X^{(0)}=X, i=0$；

(2) 求 B，这里 $B=\{A|(\exists V)(\exists W)(V \to W \in F \land V \subseteq X^{(i)} \land A \in W)\}$；

(3) $X^{(i+1)}=B \cup X^{(i)}$；

(4) 判断 $X^{(i+1)}$ 与 $X^{(i)}$ 是否相等；

(5) 若相等或 $X^{(i+1)}=U$，则 $X^{(i+1)}$ 就是 X_F^+，算法终止；

(6) 若否，则 $i=i+1$，返回第(2)步。

例 4.11 已知关系模式 $R(U,F)$，其中 $U=\{A,B,C,D,E\}$，$F=\{AB \to C, B \to D, C \to E, EC \to B, AC \to B\}$，求 $(AB)_F^+$。

解 由算法 4.1，设 $X^{(0)}=AB$，计算 $X^{(1)}$。逐一扫描 F 集合中各个函数依赖，找左部为 A, B 或 AB 的函数依赖，得到 $AB \to C$ 和 $B \to D$，于是 $X^{(1)}=AB \cup CD=ABCD$。

因为 $X^{(0)} \neq X^{(1)}$，所以再找出左部为 ABCD 子集的那些函数依赖，又得到 $C \to E$ 和 $AC \to B$，于是 $X^{(2)}=X^{(1)} \cup BE=ABCDE$。

因为 $X^{(2)}$ 已等于全部属性的集合，所以 $(AB)_F^+=ABCDE$。

定理 4.2　Armstrong 公理系统是有效的、完备的。

Armstrong 公理系统的有效性可由定理 4.1 证明得到,这里给出完备性的证明。

证明完备性的逆否命题,即若函数依赖 $X \to Y$ 不能由 F 从 Armstrong 公理导出,那么它必然不为 F 所蕴涵,它的证明分 3 步。

① 若 $V \to W$ 成立,且 $V \subseteq X_F^+$,则 $W \subseteq X_F^+$。

证:因为 $V \subseteq X_F^+$,所以有 $X \to V$ 成立,于是 $X \to W$ 成立(因为 $X \to V, V \to W$),所以 $W \subseteq X_F^+$。

② 构造一张二维表 r,它由下列两个元组构成,可以证明 r 必是 $R(U,F)$ 的一个关系,即 F 中的全部函数依赖在 r 上成立。

X_F^+	$U - X_F^+$
11…1	00…0
11…1	11…1

若 r 不是 $R(U,F)$ 的关系,则必由于 F 中有函数依赖 $V \to W$ 在 r 上不成立所致。由 r 的构成可知,V 必定是 X_F^+ 的子集,而 W 不是 X_F^+ 的子集,与第(1)步中的 $W \subseteq X_F^+$ 矛盾,所以 r 必是 $R(U,F)$ 的一个关系。

③ 若 $X \to Y$ 不能由 F 从 Armstrong 公理导出,则 Y 不是 X_F^+ 的子集,因此必有 Y 的子集 Y' 满足 $Y' \subseteq U - X_F^+$,则 $X \to Y$ 在 r 中不成立,即 $X \to Y$ 必不为 $R(U,F)$ 蕴涵。

Armstrong 公理的完备性及有效性说明了"导出"与"蕴涵"是两个完全等价的概念。于是 F^+ 也可以说成是由 F 发出借助 Armstrong 公理导出的函数依赖集合。

从蕴涵(或导出)的概念出发,又引出了两个函数依赖集等价和最小依赖集的概念。

定义 4.17　如果 $G^+ = F^+$,就说函数依赖集 F 覆盖 G(F 是 G 的覆盖,或 G 是 F 的覆盖)或 F 与 G 等价。

引理 4.3　$F^+ = G^+$ 的充分必要条件是 $F \subseteq G^+$ 和 $G \subseteq F^+$。

证:必要性显然,只证充分性。

① 若 $F \subseteq G^+$,则 $X_F^+ \subseteq X_{G^+}^+$。

② 任取 $X \to Y \in F^+$,则有 $Y \subseteq X_F^+ \subseteq X_{G^+}^+$。

所以 $X \to Y \in (G^+)^+ = G^+$,即 $F^+ \subseteq G^+$。

③ 同理可证 $G^+ \subseteq F^+$,所以 $F^+ = G^+$。

而要判定 $F \subseteq G^+$,只需逐一对 F 中的函数依赖 $X \to Y$,考察 Y 是否属于 $X_{G^+}^+$ 就行了,因此引理 4.3 给出了判定两个函数依赖集等价的可行算法。

定义 4.18　如果函数依赖集 F 满足下列条件,则称 F 为一个极小函数依赖集,亦称为最小函数依赖集或最小覆盖。

① F 中任一函数依赖的右部仅含有一个属性。

② F 中不存在这样的函数依赖 $X \to A$,X 有真子集 Z 使得 $F - \{X \to A\} \cup \{Z \to A\}$ 与 F 等价。

③ F 中不存在这样的函数依赖 $X \to A$,使得 F 与 $F - \{X \to A\}$ 等价。

定理 4.3　每一个函数依赖集 F 均等价一个极小函数依赖集 F_m,此 F_m 称为 F 的最小函数依赖集。

证:这是个构造性的证明,分 3 步对 F 进行"极小化处理",找出 F 的一个最小函数依赖集来。

① 逐一检查 F 中各函数依赖 $FD_i: X \to Y$,若 $Y=A_1A_2\cdots A_k, k \geqslant 2$,则用 $\{X \to A_j | j=1,2, \cdots, k\}$ 来取代 $X \to Y$。

② 逐一取出 F 中各函数依赖 $FD_i: X \to A$,设 $X=B_1B_2\cdots B_m$,逐一考察 $B_i(i=1,2,\cdots,m)$,若 $A \in (X-B_i)_F^+$,则以 $X-B_i$ 取代 X(因为 F 与 $F-\{X \to A\} \cup \{Z \to A\}$ 等价的充要条件是 $A \in Z_F^+$,其中 $Z=X-B_i$)。

③ 逐一检查 F 中各函数依赖 $FD_i: X \to A$,令 $G=F-\{X \to A\}$,若 $A \in X_G^+$,则从 F 中去掉此函数依赖(因为 F 与 G 等价的充要条件是 $A \in X_G^+$)。

最后剩下的 F 就一定是极小函数依赖集,并且与原来的 F 等价,因为对 F 的每一次"改造"都保证了改造前后的两个函数依赖集等价。这些证明很显然,请读者自己补上。

例 4.12 $R(U,F)$ 中,$U=\{A,B,C,D,E,G\}$,$F=\{ABD \to AC, C \to BE, AD \to BG, B \to E\}$ 求最小函数依赖集。

解 (1) 将 F 中的所有函数依赖的右属性拆成单个属性。

例如,$ABD \to AC$ 拆分成 $ABD \to A$ 和 $ABD \to C$,$C \to BE$ 拆分成 $C \to B$ 和 $C \to E$,$AD \to BG$ 拆分成 $AD \to B$ 和 $AD \to G$。

拆分后 $F=\{ABD \to A, ABD \to C, C \to B, C \to E, AD \to B, AD \to G, B \to E\}$。

$ABD \to A$ 为平凡的函数依赖,可以先去掉,得:
$$F=\{ABD \to C, C \to B, C \to E, AD \to B, AD \to G, B \to E\}$$

(2) 检查每一个函数依赖的左属性(是否有冗余?)。

① 检查 $ABD \to C$:先考虑去掉 A,即 $BD \to C$,$(BD)_F^+=\{B,D,E\}$,不包含 C,因此不能去掉 A;再考虑去掉 D,即 $AB \to C$,$(AB)_F^+=\{A,B,E\}$,不包含 C,因此不能去掉 D;最后考虑去掉 B,即 $AD \to C$,$(AD)_F^+=\{A,D,B,G,E,C\}$,包含 C,因此可去掉 B。得:
$$F=\{AD \to C, C \to B, C \to E, AD \to B, AD \to G, B \to E\}$$

② 检查 $AD \to C$:先考虑去掉 A,即 $D \to C$,$(D)_F^+=\{D\}$,不包含 C,因此不能去掉 A;再考虑去掉 D,即 $A \to C$,$(A)_F^+=\{A\}$,不包含 C,因此不能去掉 D。

③ 同理,检查 $AD \to B, AD \to G$,均不能再简化函数依赖的左属性。

(3) 检查每一个函数依赖是否冗余。

对 $F=\{AD \to C, C \to B, C \to E, AD \to B, AD \to G, B \to E\}$ 中的每个函数依赖,做如下处理。

① 检查 $AD \to C$:设去掉 $AD \to C$ 后,令 $G=\{C \to B, C \to E, AD \to B, AD \to G, B \to E\}$,$(AD)_G^+=\{A,D,B,G,E\}$,不包含 C,因此不能去掉 $AD \to C$。

② 检查 $C \to B$:设去掉 $C \to B$ 后,令 $G=\{AD \to C, C \to E, AD \to B, AD \to G, B \to E\}$,$(C)_G^+=\{C,E\}$,不包含 B,因此不能去掉 $C \to B$。

③ 检查 $C \to E$:设去掉 $C \to E$ 后,令 $G=\{AD \to C, C \to B, AD \to B, AD \to G, B \to E\}$,$(C)_G^+=\{C,B,E\}$,包含 E,因此可以去掉 $C \to E$,得:
$$F=\{AD \to C, C \to B, AD \to B, AD \to G, B \to E\}$$

④ 检查 $AD \to B$:设去掉 $AD \to B$ 后,令 $G=\{AD \to C, C \to B, AD \to G, B \to E\}$,$(AD)_G^+=\{A,D,C,B,G,E\}$,包含 B,因此可以去掉 $AD \to B$,得:
$$F=\{AD \to C, C \to B, AD \to G, B \to E\}$$

⑤ 检查 $AD \to G$:设去掉 $AD \to G$ 后,令 $G=\{AD \to C, C \to B, B \to E\}$,$(AD)_G^+=\{A,D,C,B,E\}$,不包含 G,因此不能去掉 $AD \to G$。

⑥ 检查 $B \rightarrow E$:设去掉 $B \rightarrow E$ 后,令 $G=\{$ $AD \rightarrow C, C \rightarrow B, AD \rightarrow G\}$,$(B)_G^+ = \{B\}$,不包含 E,因此不能去掉 $B \rightarrow E$。

经过以上3步最终可得最小函数依赖集 $F=\{$ $AD \rightarrow C, C \rightarrow B, AD \rightarrow G, B \rightarrow E\}$。

应当指出,F 的最小函数依赖集 F_m 不一定是唯一的,它与对各函数依赖 FD_i 及 $X \rightarrow A$ 中 X 各属性的处置顺序有关。

例如,$F=\{A \rightarrow B, B \rightarrow A, B \rightarrow C, A \rightarrow C, C \rightarrow A\}$,$F_{m1}=\{A \rightarrow B, B \rightarrow C, C \rightarrow A\}$,$F_{m2}=\{A \rightarrow B, B \rightarrow A, A \rightarrow C, C \rightarrow A\}$。

这里能给出 F 的两个最小函数依赖集 F_{m1} 和 F_{m2}。

若改造后的 F 与原来的 F 相同,则说明 F 本身就是一个最小函数依赖集,因此定理 4.3 的证明给出的最小化过程也可以看成检查 F 是否为极小函数依赖集的一个算法。

两个关系模式 $R_1(U,F)$ 和 $R_2(U,G)$,如果 F 与 G 等价,那么 R_1 的关系一定是 R_2 的关系,反过来,R_2 的关系也一定是 R_1 的关系,所以在 $R(U,F)$ 中用与 F 等价的函数依赖集 G 取代 F 是允许的。

4.4 关系分解保持性*

关系模式的规范化就是要通过对模式进行分解,将一个属于低级范式的关系模式转换成若干属于高级范式的关系模式,从而解决或部分解决插入异常、删除异常、修改复杂、数据冗余等问题。

本节具体内容详见二维码。

4.4 关系分解保持性

4.5 小　　结

本章讨论如何设计关系模式问题。关系模式设计有好与坏之分,其设计好坏与数据冗余度和各种数据异常问题直接相关。

本章在函数依赖、多值依赖的范畴内讨论了关系模式的规范化,在整个讨论过程中,只采用了两种关系运算——投影和自然连接。

关系模式在分解时应保持"等价",有数据等价和语义等价两种,分别用无损分解和保持依赖两个特征来衡量。前者能保持泛关系(假设分解前存在一个单一的关系模式,而非一组关系模式,在这样假设下的关系称为泛关系)在投影联接以后仍能恢复回来,而后者能保证数据在投影或联接中其语义不会发生变化。

范式是衡量关系模式优劣的标准,范式表达了模式中数据依赖应满足的要求。要强调的是,规范化理论主要为数据库设计提供了理论的指南和参考,实际应用时并不是关系模式规范化程度越高,该关系模式就越好,而是必须结合应用环境和现实世界的具体情况合理地选择数据库模式的范式等级。

本章最后还简介了模式分解相关的理论基础——数据依赖的公理系统。

习 题

一、选择题

1. 关系模式中数据依赖问题的存在,可能会导致库中数据插入异常,这是指(   )。
   A. 插入了不该插入的数据　　　　B. 数据插入后导致数据库处于不一致状态
   C. 该插入的数据不能实现插入　　D. 以上都不对

2. 若属性 X 函数依赖于属性 Y 时,则属性 X 与属性 Y 之间具有(   )的联系。
   A. 一对一　　B. 一对多　　C. 多对一　　D. 多对多

3. 关系模式中的候选键(   )。
   A. 有且仅有一个　　　　　　B. 必然有多个
   C. 可以有一或多个　　　　　D. 以上都不对

4. 规范化的关系模式中,所有属性都必须是(   )。
   A. 相互关联的　　B. 互不相关的　　C. 不可分解的　　D. 长度可变的

5. 设关系模式 $R\{A,B,C,D,E\}$,其函数依赖集 $F=\{AB \to C, DC \to E, D \to B\}$,则可导出的函数依赖是(   )。
   A. $AD \to E$　　B. $BC \to E$　　C. $DC \to AB$　　D. $DB \to A$

6. 设关系模式 R 属于第一范式,若在 R 中消除了部分函数依赖,则 R 至少属于(   )。
   A. 第一范式　　B. 第二范式　　C. 第三范式　　D. 第四范式

7. 若关系模式 R 中的属性都是主属性,则 R 至少属于(   )。
   A. 第三范式　　B. BC范式　　C. 第四范式　　D. 第五范式

8. 下列关于函数依赖的叙述中,(   )是不正确的。
   A. 由 $X \to Y, X \to Z$,有 $X \to YZ$　　B. 由 $XY \to Z$,有 $X \to Z$ 或 $Y \to Z$
   C. 由 $X \to Y, WY \to Z$,有 $XW \to Z$　　D. 由 $X \to Y$ 及 $Z \subseteq Y$,有 $X \to Z$

9. 在关系模式 $R(A,B,C)$ 中,有函数依赖集 $F=\{AB \to C, BC \to A\}$,则 R 最高达到(   )。
   A. 第一范式　　B. 第二范式　　C. 第三范式　　D. BC范式

10. 设有关系模式 $R(A,B,C)$,其函数依赖集 $F=\{A \to B, B \to C\}$,则 R 最高达到(   )。
    A. 第一范式　　B. 第二范式　　C. 第三范式　　D. BC范式

二、填空题

1. 数据依赖主要包括_____依赖、_____依赖和连接依赖。

2. 一个不好的关系模式会存在数据冗余、_____、_____和_____等弊端。

3. 设 $X \to Y$ 为 R 上的一个函数依赖,若_____,则称 Y 完全函数依赖于 X。

4. 设关系模式 R 上有函数依赖 $X \to Y$ 和 $Y \to Z$ 成立,若_____且_____,则称 Z 传递函数依赖于 X。

5. 设关系模式 R 的属性集为 U,K 为 U 的子集,若_____,则称 K 为 R 的候选键。

6. 包含 R 中全部属性的候选键称_____,不在任何候选键中的属性称_____。

7. Armstrong 公理系统是_____的和_____的。

8. 第三范式是基于_____依赖的范式,第四范式是基于_____依赖的范式。

9. 关系数据库中的关系模式至少应属于_____范式。

10. 规范化过程是通过投影分解,把_____的关系模式"分解"为_____的关系模式。

三、简答题

简答题见二维码。

第 4 章 简答题

第5章 数据库设计

本章要点

数据库设计的目标就是根据特定的用户需求及一定的计算机软硬件环境,设计并优化数据库的逻辑结构和物理结构,建立高效、安全的数据库,为数据库应用系统的开发和运行提供良好的平台。

数据库技术是研究如何对数据进行统一,有效地组织和管理以及加工处理的计算机技术,该技术已应用于社会的方方面面,大到一个国家的信息中心,小到个体私人小企业,都会利用数据库技术对数据进行有效地管理,达到提高生产效率和决策水平。目前,一个国家的数据库建设规模(指数据库的个数、种类)、数据库信息量的大小和使用频度已成为衡量这个国家信息化程度的重要标志之一。

本章详细地介绍了设计一个数据库应用系统需经历的6个阶段,即需求分析、概念结构设计、逻辑结构设计、物理结构设计、数据库实施、数据库运行和维护,其中概念结构设计和逻辑结构设计是本章的重点,也是掌握本章的难点。

5.1 数据库设计概述

思政 5.1

5.1.1 数据库设计的任务、内容和特点

1. 数据库设计的任务

数据库设计是指根据用户需求研制数据库结构并应用数据库的过程。具体地说,**数据库设计**是指对于给定的应用环境,构造最优的数据库模式,建立数据库及其应用系统,使之能有效地存储数据,满足用户的信息要求和处理要求,也就是根据各种应用处理的要求,将现实世界中的数据加以合理组织,使之能满足硬件和操作系统的特性,利用已有的 DBMS 来建立能够实现系统目标的数据库。数据库设计的优劣将直接影响信息系统的质量和运行效果,因此,设计一个结构优化的数据库是对数据进行有效管理的前提和正确利用信息的保证。

2. 数据库设计的内容

数据库设计内容包括数据库的结构设计和数据库的行为设计两个方面。

数据库的结构设计是指根据给定的应用环境,进行数据库的模式设计或子模式的设计。它包括数据库的概念结构设计、逻辑结构设计和物理结构设计,即设计数据库框架或数据库结构。数据库结构是静态的、稳定的,一经形成后通常情况下是不容易也不需要经常改变的,所以结构设计又称为静态模式设计。

数据库的行为设计是指数据库用户的行为和动作。在数据库系统中,用户的行为和动作指用户对数据库的操作,这些要通过应用程序来实现,所以数据库的行为设计就是操作数据库的应用程序的设计,即设计应用程序、事务处理等,所以行为设计是动态的,行为设计又称为动态模式设计。

3. 数据库设计的特点

数据库设计既是一项涉及多学科的综合性技术,又是一项庞大的软件工程项目,具有如下特点:

① 数据库建设是硬件、软件和干件(技术和管理的界面)的结合;

② 数据库设计应该与应用系统设计相结合,也就是说要把结构设计和行为设计密切结合起来是一种"反复探寻、逐步求精的过程",首先从数据模型开始设计,以数据模型为核心进行展开,将数据库设计和应用设计相结合,建立一个完整、独立、共享、冗余小和安全有效的数据库系统。

早期的数据库设计致力于数据模型和建模方法的研究,着重于应用中数据结构特性的设计,而忽视了对数据行为的设计。结构特性设计是指数据库总体概念的设计,所设计的数据库应具有最小数据冗余,能反映不同用户需求,能实现数据充分共享。行为特性是指数据库用户的业务活动,通过应用程序去实现,用户通过应用程序访问和操作数据库,用户的行为是和数据库紧密相关的。显然,数据库结构设计和行为设计两者必须相互参照进行。

5.1.2 数据库设计方法简述

由于数据库设计是一项工程技术,需要科学理论和工程方法作为指导,否则,工程的质量很难保证。为了使数据库设计更合理、更有效,人们努力探索,提出了各种各样的数据库设计方法,在很长一段时间内数据库设计主要采用直观设计法。**直观设计法**也称手工试凑法,它是最早使用的数据库设计方法,这种方法与设计人员的经验和水平有直接的关系,缺乏科学理论和工程原则的支持,设计的质量很难保证,常常是数据库运行了一段时间以后又发现了各种问题,这样再进行修改,增加了维护的代价,因此不适应信息管理发展的需要。后来又提出了各种数据库设计方法,这些方法运用了软件工程的思想和方法,提出了数据库设计的规范,这些方法都属于规范设计方法,其中比较著名的有新奥尔良(New Orleans)法,它是目前公认的比较完整和权威的一种规范设计法。该法将数据库设计分为 4 个阶段:需求分析(分析用户的需求)、概念结构设计(信息分析和定义)、逻辑结构设计(设计的实现)和物理结构设计(物理数据库设计)。其后,S. B. Yao 等又将数据库设计分为 5 个步骤。目前大多数设计方法都起源于新奥尔良法,并在设计的每个阶段采用一些辅助方法来具体实现,下面简单介绍几种比较有影响力的设计方法。

1. 基于 E-R 模型的数据库设计方法

基于 E-R 模型的数据库设计方法的基本思想是在需求分析的基础上,用 E-R 图构造一个反映现实世界实体与实体之间联系的企业模式,然后再将此企业模式转换成基于某一特定的 DBMS 的概念模式。

E-R 方法的基本步骤是:① 确定实体类型;② 确定实体联系;③ 画出 E-R 图;④ 确定属性;⑤ 将 E-R 图转换成某个 DBMS 可接受的逻辑数据模型;⑥ 设计记录格式。

2. 基于 3NF 的数据库设计方法

基于 3NF 的数据库设计方法的基本思想是在需求分析的基础上确定数据库模式中的全

部属性与属性之间的依赖关系,将它们组织在一个单一的关系模式中,然后再将其投影分解,消除其中不符合 3NF 的约束条件,把其规范成若干 3NF 关系模式的集合。

3. 计算机辅助数据库设计方法

计算机辅助数据库设计是数据库设计趋向自动化的一个重要方面,其设计的基本思想不是把人从数据库设计中赶走,而是提供一个交互式过程。一方面充分利用计算机速度快、容量大和自动化程度高的特点,完成比较规则的、重复性大的设计工作;另一方面又充分利用设计者的技术和经验,做出一些重大的决策,人机结合,互相渗透,帮助设计者更好地进行数据库设计。常见的辅助设计工具有 ORACLE Designer、Sybase PowerDesigner 和 Microsoft Office Visio 等。

计算机辅助数据库设计主要分为需求分析、概念结构设计、逻辑结构设计和物理结构设计几个步骤。设计中,哪些可在计算机辅助下进行和能否实现全自动化设计是计算机辅助数据库设计需要研究的课题。

当然,除介绍的几种方法以外还有基于视图的数据库设计方法,基于视图的数据库设计方法是先从分析各个应用的数据着手,其基本思想是为每个应用建立自己的视图,然后再把这些视图汇总起来合并成整个数据库的概念模式,这里就不再详细介绍。

5.1.3 数据库设计的步骤

按照规范化的设计方法以及数据库应用系统开发过程,数据库的设计过程可分为以下 6 个设计阶段(如图 5.1 所示):需求分析、概念结构设计、逻辑结构设计、物理结构设计、数据库实施、数据库运行和维护。

思政 5.1.3

数据库设计中,前两个阶段是面向用户的应用要求,面向具体的问题,中间两个阶段是面向 DBMS,最后两个阶段是面向具体的实现方法。前 4 个阶段可统称为"分析和设计阶段",后面两个阶段可统称为"实现和运行阶段"。

数据库设计之前,首先必须选择参加设计的人员,包括系统分析人员、数据库设计人员和程序员、用户和数据库管理员。系统分析人员和数据库设计人员是数据库设计的核心人员,他们将自始至终参加数据库的设计,他们的水平决定了数据库系统的质量。用户和数据库管理员在数据库设计中也是举足轻重的人物,他们主要参加需求分析、数据库运行和维护,他们的参与程度不仅是影响数据库设计速度的重要因素,而且也是决定数据库设计是否成功的重要因素。程序员是在系统实施阶段参与进来的,分别负责编制程序和准备软硬件环境。

如果所设计的数据库应用系统比较复杂,还应该考虑是否需要使用数据库设计工具和 CASE 工具,以提高数据库设计的质量并减少设计工作量。

以下是数据库设计 6 个步骤的具体内容。

1. 需求分析阶段

需求分析是指准确了解和分析用户的需求,这是最困难、最费时、最复杂的一步,但也是最重要的一步,它决定了以后各步设计的速度和质量。需求分析做得不好,可能会导致整个数据库设计返工重做。

2. 概念结构设计阶段

概念结构设计是指对用户的需求进行综合、归纳与抽象,形成一个独立于具体 DBMS 的概念模型,此阶段是整个数据库设计的关键。

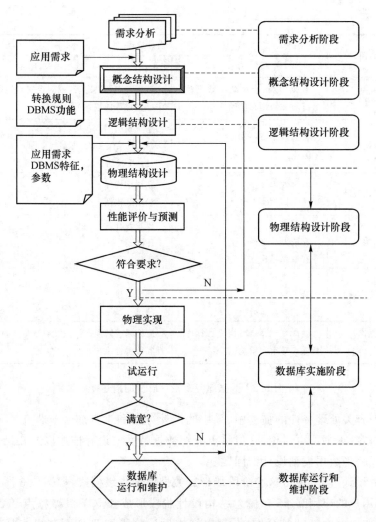

图 5.1 数据库设计步骤

3. 逻辑结构设计阶段

逻辑结构设计是指将概念模型转换成某个 DBMS 所支持的数据模型,并对其进行优化。

4. 物理结构设计阶段

物理结构设计是指为逻辑数据模型选取一个最适合应用环境的物理结构(包括存储结构和存取方法)。

5. 数据库实施阶段

数据库实施是指建立数据库,编制与调试应用程序,组织数据入库,并进行试运行。

6. 数据库运行和维护阶段

数据库运行和维护是指对数据库系统实际运行使用,并实时进行评价、调整与修改。

可以看出,设计一个数据库不可能一蹴而就,它往往是上述各个阶段的不断反复。以上 6 个阶段是从数据库应用系统设计和开发的全过程来考察数据库设计的问题,因此,它既是数据库也是应用系统的设计过程。在设计过程中,努力使数据库设计和系统其他部分的设计紧密结合,把数据和处理的需求收集、分析和抽象,设计和实现在各个阶段同时进行、相互参照和补充,以完善数据和处理两个方面的设计。按照这个原则,数据库各个阶段的设计可用图 5.2 来描述。

设计各阶段	设计描述	
	数 据	处 理
需求分析	数据字典,全系统中数据项、数据流和数据存储的描述	数据流图和判定表(或判定树)、数据字典中处理过程的描述
概念结构设计	概念模型(E-R图) 数据字典	系统说明书。包括: (1) 新系统要求、方案和概图 (2) 反映新系统信息的数据流图
逻辑结构设计	某种数据模型 关系模型	系统结构图 模块结构图
物理结构设计	存储安排 存取方法选择 存取路径建立	模块设计 IPO 表
数据库实施	编写模式 装入数据 数据库试运行	程序编码 编译连接 测试
数据库运行与维护	性能测试、转储/恢复数据库、数据库重组和重构	新旧系统转换、运行和维护(修正性、适应性和改善性维护)

图 5.2 数据库各个设计阶段的描述

在图 5.2 中有关处理特性的描述中,采用的设计方法和工具属于软件工程和管理信息系统等课程中的内容,本书不再讨论,这里重点介绍数据特性的设计描述以及在结构特性中参照处理特性设计以完善数据模型设计的问题。

按照这样的设计过程,经历这些阶段能形成数据库的各级模式,如图 5.3 所示。需求分析阶段,综合各个用户的应用需求;在概念结构设计阶段形成独立于机器特点和各个 DBMS 产品的概念模型,在本书中就是 E-R 图;在逻辑结构设计阶段将 E-R 图转换成具体的数据库产品支持的数据模型,如关系模型中的关系模式,然后根据用户处理要求的和安全性完整性要求等,在基本表的基础上再建立必要的视图(可认为是外模式或子模式);在物理结构设计阶段,

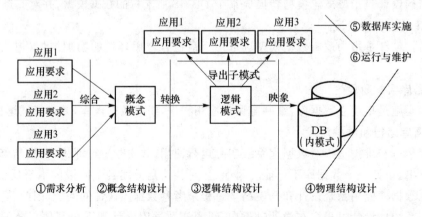

图 5.3 数据库设计过程与数据库各级模式

根据 DBMS 特点和处理性能等需要,进行物理结构设计(如存储安排、建立索引等),形成数据

库内模式;数据库实施阶段,开发设计人员基于外模式进行系统功能模块的编码与调试;设计成功的话就进入系统的运行和维护阶段。

下面就以图5.1所示的规范化六步骤来进行介绍。

5.2 系统需求分析

需求分析简单地说是分析用户的要求,需求分析是设计数据库的起点,需求分析的结果是否准确地反映了用户的实际需求将直接影响到后面各个阶段的设计,并影响到设计结果是否合理与实用。也就是说如果这一步走得不对,获取的信息或分析结果就有误,那么后面的各步设计即使再优化也只能前功尽弃。因此,必须高度重视系统需求分析这一阶段。

5.2.1 需求分析的任务

需求分析的任务是通过详细调查现实世界要处理的对象(组织、部门、企业等),通过对原系统工作概况的充分了解,明确用户的各种需求(数据需求、完整性约束条件、事务处理和安全性要求等),然后在此基础上确定新系统的功能,新系统必须充分考虑今后可能的扩充和变化,不能只是按当前应用需求来设计数据库及其功能要求。

数据库需求分析的任务主要包括"数据或信息"和"处理"两个方面。

① 信息要求:指用户需要从数据库中获得信息的内容与性质,由信息要求可以导出各种数据要求。

② 处理要求:指用户有什么处理要求(如响应时间、处理方式等),最终要实现什么处理功能。

具体而言,需求分析阶段的任务包括以下两方面。

(1) 调查、收集、分析用户需求,确定系统边界

进行需求分析首先要调查清楚用户的实际需求,与用户达成共识,以确定这个目标的功能域和数据域。具体的做法如下。

① 调查组织机构情况,包括了解该组织的部门组成情况和各部门的职责等,为分析信息流程做准备。

② 调查各部门的业务活动情况,包括了解各部门输入和使用什么数据,如何加工处理这些数据,输出什么信息,输出到什么部门和输出结果的格式是什么,这是调查的重点。

③ 在熟悉业务的基础上,明确用户对新系统的各种要求,如信息要求、处理要求、完全性和完整性要求。因为用户可能缺少计算机方面的知识,不知道计算机能做什么,不能做什么,从而不能准确地表达自己的需求。另外,数据库设计人员不熟悉用户的专业知识,不易理解用户的真正需求,甚至误解用户的需求,因此数据库设计人员必须不断与用户深入交流,明确用户的真正要求。

④ 确定系统边界,即确定哪些活动由计算机来完成和将来哪些活动由计算机来完成,哪些只能由人工来完成,由计算机完成的功能是新系统应该实现的功能。

(2) 编写系统需求分析说明书

系统需求分析说明书也称系统需求规范说明书,是系统需求分析阶段的最后工作,也是对需求分析阶段的一个总结。编写系统需求分析说明书是一个不断反复、逐步完善的过程。系统需求分析说明书一般应包括如下内容:

① 系统概况,包括系统的目标、范围、背景、历史和现状等;
② 系统的原理和技术;
③ 系统总体结构和子系统结构说明;
④ 系统总体功能和子系统功能说明;
⑤ 系统数据处理概述、工程项目体制和设计阶段划分;
⑥ 系统方案及技术、经济、实施方案可行性等。

完成系统需求分析说明书后,在项目单位的主持下要组织有关技术专家评审说明书内容,这也是对整个需求分析阶段结果的再审查,审核通过后由项目方和开发方领导签字以表认同。

随系统需求分析说明书可提供以下附件:
① 系统的软硬件支持环境的选择及规格要求(所选择的 DBMS、操作系统、计算机型号及其网络环境等);
② 组织机构图、组织之间联系图和各机构功能业务一览图;
③ 数据流程图、功能模块图和数据字典等图表。

一经双方确认,系统需求分析说明书及其附件内容就是设计者和用户方的权威性文献,是今后各阶段设计与工作的依据,也是评判设计者是否完成项目的依据。

5.2.2 需求分析的方法

调查了解了用户的需求以后,还需要进一步分析和表达用户的需求,用于需求分析的方法有很多种,主要的方法有自顶向下和自底向上两种,其中自顶向下的结构化分析方法(Structured Analysis,SA)是一种简单实用的方法。SA 方法是从最上层的系统组织入手,采用自顶向下、逐层分解的方法分析系统。

SA 方法把每个系统都抽象成图 5.4 的形式。图 5.4 只是给出了最高层次抽象的系统概貌,要反映更详细的内容,可将处理功能分解为若干子系统,每个子系统还可以继续分解,直到把系统工作过程表示清楚为止。在处理功能逐步分解的同时,它们所用的数据也逐级分解,形成有若干层次的数据流图。

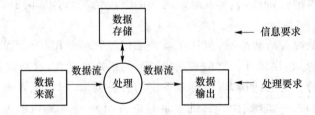

图 5.4 系统最高层数据抽象图

数据流图表达了数据和处理过程的关系。在 SA 方法中,处理过程的处理逻辑常常借助判定表和判定树来描述,系统中的数据则借助数据字典(DD)来描述。

下面介绍一下数据字典和数据流图。

1. 数据字典

数据流图表达了数据和处理的关系,数据字典则是系统中各类数据描述的集合,是各类数据结构和属性的清单。它与数据流图互为解释,数据字典贯穿于数据库需求分析阶段,直到数据库运行的全过程,在不同的阶段其内容形式和用途各有区别,在需求分析阶段,它通常包含以下 5 个部分内容。

(1) 数据项

数据项是不可再分的数据单位,对数据项的描述包括以下内容:

数据项描述={数据项名,数据项含义说明,别名,数据类型,长度,取值范围,取值含义,与其他数据项的逻辑关系,数据项之间的联系}

其中,取值范围、与其他数据项的逻辑关系定义了数据的完整性约束条件。

(2) 数据结构

数据结构反映了数据之间的组合关系。

数据结构描述={数据结构名,含义说明,组成:{数据项或数据结构}}

(3) 数据流

数据流是数据结构在系统内传输的路径。

数据流描述={数据流名,说明,数据流来源,数据流去向,组成:{数据结构},平均流量,高峰期流量}

- 数据流来源:说明该数据流来自哪个过程。
- 数据流去向:说明该数据流将到哪个过程去。
- 平均流量:在单位时间(一天、一周、一个月等)里的传输次数。
- 高峰期流量:在高峰时期的数据流量。

(4) 数据存储

数据存储是数据结构停留或保存的地方,也是数据流的来源和去向之一。

数据存储描述={数据存储名,说明,编号,流入的数据流,流出的数据流,组成:{数据结构},数据量,存取方式}

- 流入的数据流:指出数据来源。
- 流出的数据流:指出数据去向。
- 数据量:每次存取多少数据,每天(或每小时、每周等)存取几次等信息。
- 存取方法:批处理 / 联机处理;检索 / 更新;顺序检索 / 随机检索。

(5) 处理过程

处理过程的具体处理逻辑一般用判定表或判定树来描述,数据字典中只需要描述处理过程的说明性信息。

处理过程描述={处理过程名,说明,输入:{数据流},输出:{数据流},处理:{简要说明}}

其中,简要说明主要说明该处理过程的功能及处理要求。

- 功能要求:该处理过程用来做什么。
- 处理要求:处理频度要求(如单位时间里处理多少事务、多少数据量)、响应时间要求等。

处理要求是构建物理结构设计的输入及性能评价的标准。

最终形成的数据流图和数据字典为"系统需求分析说明书"的主要内容,这是下一步进行概念结构设计的基础。

2. 数据流图

数据流图(Data Flow Diagram,DFD)表达了数据与处理的关系。数据流图中的基本元素有:

① "○"圆圈表示处理,输入数据在此进行变换产生输出数据,其中注明处理的名称;

② "□"矩形描述一个输入源点或输出汇点,其中注明源点或汇点的名称;

③ "→"命名的箭头描述一个数据流,内容包括被加工的数据及其流向,流线上要注明数据名称,箭头代表数据流动方向;

④ "▭"向右开口的矩形框表示文件和数据存储,要在其内标明相应的具体名称。

一个简单的系统可用一张数据流图来表示。当系统比较复杂时,为了便于理解,控制其复杂性,可以采用分层描述的方法,一般用第一层描述系统的全貌,第二层分别描述各子系统的结构。如果系统结构还比较复杂,那么可以继续细化,直到表达清楚为止,在处理功能逐步分解的同时,它们所用的数据也逐级分解,形成若干层次的数据流图,数据流图表达了数据和处理过程的关系。

5.3 概念结构设计

5.3.1 概念结构设计的必要性

将需求分析得到的用户需求抽象为信息结构(即概念模型)的过程就是概念结构设计,它是整个数据库设计的关键。概念结构设计以用户能理解的形式来表达信息为目标,这种表达与数据库系统的具体细节无关,它所涉及的数据独立于 DBMS 和计算机硬件,可以在任何 DBMS 和计算机硬件系统中实现。

在进行功能数据库设计时,如果将现实世界中的客观对象直接转换为机器世界中的对象,就会感到比较复杂,注意力往往被牵扯到更多的细节限制方面,而不能集中在最重要的信息的组织结构和处理模式上,因此,通常是将现实世界中的客观对象首先抽象为不依赖任何 DBMS 支持的数据模型。故概念模型可以看成现实世界到机器世界的一个过渡的中间层次。概念模型是各种数据模型的共同基础,它比数据模型更独立于机器、更抽象。将概念结构设计从设计过程中独立出来,可以带来以下好处:

① 任务相对单一化,设计复杂程度大大降低,便于管理;

② 概念模式不受具体的 DBMS 的限制,也独立于存储安排和效率方面的考虑,因此更稳定;

③ 概念模型不含具体 DBMS 所附加的技术细节,更容易被用户理解,因而更能准确地反映用户的信息需求。

设计概念模型的过程称为概念模型设计。

5.3.2 概念模型设计的特点

在需求分析阶段所得到的应用要求应该首先抽象为信息世界的结构,才能更好、更准确地用某一 DBMS 实现这些需求。

概念结构设计的特点有以下 4 点:

① 易于理解,从而可以用它和不熟悉计算机的用户交换意见,用户的积极参与是数据库设计成功的关键;

② 能真实、充分地反映现实世界,包括事物和事物之间的联系,能满足用户对数据的处理要求,是对现实世界的一个真实模型;

③ 易于更改,当应用环境和应用要求改变时,容易对概念模型修改和扩充;

④ 易于向关系、网状和层次等各种数据模型转换。

人们提出了许多概念模型,其中最著名、最简单实用的一种是 E-R 模型,它将现实世界的信息结构统一用属性、实体以及实体间的联系来描述。

5.3.3 概念结构的设计方法和步骤

1. 概念结构的设计方法

设计概念结构的 E-R 模型可采用 4 种方法。

① 自顶向下。首先定义全局概念结构的框架,然后逐步细化,如图 5.5 所示。

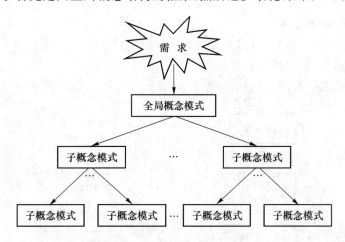

图 5.5　自顶向下的设计方法

② 自底向上。首先定义各局部应用的子概念结构,然后将它们集成起来,得到全局概念结构,如图 5.6 所示。

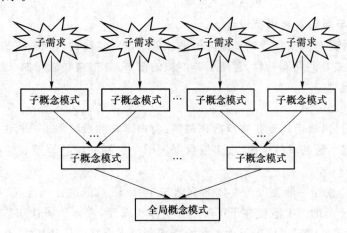

图 5.6　自底向上的设计方法

③ 逐步扩张。首先定义最重要的核心概念结构,然后向外扩充,以滚雪球的方式逐步生成其他概念结构,直至总体概念结构,如图 5.7 所示。

④ 混合策略。将自顶向下和自底向上相结合,用自顶向下策略设计一个全局概念结构的框架,以它为骨架集成由自底向上策略所设计的各局部概念结构。

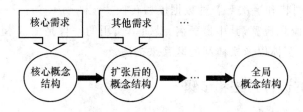

图 5.7　逐步扩张的设计方法

其中最常用的方法是自底向上,即自顶向下进行需求分析,再自底向上设计概念模式结构。

2. 概念结构设计的步骤

对于自底向上的设计方法来说,设计概念结构的步骤分为两步(如图 5.8 所示)。

① 进行数据抽象,设计局部 E-R 模型;
② 集成各局部 E-R 模型,形成全局 E-R 模型。

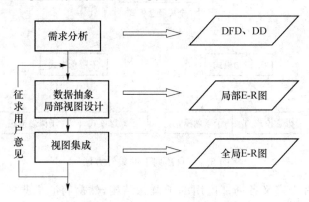

图 5.8　自底向上方法的设计步骤

3. 数据抽象与局部 E-R 模型设计

概念结构设计是对现实世界的抽象。所谓抽象就是对实际的人、物、事和概念进行人为的处理,它抽取人们关心的共同特性,忽略了非本质的细节,并把这些概念加以精确的描述,这些概念组成了某种模型。

(1) 数据抽象

在需求分析阶段,最后得到了多层数据流图、数据字典和系统需求分析说明书。建立局部 E-R 模型就是根据系统的具体情况,在多层数据流图中选择一个适当层次的数据流图作为设计 E-R 图的出发点。

设计局部 E-R 模型一般要经历实体的确定与定义、联系的确定与定义、属性的确定等过程。设计局部 E-R 模型的关键就在于正确划分实体和属性,实体和属性在形式上并无可以明显区分的界限,通常是按照现实世界中事物的自然划分来定义实体和属性,将现实世界中的事物进行数据抽象,得到实体和属性。一般有分类和聚集两种数据抽象。

① 分类

定义某一类概念作为现实世界中一组对象的类型,将一组具有某些共同特性和行为的对象抽象为一个实体,对象和实体之间是"is member of"的关系,例如,"王平"是学生当中的一员,她具有学生们共同的特性和行为,如班级、专业和年龄等。

② 聚集

定义某个类型的组成成分,将对象的类型的组成成分抽象为实体的属性。抽象了对象内部类型和成分的"is part of"的语义,如学号、姓名和性别等都可以抽象为学生实体的属性。

(2) 局部视图设计

选择好一个局部应用后,就要对局部应用逐一设计分 E-R 图,也称局部 E-R 图。将各局部应用涉及的数据分别从数据字典中抽取出来,参照数据流图,标定各局部应用中的实体、实体的属性、标识实体的键,确定实体之间的联系及其类型($1:1,1:n,m:n$)和联系的属性等。

实际上实体和属性是相对而言的,往往要根据实际情况进行必要的调整,在调整时要遵守两条原则:

① 属性不能再具有需要描述的性质,即属性必须是不可分的数据项,不能再由另一些属性组成;

② 属性不能与其他实体具有联系,联系只发生在实体之间。

符合上述两条特性的事物一般作为属性对待。为了简化 E-R 图的处置,现实世界中的事物凡是能够作为属性对待的,应尽量作为属性。

例如,"学生"由学号、姓名等属性进一步描述,根据原则①,"学生"只能作为实体,不能作为属性。

再如,职称通常作为教师实体的属性,但在涉及住房分配时,由于分房与职称有关,也就是说职称与住房实体之间有联系,根据原则②,这时把职称作为实体来处理会更合适些,如图 5.9 所示。

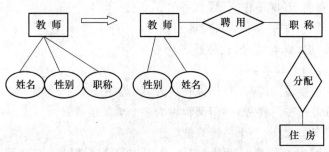

图 5.9 "职称"作为一个属性或实体

(3) 涉及扩展 E-R 模型的设计

①实体是有多方面性质的,也就是实体有属性来刻画,而属性没有进一步更小信息来刻画的,属性为含义明确、独立的最小信息单元,也即当属性还需进一步用其他信息来说明或描述时,属性可提升为实体,如图 5.10 所示的城市信息。

图 5.10 "城市"从属性到实体

② 单值属性应作为实体或联系的属性,而多值属性或多实体有相同属性值时,该属性可提升为实体。如图 5.11 所示的"电话"信息。另外,在允许有一定冗余的情况下,多值属性也可用多个单值属性来表示,例如,产品往往有多种不同类型的价格,为此产品价格是多值属性,

在数据库逻辑模式设计时,产品价格可分解为经销价格、代销价格、批发价格和零售价格等若干单值属性(当然,设计时产品价格也可以提升为价格实体来实现)。

图 5.11　多值属性或属性有进一步信息刻画时的再设计

③ 若实体中除多值属性以外还有其他若干属性,则将该多值属性定义为另一实体,如图 5.12 所示。

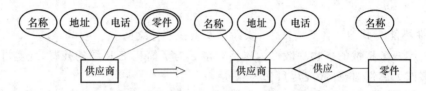

图 5.12　除多值属性以外实体有其他若干属性时的再设计

下面举例说明局部 E-R 模型设计。

例 5.1　设有如下实体:

学生:学号、系的名称、姓名、性别、年龄、选修课程名。
课程:编号、课程名、开课单位、任课教师号。
教师:教师号、姓名、性别、职称、讲授课程编号。
单位:单位名称、电话、教师号、教师姓名。

上述实体中存在如下联系:

① 一个学生可选修多门课程,一门课程可为多个学生选修;
② 一个教师可讲授多门课程,一门课程可为多个教师讲授;
③ 一个系可有多个教师,一个教师只能属于一个系。

根据上述约定,可以得到学生选课局部 E-R 图和教师授课局部 E-R 图,分别如图 5.13 和图 5.14 所示。

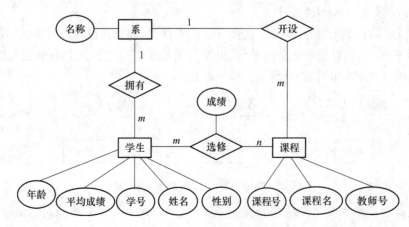

图 5.13　学生选课局部 E-R 图

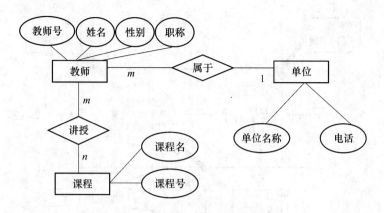

图 5.14 教师授课局部 E-R 图

4. 全局 E-R 模型设计

各个局部视图,即分 E-R 图建立好后,还需要对它们进行合并,集成为一个整体的概念数据结构即全局 E-R 图,也就是视图的集成,视图的集成有两种方式。

(1) 一次集成法:一次集成多个局部 E-R 图,通常用于局部视图比较简单时,如图 5.15 所示。

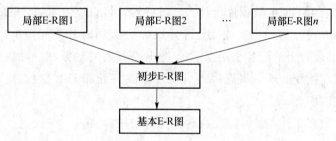

图 5.15 一次集成法

(2) 逐步累积式:首先集成两个局部视图(通常是比较关键的两个局部视图),以后每次将一个新的、相对比较关键的局部视图集成进来,如图 5.16 所示。

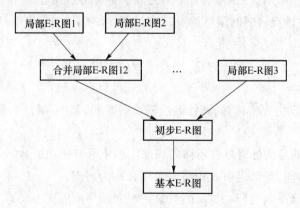

图 5.16 逐步累积式

由图 5.16 可知,不管用哪种方法,集成局部 E-R 图都分为两个步骤,如图 5.17 所示。

① 合并:解决各个局部 E-R 图之间的冲突,将各个局部 E-R 图合并起来生成初步 E-R 图。

② 修改与重构:消除不必要的冗余,生成基本 E-R 图。

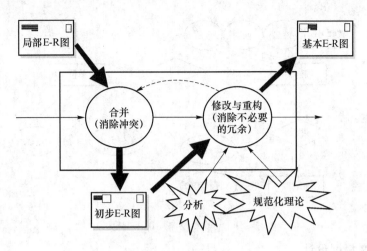

图 5.17 视图的集成

(1) 合并局部 E-R 图,生成初步 E-R 图

这个步骤将所有的局部 E-R 图综合成全局概念结构。全局概念结构不仅要支持所有的局部 E-R 模型,而且必须合理地完成一个完整、一致的数据库概念结构。由于各个局部应用所面向的问题不同且由不同的数据库设计人员进行设计,所以各个局部 E-R 图之间必定会存在许多不一致的地方,称之为冲突。因此,合并局部 E-R 图时并不能简单地将各个局部 E-R 图画到一起,而是必须着力消除各个局部 E-R 图中不一致的地方,以形成一个能为全系统中所有用户共同理解和接受的统一概念模型。合理消除各局部 E-R 图的冲突是合并局部 E-R 图的主要工作与关键所在。

E-R 图中的冲突有 3 种:属性冲突、命名冲突与结构冲突。

① 属性冲突

- 属性域冲突:属性值的类型、取值范围或取值集合不同。例如,由于学号是数字,因此某些部门(即局部应用)将学号定义为整数形式,而由于学号不用参与运算,因此另一些部门(即另一局部应用)将学号定义为数字字符型形式等。
- 属性取值单位冲突:例如,学生的身高,有的以米为单位,有的以厘米为单位,有的以尺为单位。

解决属性冲突的方法通常是用讨论、协商等行政手段加以解决。

② 命名冲突

命名不一致可能发生在实体名、属性名或联系名之间,其中,属性的命名冲突更为常见,一般表现为同名异义或异名同义。

- 同名异义:不同意义的对象在不同的局部应用中具有相同的名字,例如,局部应用 A 中将教室称为房间,局部应用 B 中将学生宿舍称为房间。
- 异名同义(一义多名):同一意义的对象在不同的局部应用中具有不同的名字,例如,有的部门把教科书称为课本,有的部门则把教科书称为教材。

解决命名冲突的方法通常是用讨论、协商等行政手段加以解决。

③ 结构冲突

结构冲突有 3 类结构冲突。

- 同一对象在不同应用中具有不同的抽象,例如,教师的职称在某一局部应用中被当作实体,而在另一应用中被当作属性。

解决方法:通常是把属性变换为实体或把实体变换为属性,使同一对象具有相同的抽象,变换时要遵循两个原则(见 5.3.3 节中抽象为实体或属性的两条原则)。

- 同一实体在不同局部视图中所包含的属性不完全相同,或者属性的排列次序不完全相同。

解决方法:使该实体的属性取各局部 E-R 图中属性的并集,再适当设计属性的次序。

- 实体之间的联系在不同局部视图中呈现不同的类型,例如,在局部应用 X 中 E1 与 E2 发生联系,而在局部应用 Y 中 E1,E2 和 E3 三者之间有联系;也可能实体 E1 与 E2 在局部应用 A 中是多对多联系,而在局部应用 B 中是一对多联系。

解决方法:根据应用语义对实体联系的类型进行综合或调整。

下面以例 5.1 中已画出的两个局部 E-R 图为例,来说明如何消除各局部 E-R 图之间的冲突,进行局部 E-R 模型的合并,从而生成初步全局 E-R 图(如图 5.18 所示)。

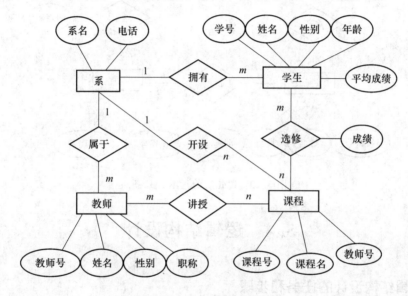

图 5.18 初步的全局 E-R 图

首先,这两个局部 E-R 图中存在着命名冲突,学生选课局部 E-R 图中的实体"系"与教师授课局部 E-R 图中的实体"单位"都是指系,即所谓异名同义,合并后统一改为"系",这样属性"名称"和"单位名称"即可统一为"系名"。

其次,还存在着结构冲突,实体"系"和实体"课程"在两个局部 E-R 图中的属性组成不同,合并后这两个实体的属性组成为各局部 E-R 图中的同名实体属性的并集。解决上述冲突后,合并两个局部 E-R 图,能生成初步的全局 E-R 图,如图 5.18 所示。

(2) 消除不必要的冗余,设计基本 E-R 图

在初步的 E-R 图中,可能存在冗余的数据和冗余的实体间联系,冗余的数据是指可由基本数据导出的数据,冗余的联系是指可由其他联系导出的联系。冗余数据和冗余联系容易破坏数据库的完整性,给数据库维护增加困难。当然并不是所有的冗余数据与冗余联系都必须加以消除,有时为了提高某些应用的效率,不得不以冗余信息作为代价。设计数据库概念模型时,哪些冗余信息必须消除,哪些冗余信息允许存在,需要根据用户的整体需求来确定。把消

除不必要的冗余后的初步 E-R 图称为基本 E-R 图。采用分析的方法来消除数据冗余,以数据字典和数据流图为依据,根据数据字典中关于数据项之间逻辑关系的说明来消除冗余。

前面图 5.13 和图 5.14 在形成初步 E-R 图后,"课程"实体中的属性"教师号"可由"讲授"这个联系导出。再可消除冗余数据"平均成绩",因为"平均成绩"可由"选修"联系中的属性"成绩"经过计算得到,所以"平均成绩"属于冗余数据。此外,还需消除冗余联系,其中"开设"属于冗余联系,因为该联系可以通过"系"和"教师"之间的"属于"联系与"教师"和"课程"之间的"讲授"联系推导出来。最后便可得到基本的 E-R 模型,如图 5.19 所示。

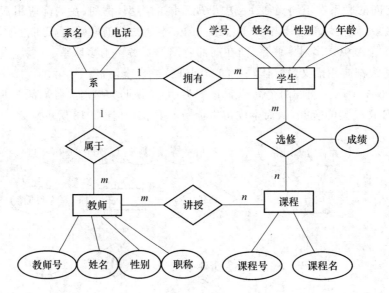

图 5.19　优化后的基本 E-R 图

5.4　逻辑结构设计

5.4.1　逻辑结构设计的任务和步骤

概念结构是各种数据模型的共同基础,为了能够用某一 DBMS 实现用户需求,还必须将概念结构进一步转换为相应的数据模型,这正是数据库逻辑结构设计所要完成的任务。

一般的逻辑结构设计分为以下 3 个步骤(如图 5.20 所示)。

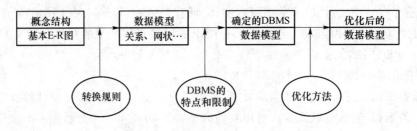

图 5.20　逻辑结构设计三步骤

- 将概念结构转换为一般的关系、网状和层次模型。
- 将转换来的关系、网状和层次模型向特定 DBMS 支持下的数据模型转换。
- 对数据模型进行优化。

5.4.2 初始化关系模式设计

1. 基本 E-R 模型转换原则

概念结构设计中得到的 E-R 图是由实体、属性和联系组成的,而关系数据库逻辑结构设计的结果是一组关系模式的集合,所以将 E-R 图转换为关系模型实际上是将实体、属性和联系转换成关系模式。在转换过程中要遵守以下原则。

(1) 一个实体转换为一个关系模式。
- 关系的属性:实体的属性。
- 关系的键:实体的键。

(2) 一个 $m:n$ 联系转换为一个关系模式。
- 关系的属性:与该联系相连的各实体的键以及联系本身的属性。
- 关系的键:各实体键的组合。

(3) 一个 $1:n$ 联系可以转换为一个关系模式。
- 关系的属性:与该联系相连的各实体的码以及联系本身的属性。
- 关系的码:n 端实体的键。

说明:一个 $1:n$ 联系也可以与 n 端对应的关系模式合并,这时需要把 1 端关系模式的码和联系本身的属性都加入 n 端对应的关系模式中。

(4) 一个 $1:1$ 联系可以转换为一个独立的关系模式。
- 关系的属性:与该联系相连的各实体的键以及联系本身的属性。
- 关系的候选码:每个实体的码均是该关系的候选码。

说明:一个 $1:1$ 联系也可以与任意一端对应的关系模式合并,这时需要把任一端关系模式的码及联系本身的属性都加入另一端对应的关系模式中。

(5) 3 个或 3 个以上实体间的一个多元联系转换为一个关系模式。
- 关系的属性:与该多元联系相连的各实体的键以及联系本身的属性。
- 关系的码:各实体键的组合。

2. 基本 E-R 模型转换的具体做法

(1) 把一个实体转换为一个关系。先分析该实体的属性,从中确定主键,然后再将其转换为关系模式。

例 5.2 以图 5.19 为例,将 4 个实体分别转换为关系模式(带下画线的为主键):
学生(<u>学号</u>,姓名,性别,年龄)
课程(<u>课程号</u>,课程名)
教师(<u>教师号</u>,姓名,性别,职称)
系(<u>系名</u>,电话)

(2) 把每个联系转换成关系模式。

例 5.3 把图 5.19 中的 4 个联系也转换成关系模式:
属于(<u>教师号</u>,系名)
讲授(<u>教师号</u>,课程号)
选修(<u>学号</u>,<u>课程号</u>,成绩)

拥有(系名,学号)

(3) 3个或3个以上的实体间的一个多元联系在转换为一个关系模式时,与该多元联系相连的各实体的主键及联系本身的属性均转换成为关系的属性,转换后所有得到的关系的主键为各实体键的组合。

例 5.4 图 5.21 表示供应商、项目和零件 3 个实体之间的多对多联系,如果已知 3 个实体的主键分别为"供应商号"、"项目号"与"零件号",则它们之间的联系"供应"转换为关系模式:供应(<u>供应商号</u>,<u>项目号</u>,<u>零件号</u>,数量)。

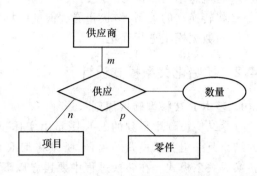

图 5.21 多个实体之间的联系

3. 涉及扩展 E-R 模型的转换原则及具体做法

(1) 多值属性:多值属性可转换为独立的关系,属性由多值属性所在实体的码与多值属性组成。

如对学生实体含有的所选课程多值属性(如图 5.22 所示),可将所选课程多值属性转换为选课关系模式:选课(学号,所选课程号)。

(2) 复合属性:复合属性要将每个组合属性作为复合属性所在实体的属性或将组合属性组合成一个或若干简单属性。

如图 5.23 所示,学生的出生日期由年、月、日复合而成,学生实体组成关系模式时可设计为:学生(学号,姓名,出生年份,出生月份,出生日)或学生(学号,姓名,出生日期)(其中的出生日期为组合而成的简单属性)。

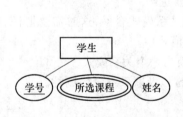

图 5.22 含多值属性的学生实体

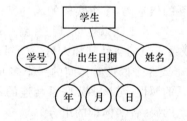

图 5.23 含复合属性的学生实体

(3) 弱实体集:弱实体集所对应的关系的码由弱实体集本身的分辨符再加上所依赖的强实体集的码组成,这样弱实体集与强实体集之间的联系已在弱实体集的组合码中体现出来了,如图 5.24 所示。

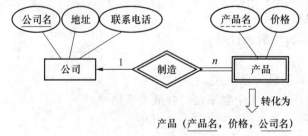

图 5.24 弱实体集"产品"转换为关系模式

(4) 含特殊化或普遍化的 E-R 图的一般转换方法：①高层实体集和低层实体集分别转为关系表；②低层实体集所对应的关系包括高层实体集的码，如图 5.25 中"转换之一"所示。

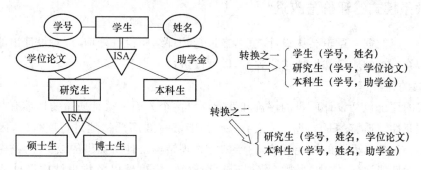

图 5.25　含特殊化或普遍化的 E-R 图的一般转换方法

(5) 如果特殊化是不相交并且是全部的，即一个高层实体最多并且只能属于一个低层实体集，则可以不为高层实体集建立关系码，低层实体集所对应的关系包括上层实体集的所有属性，如图 5.25 中"转换之二"所示。

(6) 含聚集的 E-R 图的一般转换方法：当实体集 A 与 B 以及它们的联系 R 被整体看成实体集 C 时，C 与另一实体集 D 构成联系 S，则联系 S 所转换对应的关系模式的码是由联系 R 和实体集 D 的码组合构成的。如含聚集（见 1.2.3 节二维码文件里的图 10）的 E-R 图所示，联系的联系"使用"转换成的关系模式为：使用(机号，工号，项号)，其码为联系"参加"的码(工号，项号)与机器实体集的码(机号)的组合。

(7) 含范畴的 E-R 图的一般转换方法：设实体 T 是基于实体 $E_1, E_2, \cdots, E_n$ 的范畴，则可以把范畴 T 的码加入超实体集 $E_1, E_2, \cdots, E_n$ 相应的关系模式中来反映相互的关系；也可以在范畴 T 对应转换的关系模式中设置放置超实体集 $E_1, E_2, \cdots, E_n$ 各对应的码的属性来体现范畴的关系（这要求超实体集 $E_1, E_2, \cdots, E_n$ 的码的域各不相交）。如含范畴（见 1.2.3 节二维码文件里的图 11）的 E-R 图所示，转换到关系模型时，方法一可以把范畴"账户"的码(如账号)作为"单位"超实体集的属性，也作为"人"超实体集的属性；方法二在范畴"账户"对应的关系模式中放置超实体"单位"或"人"的码的属性(如单位名称、姓名)。

5.4.3　关系模式的规范化

数据库逻辑结构设计的结果不是唯一的。为了进一步提高数据库应用系统的性能，还应该根据应用需要适当地修改、调整数据模型的结构，也就是对数据库模型进行优化，关系模型的优化通常是以规范化理论为基础。方法为

① 确定数据依赖，按需求分析阶段所得到的语义，分别写出每个关系模式内部各属性之间的数据依赖以及不同关系模式属性之间的数据依赖；

② 对于各个关系模式之间的数据依赖进行极小化处理，消除冗余的联系；

③ 按照数据依赖的理论对关系模式逐一进行分析，考查是否存在部分函数依赖、传递函数依赖和多值依赖等，确定各关系模式分别属于第几范式；

④ 按照需求分析阶段得到的各种应用对数据处理的要求，分析对于这样的应用环境这些模式是否合适，确定是否要对它们进行合并或分解；

⑤ 按照需求分析阶段得到的各种应用对数据处理的要求，对关系模式进行必要的分解或

合并,以提高数据操作的效率和存储空间的利用率。

5.4.4 关系模式的评价与改进

在初步完成数据库逻辑结构设计之后,在进行物理结构设计之前,应对设计出的逻辑结构(这里为关系模式)的质量和性能进行评价,以便改进。

1. 模式的评价

对模式的评价包括设计质量的评价和性能评价两个方面。设计质量的标准有:可理解性、完整性和扩充性。遗憾的是这些几乎没有一个是能够有效而严格地进行度量的,因此只能做大致估计。至于数据模式的性能评价,由于缺乏物理结构设计所提供的数量测量标准,因此也只能进行实际性能评估,它包括逻辑数据记录存取数、传输量以及物理结构设计算法的模型等。常用逻辑记录存取(Logical Record Access,LRA)方法来进行数据模式性能的评价。

2. 数据模式的改进

根据对数据模式的性能估计,对已生成的模式进行改进。如果因为系统需求分析和概念结构设计的疏忽导致某些应用不能支持,则应该增加新的关系模式或属性。如果因为性能考虑而要求改进,则可使用分解或合并的方法。

(1) 分解

为了提高数据操作的效率和存储空间的利用率,常用的方法就是分解,对关系模式的分解一般分为水平分解和垂直分解两种。

水平分解指把(基本)关系的元组分为若干子集合,定义每个子集合为一个子关系,以提高系统的效率。

垂直分解是指把关系模式 R 的属性分解为若干子集合,形成若干子关系模式。垂直分解的原则:经常在一起使用的属性从 R 中分解出来形成一个子关系模式。优点:可以提高某些事务的效率。缺点:可能使另一些事务不得不执行连接操作,从而降低了效率。

(2) 合并

具有相同主键的关系模式,且对这些关系模式的处理主要是查询操作,而且经常是多关系的查询,那么可对这些关系模式按照组合频率进行合并,这样便可以减少连接操作而提高查询速度。

必须强调的是,在进行模式的改进时,决不能修改数据库信息方面的内容。如果不修改信息内容无法改进数据模式的性能,则必须重新进行概念结构设计。

5.5 物理结构设计

数据库物理结构设计的任务是为上一阶段得到的数据库逻辑模式,即数据库的逻辑结构,选择合适的应用环境与物理结构,即确定有效地实现逻辑结构模式的数据库存储模式,确定在物理设备上所采用的存储结构和存取方法,然后对该存储模式进行性能评价和完善性改进,经过多次反复,最后得到一个性能较好的存储模式。

5.5.1 确定物理结构

物理结构设计不仅依赖于用户的应用要求,而且依赖于数据库的运行环境,即 DBMS 和设备特性。数据库物理结构设计内容包括记录存储结构的设计、存储路径的设计和记录集簇的设计。

1. 记录存储结构的设计

逻辑模式表示的是数据库的逻辑结构,其中的记录称为逻辑记录,而存储记录则是逻辑记录的存储形式,记录存储结构的设计就是设计存储记录的结构形式,它涉及不定长数据项的表示、数据项编码是否需要压缩和采用何种压缩,记录间互联指针的设置以及记录是否需要分割以节省存储空间等在逻辑结构设计中无法考虑的问题。

2. 关系模式的存取方法选择

数据库系统是多用户共享的系统,对同一个关系要建立多条存取路径才能满足多用户的多种应用要求。物理结构设计的第一个任务就是要确定选择哪些存取方法,即建立哪些存取路径。

DBMS 常用存取方法有:索引方法(目前主要是 B^+ 树索引方法)、聚簇(Cluster)方法和 HASH 方法。

(1) 索引方法

索引存取方法的主要内容:对哪些属性列建立索引;对哪些属性列建立组合索引;对哪些索引要设计为唯一索引。当然并不是越多越好,关系上定义的索引数过多会带来较多的额外开销,如维护索引和查找索引的开销。

(2) 聚簇方法

为了提高某个属性(或属性组)的查询速度,把这个或这些属性(称为聚簇码)上具有相同值的元组集中存放在连续的物理块称为聚簇。聚簇的用途:①大大提高按聚簇属性进行查询的效率,例如,假设学生关系按所在系建有索引,现在要查询信息系的所有学生名单。信息系的 500 名学生分布在 500 个不同的物理块上时,至少要执行 500 次 I/O 操作,如果将同一系的学生元组集中存放,则每读一个物理块可得到多个满足查询条件的元组,从而显著地减少了访问磁盘的次数。②节省存储空间,聚簇以后,聚簇码相同的元组集中在一起了,因而聚簇码值不必在每个元组中重复存储,只要在一组中存一次就行了。

(3) HASH 方法

当一个关系满足下列两个条件时,可以选择 HASH 存取方法:
① 该关系的属性主要出现在等值连接条件中或主要出现在相等比较选择条件中;
② 该关系的大小可预知且关系的大小不变或该关系的大小动态改变但所选用的 DBMS 提供了动态 HASH 存取方法。

5.5.2 评价物理结构

和前面几个设计阶段一样,在确定了数据库的物理结构之后,要对其进行评价,重点是评价时间和空间的效率。如果评价结果满足设计要求,则可进行数据库实施。实际上,往往需要经过反复测试才能优化物理结构设计。

5.6 数据库实施

数据库实施是指根据逻辑结构设计和物理结构设计的结果,在计算机上建立起实际的数据库结构,装入数据,进行测试和试运行的过程。数据库实施的工作内容包括:用 DDL 定义数据库结构、组织数据入库、编制与调试应用程序和数据库试运行。

5.6.1 建立实际数据库结构

确定了数据库的逻辑结构与物理结构后,就可以用所选用的 DBMS 提供的 DDL 来严格描述数据库结构(数据库各类对象及其联系等)。

5.6.2 组织数据入库

数据库结构建立好后,就可以向数据库中装载数据了。组织数据入库是数据库实施阶段最主要的工作。

数据装载方法有人工方法与计算机辅助数据入库方法两种。

1. 人工方法

适用于小型系统,其步骤如下:

① 筛选数据,需要装入数据库中的数据通常都分散在各个部门的数据文件或原始凭证中,所以首先必须把需要入库的数据筛选出来;

② 转换数据格式,筛选出来的需要入库的数据格式往往不符合数据库要求,还需要进行转换,这种转换有时可能很复杂;

③ 输入数据,将转换好的数据输入计算机中;

④ 校验数据,检查输入的数据是否有误。

2. 计算机辅助数据入库

适用于中大型系统,其步骤如下:

① 筛选数据;

② 输入数据,由录入员将原始数据直接输入计算机中,数据输入子系统应提供输入界面;

③ 校验数据,数据输入子系统采用多种检验技术检查输入数据的正确性;

④ 转换数据,数据输入子系统根据数据库系统的要求,从录入的数据中抽取有用成分,对其进行分类,然后转换数据格式,抽取、分类和转换数据是数据输入子系统的主要工作,也是数据输入子系统的复杂性所在;

⑤ 综合数据,数据输入子系统对转换好的数据根据系统的要求进一步综合成最终数据。

5.6.3 编制与调试应用程序

数据库应用程序的设计应该与数据库设计并行进行。在数据库实施阶段,当数据库结构建立好后,就可以开始编制与调试数据库的应用程序(包括在数据库服务器端创建存储过程、触发器等)。调试应用程序时由于真实数据入库尚未完成,因此可先使用模拟数据。

5.6.4 数据库试运行

应用程序调试完成,并且已有一小部分数据入库后,就可以开始数据库的试运行。数据库试运行也称为联合调试,其主要工作包括:

① 功能测试,实际运行应用程序,执行对数据库的各种操作,测试应用程序的各种功能;

② 性能测试,测量系统的性能指标,并分析是否符合设计目标。

数据库物理结构设计阶段在评价数据库结构估算时间和空间指标时,做了许多简化和假设,忽略了许多次要因素,因此结果必然很粗糙。数据库试运行则是要实际测量系统的各种性能指标(不仅是时间、空间指标),如果结果不符合设计目标,则需要返回物理结构设计阶段,调整物理结构,修改参数,有时甚至需要返回逻辑结构设计阶段,调整逻辑结构。

重新设计物理结构甚至逻辑结构会导致数据重新入库。由于数据入库工作量实在太大,所以可以采用分期输入数据的方法。

- 先输入小批量数据供先期联合调试使用。
- 待试运行基本合格后再输入大批量数据。
- 逐步增加数据量,逐步完成运行评价。

在数据库试运行阶段,系统还不稳定,硬件、软件故障随时都可能发生。系统的操作人员对新系统还不熟悉,误操作也不可避免,因此必须做好数据库的转储和恢复工作,尽量减少对数据库的破坏。

5.6.5 整理文档

在程序的编制和试运行中,应将发现的问题和解决方法记录下来,将它们整理存档为资料,供以后正式运行和改进时参考,全部的调试工作完成之后,应该编写应用系统的技术说明书,在系统正式运行时给用户,完整的资料是应用系统的重要组成部分。

5.7 数据库运行和维护

数据库试运行结果符合设计目标后,数据库就可以真正投入运行了。数据库投入运行标志着开发任务的基本完成和维护工作的开始,对数据库设计进行评价、调整、修改等维护工作是一个长期的任务,也是设计工作的继续和提高。

对数据库经常性的维护工作主要是由 DBA 完成的,主要内容有数据库的安全性与完整性控制,数据库性能的监督情与改善,数据库的重组织与重构造等。

5.7.1 数据库的安全性与完整性

DBA 必须根据用户的实际需要授予不同的操作权限,在数据库运行过程中,由于应用环境的变化,对安全性的要求也会发生变化,DBA 需要根据实际情况修改原有的安全性控制。由于应用环境的变化,数据库的完整性约束条件也会变化,也需要 DBA 不断修正,以满足用户要求。

5.7.2 监督并改善数据库性能

在数据库运行过程中,DBA 必须监督系统运行,对监测数据进行分析,找出改进系统性能的方法。

- 利用监测工具获取系统运行过程中一系列性能参数的值。
- 通过仔细分析这些数据,判断当前系统是否处于最佳运行状态。
- 如果不是,则需要通过调整某些参数来进一步改进数据库性能。

5.7.3 数据库的重组织与重构造

为什么要重组织数据库？因为数据库运行一段时间后，记录的不断增、删、改会使数据库的物理存储变坏，从而降低数据库存储空间的利用率和数据的存取效率，使数据库的性能下降。因此要对数据库进行重新组织，即重新安排数据的存储位置，回收垃圾，减少指针链，改进数据库的响应时间和空间利用率，提高系统性能。DBMS 一般都提供了供重组织数据库使用的实用程序，帮助 DBA 重新组织数据库。

数据库的重组织，并不改变原设计的逻辑和物理结构，而数据库的重构造则不同，它是指部分修改数据库的模式和内模式。

由于数据库应用环境发生变化，增加了新的应用或新的实体，取消了某些旧的应用，有的实体与实体间的联系也发生了变化等，使原有的数据库设计不能满足新的需要，必须调整数据库的模式和内模式。例如，在表中增加或删除某些数据项，改变数据项的类型，增加或删除某个表，改变数据库的容量，增加或删除某些索引等。当然数据库的重构也是有限的，只能做部分修改。如果应用变化太大，重构也无济于事，那么说明此数据库应用系统的生命周期已经结束，应该设计新的数据库应用系统了。

5.8 小　　结

数据库设计这一章主要讨论数据库设计的方法和步骤，介绍了数据库设计的 6 个阶段：系统需求分析、概念结构设计、逻辑结构设计、物理结构设计、数据库及应用系统的实施、数据库及应用系统运行和维护。其中的重点是概念结构设计和逻辑结构设计，这也是数据库设计过程中较为重要的两个环节。

学习本章时，要努力掌握书中讨论的基本方法和开发设计步骤，特别要能在实际的应用系统开发中运用这些思想，设计符合应用要求的数据库应用系统。

习　　题

一、选择题

1. 下列对数据库应用系统设计的说法中正确的是（　　）。
    A. 必须先完成数据库的设计，才能开始对数据处理的设计
    B. 应用系统用户不必参与设计过程
    C. 应用程序员可以不必参与数据库的概念结构设计
    D. 以上都不对

2. 在系统需求分析阶段，常用（　　）描述用户单位的业务流程。
    A. 数据流图　　　　B. E-R 图　　　　C. 程序流图　　　　D. 判定表

3. 下列对 E-R 图设计的说法中错误的是（　　）。
    A. 设计局部 E-R 图的过程中，能作为属性处理的客观事物应尽量作为属性处理。

B. 局部 E-R 图中的属性均应为原子属性,即不能再细分为子属性的组合。

C. 对局部 E-R 图集成时,既可以一次实现全部集成,也可以两两集成,逐步进行。

D. 集成后所得的 E-R 图中可能存在冗余数据和冗余联系,应予以全部清除。

4. 下列属于逻辑结构设计阶段任务的是(　　)。

   A. 生成数据字典　　　　　　　　B. 集成局部 E-R 图

   C. 将 E-R 图转换为一组关系模式　　D. 确定数据存取方法

5. 将一个一对多联系型转换为一个独立关系模式时,应取(　　)为关键字。

   A. 一端实体型的关键属性　　　　B. 多端实体型的关键属性

   C. 两个实体型的关键属性的组合　D. 联系型的全体属性

6. 将一个 M 对 $N(M>N)$ 的联系型转换成关系模式时,应(　　)。

   A. 转换为一个独立的关系模式

   B. 与 M 端的实体型所对应的关系模式合并

   C. 与 N 端的实体型所对应的关系模式合并

   D. 以上都可以

7. 在从 E-R 图到关系模式的转换过程中,下列说法错误的是(　　)。

   A. 一个一对一的联系型可以转换为一个独立的关系模式。

   B. 一个涉及 3 个以上实体的多元联系也可以转换为一个独立的关系模式。

   C. 对关系模型优化时,有些模式可能要进一步分解,有些模式可能要合并。

   D. 关系模式的规范化程度越高,查询的效率就越高。

8. 对数据库的物理结构设计优劣评价的重点是(　　)。

   A. 时空效率　　　　　　　　　　B. 动态和静态性能

   C. 用户界面的友好性　　　　　　D. 成本和效益

9. 下列不属于数据库物理结构设计阶段任务的是(　　)。

   A. 确定选用的 DBMS　　　　　　B. 确定数据的存放位置

   C. 确定数据的存取方法　　　　　D. 初步确定系统配置

10. 确定数据的存储结构和存取方法时,下列策略中(　　)不利于提高查询效率。

    A. 使用索引　　　　　　　　　　B. 建立聚簇

    C. 将表和索引存储在同一磁盘上

    D. 将存取频率高的数据与存取频率低的数据存储在不同磁盘上

二、填空题

1. 在设计局部 E-R 图时,由于各个子系统分别面向不同的应用,所以各个局部 E-R 图之间难免存在冲突,这些冲突主要包括_____、_____和_____ 3 类。

2. 数据字典中的_____是不可再分的数据单位。

3. 若在两个局部 E-R 图中都有实体"零件"的"重量"属性,而所用重量单位分别为公斤和克,则称这两个 E-R 图存在_____冲突。

4. 设有 E-R 图如图 5.26 所示,其中实体"学生"的关键属性是"学号",实体"课程"的关键属性是"课程编码",设将其中联系"选修"转换为关系模式 R,则 R 的关键字应为属性集_____。

图 5.26 E-R 图

5. 确定数据库的物理结构主要包括三方面内容，即_____、_____和_____。

6. 将关系 R 中在属性 A 上具有相同值的元组集中存放在连续的物理块上，称为对关系 R 基于属性 A 进行_____。

7. 数据库设计的重要特点之一要把_____设计和_____设计密切结合起来，并以_____为核心而展开。

8. 数据库设计一般分为如下 6 个阶段：需求分析、_____、_____、物理结构设计、数据库实施、数据库运行与维护。

9. 概念结构设计的结果是得到一个与_____无关的模型。

10. 在数据库设计中，_____是系统各类数据的描述的集合。

三、简答题

简答题见二维码。

第 5 章 简答题

第6章　SQL Server 数据库管理系统*

本章要点

本章主要介绍了 SQL Server 数据库的变迁，对 SQL Server 较新版本做了介绍，本章重点对 SQL Server 的 Transact-SQL 语言做了核心简要介绍，学习掌握 Transact-SQL 语言是使用好 SQL Server 数据库系统所必需的。

6.1　微软数据平台的进化

思政 6.1

SQL Server 数据库系统是微软不断进化着的数据平台，从 SQL Server 2000 开始，每一版的 SQL Server 在技术上都有着显著的提升与关注点，例如：

SQL Server 2000（2000 年），技术点是 XML、KPI，引入了集成服务；

SQL Server 2005（2006 年），技术点是 Management Studio、镜像，引入了新的数据库引擎，包括新的优化器、T-SQL 改进和集成服务；

SQL Server 2008（2008 年），技术点是"自助 BI"，如压缩、基于策略的管理、可编程式访问，引入了 RDBMS 中的地理空间数据类型和集成服务；

SQL Server 2008 R2（2010 年），技术点是 Power Pivot（内存技术）、SharePoint 集成、主数据服务，R2 标志表示这是 SQL Server 的一个中间版本，而不是一个主版本；

SQL Server 2012（2012 年），走向云端，如 Always On、内存技术、Power View、云等，引入了列存储索引、内存 OLTP 和大数据功能，性能方面做了优化处理，所以速度更快；

SQL Server 2014（2014 年），伴随云技术和应用的普及，SQL Server 2014 版有更加明显的"云"倾向，集成内存 OLTP 技术的数据库产品，关键业务和性能的提升，安全和数据分析，以及混合云搭建等方面；

SQL Server2016（2016 年），技术点是全程加密技术（Always Encrypted）、JSON 支持、多 TempDB 数据库文件，引入了 R 语言集成、机器学习服务和 STL 支持；

SQL Server2017（2017 年），力求将 SQL Server 的强大功能引入 Linux，基于 Linux 的容器和 Windows，使用户可以在 SQL Server 平台上选择开发语言、数据类型、本地开发或云端开发以及操作系统开发；

SQL Server 2019（2019 年），引入了智能查询处理、大数据群集和 Windows 容器支持。旨在将 SQL Server 发展成一个平台，以提供开发语言、数据类型、本地或云环境以及操作系统选项。

SQL Server 每个版本一般又分为企业版、标准版、Web 版、专业版、开发版、个人版

(Express 版)等。每个版本都包含了新的特性和改进,以及对现有特性的增强。开发者和数据库管理员应该关注这些发展,以便保持技术的先进性,满足特定的业务需求。

6.2 SQL Server 2022 新特色

SQL Server 2022 在 2022 年 11 月 16 日正式推出,它是微软最新一代数据库平台工具。SQL Server 2022 引入了新的对象存储集成,能够将 SQL Server 与 S3 兼容对象存储以及 Azure 存储集成。Data Lake Virtualization 将 PolyBase 与 S3 兼容对象存储集成,增加了对使用 T-SQL 查询 parquet 文件的支持。数据虚拟化扩展到 SQL Server 查询不同类型的数据源上的不同类型数据。

6.2.1 SQL Server 2022 的版本

SQL Server 2022 版本包括企业版、标准版、Web 版、开发版、Express 版等。

1. 企业版

企业版作为高级产品/服务,提供了全面的高端数据中心功能,具有极高的性能和无限虚拟化,还具有端到端商业智能,可为任务关键工作负载和最终用户访问数据间接提供高服务级别。企业版可用于评估,评估部署的有效期为 180 天。

2. 标准版

标准版提供了基本数据管理和商业智能数据库,使部门和小型组织能够顺利运行其应用程序,并支持将常用开发工具用于内部部署和云部署,有助于以最少的 IT 资源获得高效的数据库管理。

3. Web 版

Web 版对于 Web 主机托管服务提供商(包括在 Azure 上的 IaaS 上选择 Web 版)和 Web VAP 而言,Web 版是一项总拥有成本较低的选择,能够对小规模到大规模 Web 资产等内容提供可伸缩性、经济性和可管理性能力。

4. 开发版

开发版支持开发人员基于 SQL Server 构建任意类型的应用程序。它包括企业版的所有功能,但有许可限制,只能用作开发和测试系统,而不能用作生产服务器。开发版是构建和测试应用程序的人员的理想之选。

5. Express 版

Express 版是入门级的免费数据库,是学习和构建桌面及小型服务器数据驱动应用程序的理想选择。它是独立软件供应商、开发人员和热衷于构建客户端应用程序的人员的最佳选择。如果需要使用更高级的数据库功能,则可以将 SQL Server Express 无缝升级到其他更高端的 SQL Server 版本。SQL Server Express LocalDB 是 Express 版本的一种轻型版本,该版本具备所有可编程性功能,在用户模式下运行,并且具有快速零配置安装和必备组件要求较少的特点。

SQL Server 2022 各个版本支持的功能详见: https://learn.microsoft.com/zh-cn/sql/sql-server/editions-and-components-of-sql-server-2022? view = sql-server-ver16 & preserve-view = true。

6.2.2 SQL Server 2022 的主要功能特色

SQL Server 2022 是 Microsoft SQL Server 产品的最新主要版本。SQL Server 2022 是一个混合数据平台,由安全性、性能、可用性和数据虚拟化方面的创新提供支持。

SQL Server 2022 旨在帮助想要从旧版 SQL Server 实现数据资产现代化的组织。SQL Server 2022 为想要启用混合数据方案的用户提供了新的云连接功能。组织可以在不更改代码的情况下提高应用程序性能,使用区块链功能保护数据完整性,并增强关键数据的可伸缩性和可用性。

6.2.2 SQL Server 2022 的主要功能特色

SQL Server 2022 的主要功能特色详见二维码。

6.3 Transact-SQL 语言

Transact-SQL(T-SQL)是使用 SQL Server 的核心。与 SQL Server 实例通信的所有应用程序都通过将 T-SQL 语句发送到服务器进行通信,而不管应用程序的用户界面如何。T-SQL 语言用于管理 SQL Server Database Engine 实例,创建和管理数据库对象,以及插入、检索、修改和删除数据。T-SQL 是对按照国际标准化组织(ISO)和美国国家标准协会(ANSI)发布的 SQL 标准定义的语言的扩展。对用户来说,T-SQL 是可以与 SQL Server 数据库管理系统进行交互的唯一语言。要掌握 SQL Server 的使用方法必须先很好地掌握 T-SQL。T-SQL 语言的基本概念、语法格式、运算符、表达式及基本语句和函数使用等,详细介绍内容详见二维码。

6.3 Transact-SQL 语言

6.4 小 结

本章主要介绍了 SQL Server 数据库系统的变迁及 SQL Server 的核心 Transact-SQL 语言。在 SQL Server 下,通过企业管理器、查询分析器或 SQL Server Management Studio 等界面交互操作及 Transact-SQL 语言等,可以完成如数据库、数据表、存储过程、视图、触发器、约束和默认等多种数据库对象的管理工作(包括创建、修改、查看、删除等)。

显然,Transact-SQL 语言是学好 SQL Server 的基础,而全面深入地使用好某种版本 SQL Server 还需在实际工作中逐步积累来实现。

习 题

1. 计算下列表达式的值。
① ABS(−5.5)+SQRT(16) * SQUARE(2)。
② ROUND(456.789,2)−ROUND(345.678,−2)。
③ SUBSTRING(REPLACE('北京大学','北京','清华'),3,2)。
④ 计算今天距离 2028 年 8 月 1 日,还有多少年,多少月,多少日?
2. 使用 WHILE 语句求 1~100 的累加和,并输出结果。

3. 用 T-SQL 流程控制语句编写程序,求两个数的最大公约数和最小公倍数。

4. 用 T-SQL 流程控制语句编写程序,求斐波那契数列中小于 100 的所有数(斐波那契数列 1,2,3,5,8,13,…)。

5. 定义一个用户标量函数,用以实现判断并返回 3 个数中的最大数。

6. 请写出实现下面查询操作的 T-SQL 语句:从 SQL Server 实例数据库 AdventureWorks2022 中,查询出销售商品编号(ProductNumber)为 BK-M68B-42 的雇员的姓名(LastName 和 FirstName)(模仿 6.3.10 节(见二维码)中的游标程序实现本操作)。

7. 在自己的计算机上安装 SQL Server 2017、2019 或 2022 的某个版本。

8. 安装 SQL Server 的示例数据库和示例。

9. 操作并认识 SQL Server Management Studio 窗体界面。

10. 通过 SQL Server 联机丛书查阅 SQL Server 具有的新特点与新功能。

第 2 部分

数据库技术

实验1 数据库系统的基本操作

实验目的

安装某数据库系统,了解数据库系统的组织结构和操作环境,熟悉数据库系统的基本使用方法。

背景知识

学习与使用数据库,首先要选择并安装某数据库系统产品,或称某数据库管理系统(DBMS)。目前,主流中大型数据库系统有:ORACLE、SQL Server、Sybase、MySQL、Informix、Ingres、DB2、InterBase、PostgreSQL、MaxDB、SQL/DS 等;桌面或小型数据库系统有:Access 系列、VFP 系列、DBASE、FoxBASE、FoxPro 等。

而国产数据库产品或原型系统也有中国人民大学、北京大学、中国软件与服务总公司和华中理工大学合作研发的 COBASE 数据库管理系统,北京人大金仓信息技术股份有限公司研制的通用并行数据库管理系统 Kingbase ES 和小金灵嵌入式数据库系统,中国人民大学数据与知识工程研究所研发的 PBASE 并行数据库管理系统,EASYBASE 桌面数据库管理系统和 PBASE 并行数据库安全版等。此外,还有东软集团的 Openbase 数据库管理系统、武汉达梦的 DM 系列(http://www.dameng.com/)、南大通用、神舟通用等。但这些产品在商品化和成熟度方面还不够令人满意,在应用方面缺乏规模,还有待进一步扩大国内市场。

这里将以 SQL Server 2022 Developer 版为例介绍数据库系统的基本操作,相关数据库基本内容也涵盖了 SQL Server 2019/2017/2016 等版本,因此同样是可参考的。

实验示例

实验 1.1 安装 SQL Server 2022

安装 SQL Server 2022 的要求:①处理器:至少是 x64 架构的处理器;②内存:至少 4 GB(建议 8 GB 或更多);③存储空间:至少 6 GB 可用空间(建议更多,具体根据需求而定)。建议在安装前仔细阅读官方文档,并根据自己的需求选择正确的版本。

自己动手:了解 SQL Server 2022 各版本支持的功能及安装等,请参见网址:https://learn.microsoft.com/zh-cn/sql/sql-server/sql-server-2022-release-notes?view=sql-server-ver16。

SQL Server 2022 有 Enterprise 企业版、Standard 标准版、Web 版、Developer 开发版、Express 学习版等不同版本之间的选择。

SQL Server Developer 版是免费版本,支持开发人员基于 SQL Server 构建任意类型的应用程序。它包括企业版的所有功能,但有许可限制,只能用作开发和测试系统,而不能用作生产服务器。SQL Server Developer 版是构建和测试应用程序的人员的理想之选。本书将以 SQL Server 2022 Developer 版为主要介绍与使用对象,其他版本的安装与基本使用与之类似。

下载 Microsoft SQL Server 2022 Developer 版的网址为:https://www.microsoft.com/zh-cn/sql-server/sql-server-downloads,其中有多个 SQL Server 版本可供选择。

下载前一般要求先注册或登录一个已有 Microsoft 账户,这里下载后得到的自安装文件为:SQL2022-SSEI-Dev.exe。

双击该安装文件,启动安装过程。具体参阅二维码。

安装 SQL Server 2022 Developer 版

自己动手: ①下载并安装 Microsoft SQL Server 2016,网址:https://www.microsoft.com/zh-cn/evalcenter/evaluate-sql-server-2016。②下载并安装 Microsoft SQL Server 2017,网址:https://www.microsoft.com/zh-cn/evalcenter/evaluate-sql-server-2017-rtm。③下载并安装 Microsoft SQL Server 2019,网址:https://www.microsoft.com/zh-cn/evalcenter/evaluate-sql-server-2019。请注意,随时间推移下载地址可能会有所变化。

实验 1.2　如何验证 SQL Server 2022 服务的安装成功

若要验证 SQL Server 2022 安装成功,请确保安装的服务正运行于计算机上。检查 SQL Server 服务是否正在运行的方法:右击 Windows 界面的"开始"按钮,选择"计算机管理"→"服务和应用程序"→"服务";或者使用 Win+R 打开"运行"对话框,在"打开(O)"输入框中输入"services.msc"后选择"确定",打开"服务"操作界面,然后查找相应的服务显示名称。如实验图 1.1 所示。

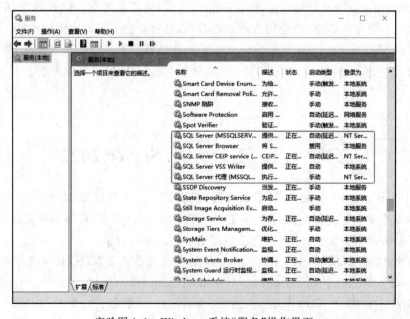

实验图 1.1　Windows 系统"服务"操作界面

实验表 1.1 列出服务显示名称及其提供的服务(表中有的服务 Express 版并不具有)。

实验表 1.1　SQL Server 2022 服务显示名称及其提供的服务

名称	服务
SQL Server 数据库引擎 (MSSQLSERVER 或 instancename)	SQL Server 数据库引擎包括数据引擎(用于存储、处理和保护数据的核心服务)、复制、全文搜索、管理关系数据和 XML 数据的工具(以数据分析集成和用于访问异类数据源的 PolyBase 集成的方式)以及使用关系数据运行 Python 和 R 脚本的机器学习服务。其中，MSSQLSERVER 或 instancename 是 SQL Server 数据库引擎的实例的名称(下同)
Analysis Services (MSSQLSERVER 或 instancename)	Analysis Services 包括一些工具,可用于创建和管理联机分析处理(OLAP)以及数据挖掘应用程序
Reporting Services (MSSQLSERVER 或 instancename)	Reporting Services 包括用于创建、管理和部署表格报表、矩阵报表、图形报表以及自由格式报表的服务器和客户端组件。Reporting Services 还是一个可用于开发报表应用程序的可扩展平台
Integration Services	Integration Services 是一组图形工具和可编程对象,用于移动、复制和转换数据,它还包括用于 Integration Services 的"数据质量服务"(DQS)组件
Master Data Services	Master Data Services(MDS)是针对主数据管理的 SQL Server 解决方案。MDS 可以配置 MDS 来管理任何领域(产品、客户、账户);MDS 中可包括层次结构、各种级别的安全性、事务、数据版本控制和业务规则以及可用于管理数据的用于 Excel 的外接程序
机器学习服务(数据库内)	机器学习服务(数据库内)支持使用企业数据源的分布式、可缩放的机器学习解决方案。SQL Server 2016 支持 R 语言,SQL Server 2022(16.x)支持 R 和 Python
通过 PolyBase 进行数据虚拟化	从 SQL Server 查询不同类型的数据源上的不同类型数据
Azure 连接服务	SQL Server 2022(16.x)扩展了 Azure 连接服务和功能,包括 Azure Synapse Link、Microsoft Purview 访问策略、SQL Server 的 Azure 扩展、即用即付计费以及 SQL 托管实例的链接功能

提示与技巧:实际服务名称与其显示名称略有不同。通过右击"服务"并选择"属性"可以查看服务名称。如果服务没有运行,通过右击"服务"再单击"启动"可以启动服务。如果服务无法启动,则请检查服务属性中的.exe 路径,确保指定的路径中存在.exe。

实验 1.3　认识安装后的 SQL Server 2022

SQL Server 2022 安装成功后会在"开始"菜单中生成类似如实验图 1.2 所示的程序组与程序项。

SQL Server 2022 默认安装在 C 盘的\Program Files 目录下,其目录布局类似如实验图 1.3 所示。

SQL Server 2022 包括一组完整的图形工具和命令行实用工具,有助于提高用户、程序员和管理员的工作效率。下面就 SQL Server 2022 主要组件及其使用进行介绍。

实验图1.2　安装后SQL Server 2022程序菜单情况

实验图1.3　SQL Server 2022安装后目录文件布局情况

实验1.4　SQL Server服务的启动与停止
——SQL Server配置管理器

　　SQL Server配置管理器(SQL Server Configuration Manager)管理与SQL Server相关的服务。尽管其中许多任务可以使用Windows服务对话框来完成,但值得注意的是,SQL Server配置管理器还可以对其管理的服务执行更多的操作(例如,在服务账户更改后应用正确的权限)。使用SQL Server配置管理器可以完成下列服务任务:①启动、停止和暂停服务;②将服务配置为自动启动或手动启动,禁用服务,或者更改其他服务设置;③更改SQL Server

服务所使用的账户的密码;④使用跟踪标志(命令行参数)启动 SQL Server;⑤查看服务的属性等。

下面就 SQL Server 配置管理器的基本使用作简单介绍。

先启动 SQL Server 配置管理器,参考方法是:"开始"→"所有程序"→"Microsoft SQL Server 2022"→"SQL Server 2022 配置管理器",SQL Server 配置管理器启动后界面如实验图 1.4 所示。选中某服务后能通过"菜单"或"工具"或右击弹出的快捷菜单实施操作。

如实验图 1.4 所示,在 SQL Server(MSSQLSERVER)服务记录上弹出快捷菜单,可以停止或暂停该服务。若选择"属性"菜单,则出现如实验图 1.5(a)所示的"属性"对话框,可设置登录身份为"内置账户"还是"本账户";选择"服务"选项卡,如实验图 1.5(b)所示,可查看服务信息,以及设置启动模式;在"高级"选项卡中能查看与设置高级选项,如实验图 1.5(c)所示。

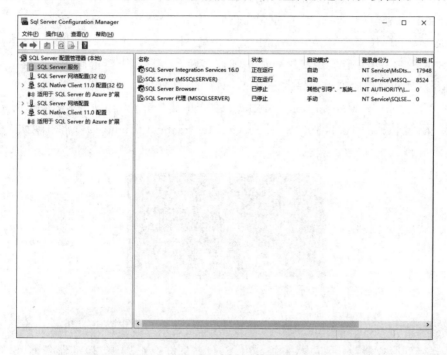

实验图 1.4　SQL Server Configuration Manager 主界面

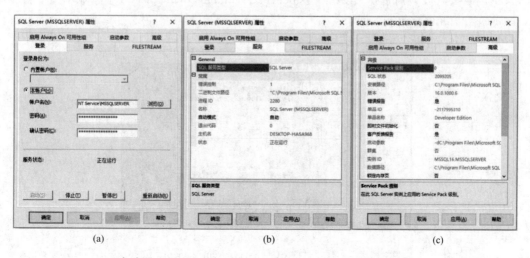

实验图 1.5　"SQL Server（MSSQLSERVER)属性"对话框

在 SQL Server Configuration Manager 界面左侧，依次选择"SQL Server 网络配置""MSSQLSERVER 的协议"，右侧呈现可用协议名，右击"TCP/IP"能"禁用"或"启用"该协议，选择"属性"菜单项(或双击该协议的按钮)能弹出"TCP/IP"属性对话框，从中能做一些设置工作或查看属性信息。

实验 1.5　SQL Server 2022 的一般使用

1. SQL Server Management Studio

SQL Server Management Studio(SQL Server 集成管理器，SSMS)是一种集成环境，用于管理任何 SQL 基础结构。可以使用 SSMS 访问、配置、管理和开发 SQL Server、Azure SQL 数据库、Azure SQL 托管实例、Azure VM 上的 SQL Server 和 Azure Synapse Analytics 的所有组件。SSMS 在一个综合实用工具中汇集了许多图形工具和丰富的脚本编辑器，为各种技能水平的开发者和数据库管理员提供 SQL Server 的访问权限。

启动 SQL Server Management Studio。在"开始"菜单上，依次选择"所有程序""Microsoft SQL Server Tools 19""SQL Server Management Studio 19"，将出现如实验图 1.6 所示的展示屏幕。

实验图 1.6　SQL Server 2022 展示屏幕

接着打开 Management Studio 窗体，并首先弹出"连接到服务器"对话框(如实验图 1.7 所示)。在"连接到服务器"对话框中，采用 SQL Server 身份验证，选择"服务器名称(S)"输入"登录名(L)"和"密码(P)"后选择"连接"。默认情况下，Management Studio 中将显示 2 个组件窗口，即实验图 1.8 中左侧上下两个。

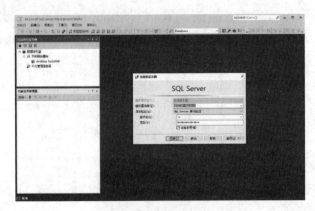

实验图 1.7　打开时的 SQL Server Management Studio

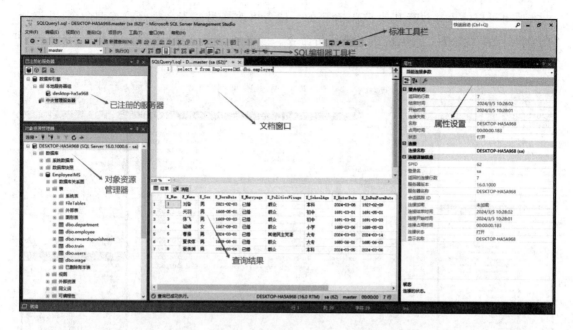

实验图 1.8　SQL Server Management Studio 的窗体布局

"已注册的服务器"组件列出的是经常管理的服务器，可以在此添加和删除服务器。否则，列出的服务器中仅包含运行 Management Studio 的本机上的 SQL Server 实例。如果未显示所需的服务器，可在"已注册的服务器"组件中右击"数据库引擎"，再选择"刷新"。

"对象资源管理器"可以管理所有服务器中所有对象，如包括 SQL Server Database Engine（数据库引擎）、Analysis Services、Reporting Services、Integration Services 和 Azure 存储系统等服务器的对象。打开 Management Studio 时，系统会提示用户将对象资源管理器连接到上次使用的设置。用户可以在"已注册的服务器"组件中双击任意服务器进行连接或右击任意服务器并在"连接"菜单中选择"对象资源管理器"。

选择标准工具栏上的"新建查询"按钮，将出现"文档窗口"，"文档窗口"是在 Management Studio 中的右侧大部分。

Management Studio 集成了原 SQL Server 2000 的企业管理器、查询分析器、服务管理器等功能于一体，是个集成管理器。**在对象资源管理器中，在对象上通过快捷菜单尝试各种对相应对象的操作，是学习并掌握 SSMS 基本使用的最基本方法。**下面是基本使用举例说明。

在对象资源管理器中展开某数据库如 AdventureWorks2022 及其表文件夹，选择某表如 HumanResources.Department，对其右击，在弹出的快捷菜单中选择"编辑前 200 行"菜单项，出现如实验图 1.9 所示的界面。在显示的表内容上可以完成表记录的添加、修改、删除等的维护功能，请读者尝试操作。

注意：SQL Server 2022 不再自带 AdventureWorks2022 示例数据库，请读者到如下网址自行下载并安装：https://learn.microsoft.com/zh-cn/sql/samples/adventureworks-install-configure?view=sql-server-ver16&tabs=ssms。

在打开表 HumanResources.Employee 后，选择"查询设计器"工具条上的 按钮，表维护子窗体拆分成上下两部分，如实验图 1.10 所示，上部分显示打开表相应的 SELECT 查询命令,在这里可以输入并执行其他 SQL 命令的。读者可改换另一表名来修改查询命令,并选择"查询设计器"工具条上的 按钮来执行新命令。读者可尝试选择"查询设计器"工具条上的其他按钮来执行不同的功能。

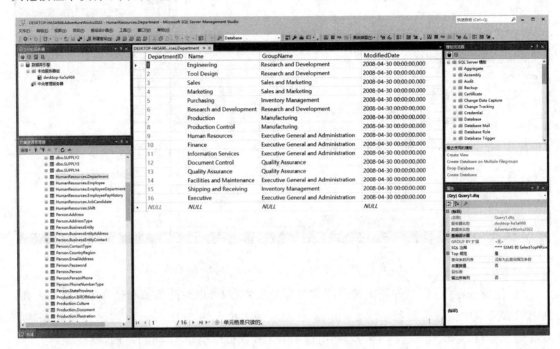

实验图 1.9　在 SSMS 中打开并维护表内容的界面

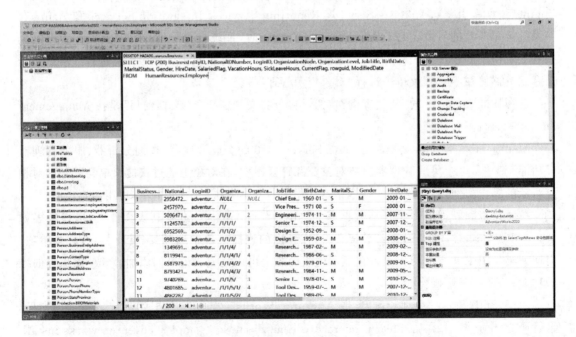

实验图 1.10　打开的维护表拆分成上下两部分

如实验图 1.10 所示,右部文档子窗体以"选项卡式文档"方式出现,选择某选项卡并拖动,选项卡文档能以独立窗口形式操作,如实验图 1.11 所示。

实验1 数据库系统的基本操作

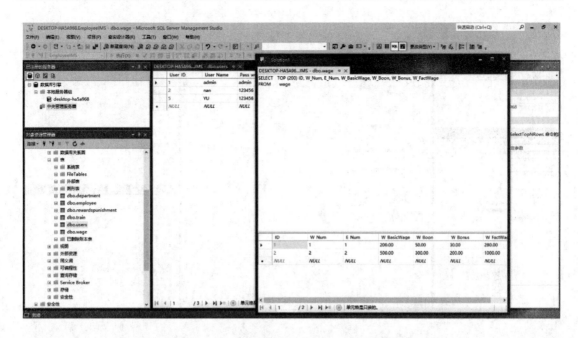

实验图 1.11 在查询子窗口中执行一批 T-SQL 命令

自己动手：类似地，你可以通过拖动子窗口到出现十字形定位器中心来还原选项卡式文档布局。

直接选择"标准"工具条上的 新建查询(N) 按钮，在出现"连接到服务器"对话框（也可能继承原有连接信息而不出现该对话框）并指定连接信息后，打开查询子窗口。在此子窗口中能输入并执行各种 T-SQL 命令。根据需要，选择 新建查询(N) 按钮能打开多个查询子窗口并分别独立执行各自的命令。选择"SQL 编辑器"工具条上的 更改连接按钮，能改变查询子窗口的连接信息，实现查询子窗口中操作命令针对其他数据库服务器中数据源的操作。

Management Studio 还提供了大量脚本模板，其中包含了许多常用任务的 T-SQL 语句。这些模板包含用户提供的值（如表名称）的参数。使用模板创建脚本，请执行以下操作：①在 Management Studio 的"视图"菜单上，选择"模板资源管理器"；②"模板资源管理器"中的模板是分组列出的，选择 Database，再双击 Create Database；③此时将打开一个新查询编辑器窗口，其中包含 Create Database 模板的内容；④在"查询"菜单上，选择"指定模板参数的值"；⑤在"指定模板参数的值"对话框中，"值"列包含一个"数据库名称"参数的建议值，在"数据库名称"输入框中，输入"Marketing"，再选择"确定"，请注意，Marketing 将替换脚本中的几个位置；⑥选择"执行"按钮 执行(X) 或按 F5 或在"查询"菜单中选择"执行"菜单项来运行生成的脚本。这样能成功创建 Marketing 数据库（如实验图 1.12 所示）。

自己动手：请使用同样的模板创建脚本的方法来删除刚创建的数据库 Marketing。

2. SQLCMD 实用工具教程

用户可以使用 sqlcmd 实用工具（Microsoft Win32 命令提示实用工具）来运行特殊的 T-SQL 语句和脚本。若要以交互的方式使用 sqlcmd，或要生成可使用 sqlcmd 来运行的脚本文件，则需要了解 T-SQL。通常以下列方式使用 sqlcmd 实用工具。

在 sqlcmd 环境中，以交互的方式输入 T-SQL 语句，输入方式与在命令提示符下输入的

实验图 1.12 使用模板创建并执行模板脚本

方式相同。命令提示符窗口中会显示结果(选择其他方式除外)。

用户可以通过下列方式提交 sqlcmd 作业:指定要执行的单个 T-SQL 语句,或将实用工具指向包含要执行的 T-SQL 语句的脚本文件。

(1) 启动 sqlcmd

使用 sqlcmd 的第一步是启动该实用工具。启动 sqlcmd 时,可以指定也可以不指定连接的 SQL Server 实例。

① 依次选择"开始""Windows 系统""命令提示符"。闪烁的下画线字符即为命令提示符。在命令提示符处,输入"sqlcmd",按 ENTER 键。

② "1>"是 sqlcmd 提示符,可以指定行号。每按一次 Enter 键,显示的数字就会加 1。

③ 现在已使用可信连接连接到计算机上运行的默认 SQL Server 实例。

④ 若要终止 sqlcmd 会话,请在 sqlcmd 提示符处输入"EXIT"。

⑤ 若要使用 sqlcmd 连接到名为 myServer 的 SQL Server 命名实例,必须使用-S 选项启动 sqlcmd。如输入"sqlcmd -S myServer",按 ENTER 键。

提示与技巧:Windows 身份验证是默认的身份验证。若要使用 SQL Server 身份验证,则必须使用-U 和-P 选项指定用户名和密码,"sqlcmd -?"能得到选项说明。

请使用要连接的 SQL Server 实例名称替换上述步骤中的 myServer。例如,sqlcmd -S DESKTOP-HA5A968 或 sqlcmd -S sqlcmd -S DESKTOP-HA5A968 -U sa -Psasasasa。DESKTOP-HA5A968 为服务器名。

(2) 使用 sqlcmd 运行 T-SQL 脚本文件

使用 sqlcmd 连接到 SQL Server 的命名实例之后,下一步便是创建 T-SQL 脚本文件。T-SQL 脚本文件是一个文本文件,它可以包含 T-SQL 语句、sqlcmd 命令以及脚本变量的组合。

若要使用记事本创建一个简单的 T-SQL 脚本文件,请执行下列操作:"开始"→"所有程序"→"附件"→"记事本"。在"记事本"中输入以下 T-SQL 代码,并在 D 驱动器中保存为 D:\myScript.sql 文件。

USE AdventureWorks2022 -- 使用了 SQL 2022 的 AdventureWorks2022 数据库
/****** Script for SelectTopNRows command from SSMS ******/
SELECT TOP 1000 *
FROM [AdventureWorks2022].[HumanResources].[Employee] e INNER JOIN [AdventureWorks2022].[HumanResources].[Department] d on e.BusinessEntityID = d.DepartmentID

① 运行脚本文件。打开"命令提示符"窗口,在"命令提示符"窗口中输入"sqlcmd -S DESKTOP-HA5A968 -i D:\myScript.sql",按 Enter 键。结果便会输出到"命令提示符"窗口,如实验图 1.13 所示。

② 将此输出保存到文本文件中。打开"命令提示符"窗口,在"命令提示符"窗口中输入"sqlcmd -S DESKTOP-HA5A968 -i D:\myScript.sql -o D:\EmpAdds.txt",按 Enter 键。"命令提示符"窗口中不会生成任何输出,而是将输出发送到 EmpAdds.txt 文件,如实验图 1.14 所示。可以打开 EmpAdds.txt 文件来查看此输出操作。

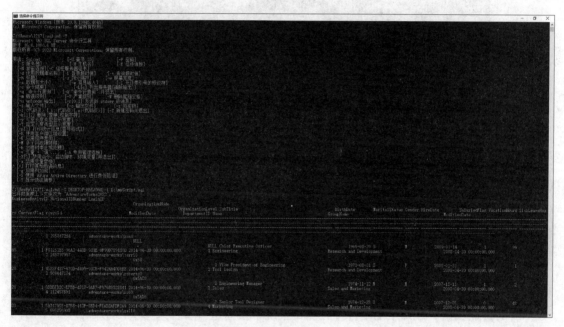

实验图 1.13 sqlcmd 运行示意图 1

3. SQL Server Profiler

SQL Server Profiler(事件探查器)是一个功能丰富的界面,用于创建和管理跟踪,并分析和重播跟踪结果。对 SQL Server Profiler 的使用取决于用户出于何种目的监视 SQL Server Database Engine 实例。例如,如果用户正处于生产周期的开发阶段,则会更关心如何尽可能地获取所有的性能详细信息,而不会过于关心跟踪多个事件会造成多大的开销。相反,如果用户正在监视生产服务器,则会希望跟踪更加集中,并尽可能占用较少的时间,以便尽可能地减轻服务器的跟踪负载。使用 SQL Server Profiler 可以完成以下内容。

① 监视 SQL Server Database Engine、分析服务器或 Integration Services 的实例(在它们发生后)的性能。

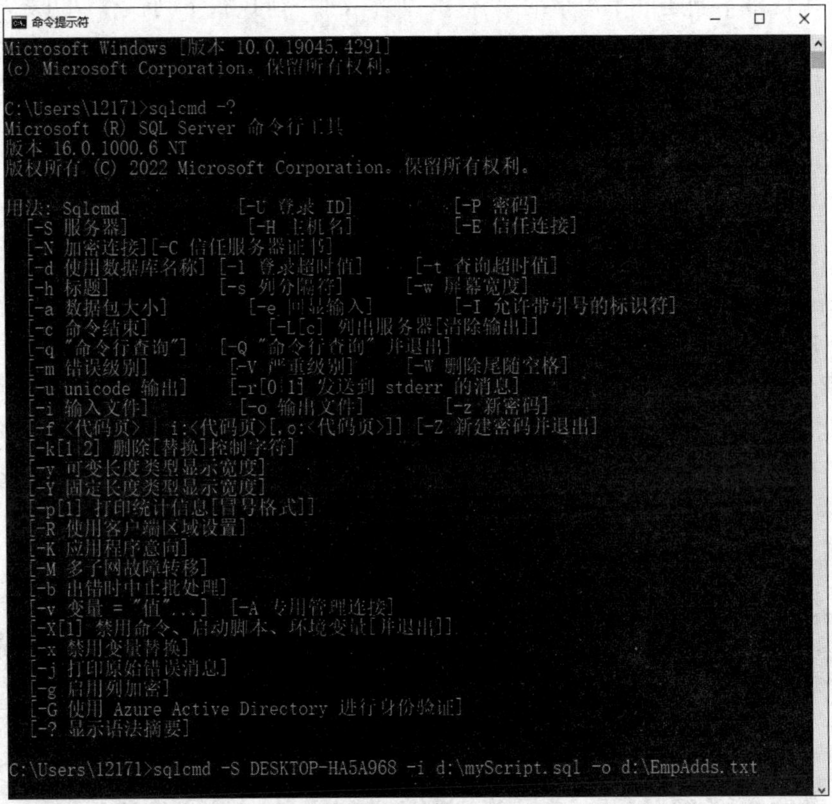

实验图 1.14　sqlcmd 运行示意图 2

② 调试 T-SQL 语句和存储过程。
③ 通过标识低速执行的查询来分析性能。
④ 通过重播跟踪来执行负载测试和质量保证。
⑤ 重播一个或多个用户的跟踪。
⑥ 通过保存显示计划的结果来执行查询分析。
⑦ 在项目开发阶段，通过单步执行语句来测试 T-SQL 语句和存储过程，以确保代码按预期方式运行。
⑧ 通过捕获生产系统中的事件并在测试系统中重播这些事件来解决 SQL Server 中的问题。这对测试和调试很有用，并使得用户可以不受干扰地继续使用生产系统。
⑨ 审核和检查在 SQL Server 实例中发生的活动。这使得安全管理员可以检查任何审核事件，包括登录尝试的成功与失败，以及访问语句和对象的权限的成功与失败。
⑩ 将跟踪结果保存在 XML 中，以提供一个标准化的层次结构来跟踪结果。这样，用户可以修改现有跟踪或手动创建跟踪，然后对其进行重播。
⑪ 聚合跟踪结果以允许对相似事件类进行分组和分析。这些结果基于单个列分组提供计数。
⑫ 允许非管理员用户创建跟踪。
⑬ 将性能计数器与跟踪关联以诊断性能问题。
⑭ 配置可用于以后跟踪的跟踪模板。

接下来以新建一个一般跟踪来说明事件探查器的基本使用。先启动事件探查器,方法是:"开始"→"所有程序"→"Microsoft SQL Server Tools 19"→"SQL Server Profiler 19"。选择"文件"菜单中的"新建跟踪"菜单项或直接选择工具栏上的"新建跟踪"按钮,出现"连接到服务器"对话框。设置连接信息后选择"连接"按钮,出现"跟踪属性"对话框。

在对话框中,在"跟踪名称"文本框中输入本次新建跟踪的名称P3,使用模板选择为"标准默认值",选择"保存到文件"复选框,指定要保存的跟踪文件(C:\Documents and Settings\Administrator\My Documents\P3.trc),选择"保存到表"复选框,在弹出的对话框中指定要保存到的数据库及表(DESKTOP-HA5A968.[AdventureWorks].[dbo].[P3])。此外,还可以指定其他选项。

选择"事件选择"选项卡可以选择并指定要跟踪的事件。确定后选择"运行"按钮。新建跟踪P3创建完成,跟踪画面如实验图1.15所示。在Management Studio的某一查询窗口中执行一条查询命令如:select * from Person.contact,可以在跟踪窗中立即看到被跟踪到的该条命令。跟踪时可以通过工具栏上的"工具"按钮直接控制跟踪的相关操作,如查找字符串、清除跟踪窗口、暂停所选跟踪、停止所选跟踪等。P3跟踪产生的信息除在跟踪窗口中能查看以外,还同时保存到跟踪文件及跟踪表中,能被同时或以后打开查看。

自己动手:①执行其他数据库操作观察事件跟踪情况;②找到同时生成的跟踪文件及跟踪表,打开并查看跟踪信息;③自己新建一个跟踪,掌握对事件探查器的基本使用。

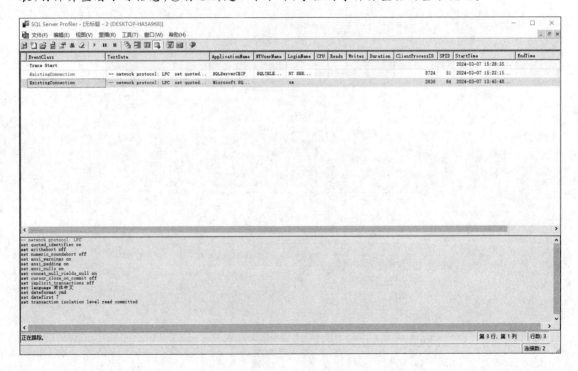

实验图1.15 事件跟踪画面

4. 数据库引擎优化顾问

使用数据库引擎优化顾问(Database Engine Tuning Advisor)可以优化数据库,提高查询处理的性能。数据库引擎优化顾问检查指定数据库中处理查询的方式,然后会建议用户如何通过修改物理设计结构（如索引、索引视图和分区）来改善查询处理性能。

数据库引擎优化顾问提供两个用户界面：图形用户界面（GUI）和 dta 命令提示实用工具。使用 GUI 可以方便快捷地查看优化会话结果，而使用 dta 命令提示实用工具则可以轻松地将数据库引擎优化顾问功能并入脚本中，从而实现自动优化。此外，数据库引擎优化顾问可以接受 XML 输入，该输入可对优化过程进行更多控制。

用户通过数据库引擎优化顾问，可以优化数据库、管理优化会话并查看优化建议。对物理设计结构很熟悉的用户可使用此工具执行探索性数据库优化分析。数据库优化初学者也可使用此工具为其优化的工作负荷找到最佳物理设计结构配置。

第一次使用时，必须由 sysadmin 固定服务器角色的成员来启动数据库引擎优化顾问，以初始化应用程序。初始化后，db_owner 固定数据库角色的成员便可使用数据库引擎优化顾问来优化他们拥有的数据库。

下面介绍实现数据库引擎优化顾问的基本操作（即实现对工作负荷 T-SQL 脚本文件的优化工作），先启动数据库引擎优化顾问，方法是："开始"菜单→"所有程序"→"Microsoft SQL Server Tools 19"→"数据库引擎优化顾问 19"，数据库引擎优化顾问启动时首先会出现"连接到服务器"对话框，如实验图 1.16 所示。

默认情况下，数据库引擎优化顾问将打开类似如实验图 1.17 所示的界面（说明：数据库引擎优化顾问不支持 SQL Server Express 版本），数据库引擎优化顾问 GUI 中将显示两个主窗格。

实验图 1.16　连接到数据库引擎优化顾问

实验图 1.17　SQL Server 默认新建会话

左窗格包含"会话监视器",其中列出已对此 SQL Server 实例执行的所有优化会话。打开数据库引擎优化顾问时,在窗格右半部分将显示一个新会话,这是数据库引擎优化顾问自动创建的会话。

右窗格包含"常规"和"优化选项"选项卡,在此可以定义数据库引擎优化会话。在"常规"选项卡中,可输入优化会话的名称,指定要使用的工作负荷文件或表,并选择要在该会话中优化的数据库和表等。

工作负荷是对要优化的一个或多个数据库执行的一组 T-SQL 语句,这里指定工作负荷文件为 myScript.sql,其脚本内容详见实验 1.5 节中"sqlcmd 实用工具教程"。限于篇幅,详细的优化过程读者自行摸索试用。

5. SQL Server 2022 联机丛书

SQL Server 2022 安装不带联机丛书,SQL Server 2022 联机丛书可由如下网址获得:https://learn.microsoft.com/zh-cn/sql/sql-server/? view=sql-server-ver16。输入 Learn 网址后"SQL Server 2022 联机丛书"Web 帮助界面如实验图 1.18 所示。

实验图 1.18 "SQL Server 2022 联机丛书"Web 帮助界面

该 Web 帮助界面可直观操作,窗口区域分为左右两部分,左侧是树型目录结构,包含各级分类帮助项,右侧为含文档链接或超链接的帮助信息。请读者自己查阅联机帮助。

6. SQL Server 2022 的退出

SQL Server 2022 的退出有两个层次,一是退出或关闭 SQL Server 2022 某程序项,如 SQL Server 2022 的集成管理器,方法即关闭相应窗体,这时对其他正在使用数据库服务器引擎的人或程序不产生实质的影响;二是停止或关闭 SQL Server 2022 的数据库服务器引擎,方法见实验 1.4 节,此时,其他人将不能再使用 SQL Server 2022 数据库服务器。

实验内容

本实验内容详见二维码。

实验 1 数据库系统基础
操作之实验内容

实验2　　数据库的基本操作

实验目的

　　掌握数据库的基础知识,了解数据库的物理组织与逻辑组成情况,学习创建、修改、查看、缩小、更名、删除等数据库的基本操作方法。

背景知识

　　数据库管理系统是操作与管理数据的系统软件,它一般提供两种操作与管理数据的手段:一种是相对简单易学的交互式界面操作方法;另一种是程序设计人员通过命令或代码(如 SQL Server 中称为 T-SQL)的方式来操作与管理数据的使用方法。前一种方法无须掌握命令,初学者能较快学习与掌握,是本次实验重点要介绍内容。后一种方法主要用于程序或开发设计出的应用系统中,是深入应用数据库技术所必需的。

　　中大型数据库系统数据的组织方式一般是:数据库是一个逻辑总体,它由表、视图、存储过程、索引、用户等其他众多逻辑单位组成,数据库作为一个整体对应于磁盘中的一个或多个磁盘文件。SQL Server 就是这种组织方式。

　　SQL Server 的数据库由3种类型文件来组织与存储数据:①主文件(.mdf)包含数据库的启动信息,主文件还可以用来存储数据,每个数据库都包含一个主文件;②次要文件(.ndf)保存所有主要数据文件中容纳不下的数据,如果主文件大到足以容纳数据库中的所有数据则不需要有次要数据文件,而另一些数据库可能非常大,需要多个次要数据文件,也可能需要使用多个独立磁盘驱动器上的次要文件,以将数据分布在多个磁盘上;③事务日志文件(.ldf)用来保存恢复数据库的日志信息,每个数据库必须至少有一个事务日志文件(尽管可以有多个),事务日志文件大小最小为 512 KB。因此,每个数据库至少有两个文件,即一个主文件和一个事务日志文件。

　　例如,可以创建一个简单的数据库 Sales,其中只包括一个包含所有数据和对象的主文件和一个包含事务日志信息的事务日志文件;也可以创建一个更复杂的数据库 Orders,其中包括一个主文件和5个次要文件,数据库中的数据和对象分散在所有6个文件中,而4个事务日志文件包含事务日志信息。

　　默认情况下,数据和事务日志被放在同一个驱动器上的同一个路径下,这是处理单磁盘系统时而采用的方法。但是在实际企业应用环境中,这可能不是最佳的方法,建议将数据文件和事务日志文件放在不同的磁盘上。

　　为了便于分配和管理,可以将数据文件集合起来放到文件组中。每个数据库有一个主要文件组,此文件组包含主要数据文件和未放入其他文件组的所有次要文件。用户可以创建所需的文件组,用于将数据文件集合起来,以便于管理、数据分配和放置。

数据库总是处于一个特定的状态中,这些状态包括 ONLINE、OFFLINE 或 SUSPECT。

本章实验中虽然也给出了 T-SQL 命令操作方法,但重点为交互式界面操作方法,而交互式界面操作的核心操作方法是通过灵活利用鼠标,在不同对象上弹出的快捷菜单进行操作,请读者在操作中充分体会这一点。

实验示例

创建数据库是实施数据库应用系统的第一步,创建合理结构的数据库需要合理的规划与设计,了解数据库逻辑结构与物理存储结构。数据库是表的集合,数据库中包含的各类对象如视图、索引、存储过程、同义词、可编程性对象、安全性对象等,都是以表的形式存储在数据库中的。

实验 2.1 创建数据库

若要创建数据库,则必须确定数据库的名称、所有者、大小以及存储该数据库的文件和文件组。请注意,创建数据库的用户将成为该数据库的所有者。

可以通过 Management Studio 中交互的方式或利用 CREATE DATABASE 语句来创建数据库。

1. 使用 Management Studio 创建数据库

在 Management Studio 的"对象资源管理器"中展开已连接数据库引擎的节点。在"对象资源管理器"中,选择"数据库"节点或某用户数据库节点,在弹出的快捷菜单中,选择"新建数据库"菜单项,会弹出如实验图 2.1 所示的对话框。在右侧"常规"页中,要求用户确定数据库名称、所有者、是否使用全文索引、"数据库文件"信息等。"数据库文件"信息包括分别对数据文件与日志文件的逻辑名称、文件类型、文件组、初始大小、自动增长最大大小、文件所在路径等的交互指定。当需要更多数据库文件时,可以选择下方的"添加"按钮。实际上对于初学者而言,只要输入数据库名称就行了,因为输入后,其他需指定内容都有缺省值(以后还可修改)。

完成"常规"页信息指定后,在实验图 2.1 左侧的"选择页"中选择"选项"页,出现如实验图 2.2 所示的"选项"页,可按需指定排序规则、恢复模式、兼容性级别、其他选项等选项值。

选择"文件组"页能对数据库的文件组信息进行指定(图略),也能添加新的"文件组"页以备数据库使用。

如实验图 2.1、实验图 2.2 所示,右侧第一行有"脚本"下拉列表框与"帮助"按钮两个选项,"脚本"下拉列表框能把新建数据库对话框中已指定的创建数据库信息以脚本(或命令)的形式保存到"新建查询"窗口、文件、剪贴板或作业中。生成的脚本能保存起来,以备以后修改使用。完成所有设定,最后选择"确定"按钮,完成新数据库的创建。

2. 使用 T-SQL 命令创建数据库

创建数据库的 T-SQL 命令是 CREATE DATABASE,掌握该命令的语法结构后,可直接写出数据库创建命令。

(1) 使用 CREATE DATABASE 命令

使用 CREATE DATABASE 命令能创建一个新数据库及存储该数据库的文件,能创建一个数据库快照,也能从先前创建的数据库的已分离文件中附加数据库。具体基本语法如下:

实验图 2.1 "新建数据库"对话框

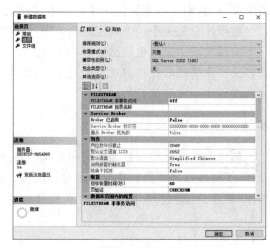

实验图 2.2 "新建数据库""选项"的指定

```
CREATE DATABASE database_name[ CONTAINMENT = { NONE | PARTIAL } ][ ON[ PRIMARY ] < filespec > [
 ,...n ][ , < filegroup > [ ,...n ] ][ LOG ON < filespec > [ ,...n ] ][ COLLATE collation_name ][ WITH <
option > [...n ] ][;]   --创 建 数 据 库
  CREATE DATABASE database_name ON < filespec > [ ,...n ] FOR { { ATTACH [ WITH < attach_database_
option > [ ,...n ] ] } | ATTACH_REBUILD_LOG } [;]   --附 件 一 个 数 据 库
  CREATE DATABASE database_snapshot_name ON ( NAME = logical_file_name,FILENAME = ´os_file_name´
) [ ,...n ] AS SNAPSHOT OF [;]   --创 建 数 据 库 快 照
  < filespec > ::= {(NAME = logical_file_name ,FILENAME = { ´os_file_name´ | ´filestream_path´ }[
, SIZE = size [ KB | MB | GB | TB ] ][ , MAXSIZE = { max_size [ KB | MB | GB | TB ] | UNLIMITED } ][ ,
FILEGROWTH = growth_increment [ KB | MB | GB | TB | % ] ])}
  < filegroup > ::= {FILEGROUP filegroup_name [ [ CONTAINS FILESTREAM ] [ DEFAULT ] | CONTAINS MEMORY
_OPTIMIZED_DATA ]< filespec > [ ,...n ]}
```

请查阅 SQL Server 2022 的联机帮助,以便了解更详细的命令信息(下同,不再提示)。完整的 CREATE DATABASE 命令较复杂,但采用缺省值最简单的创建命令只要提供数据库名称即可,如 CREATE DATABASE jxgl,该命令创建了一个新的数据库 jxgl。

实验例 2.1 创建未指定详细文件信息的数据库,本例创建名为 jxgl 的数据库,并创建相应的主文件和事务日志文件。因为语句没有< filespec >项,所以主数据库文件的大小为 model 数据库主文件的大小。事务日志将设置为下列值中的较大者:512 KB 或主数据文件大小的 25%。因为没有指定 MAXSIZE,文件可以增大到填满所有可用的磁盘空间为止。

```
USE master;   -- 操作数据库,往往要求 master 为当前数据库,以下可略该命令
IF DB_ID(N´jxgl´) IS NOT NULL DROP DATABASE jxgl;    --判断是否已有? 有则先删
CREATE DATABASEjxgl;                                  -- 创建数据库
SELECT name, size,size * 1.0/128 AS [Size in MBs]
FROM sys.master_files WHERE name = N´jxgl´;          -- 验证数据库文件和其文件大小
-- 比较早期版本,创建数据库的缺省大小有所变大
```

实验例 2.2 创建指定数据和事务日志文件的数据库,本例将创建数据库 Sales。因为没有使用关键字 PRIMARY,所以第一个文件(Sales_dat)将成为主文件。因为在 Sales_dat 文件的 SIZE 参数中没有指定 MB 或 KB,所以将使用 MB 并按 MB 分配。Sales_log 文件以 MB 为单位进行分配,因为 SIZE 参数中显式声明了 MB 后缀。

IF DB_ID(N´Sales´) IS NOT NULL DROP DATABASE Sales;
--得到 SQL Server 存放数据库文件的路径
DECLARE @data_path nvarchar(256);   -- @data_path 中存放 SQL Server 数据库路径
SET @data_path = (SELECT SUBSTRING(physical_name,1,CHARINDEX(N´master.mdf´,LOWER(physical_name))-1) FROM master.sys.master_files WHERE database_id = 1 AND file_id = 1);
EXECUTE(´CREATE DATABASE Sales ON (NAME = Sales_dat, FILENAME = ´´´ + @data_path + ´saledat.mdf´´,SIZE = 10,MAXSIZE = 50,FILEGROWTH = 5) LOG ON (NAME = Sales_log, FILENAME = ´´´ + @data_path + ´salelog.ldf´´,SIZE = 5MB, MAXSIZE = 25MB, FILEGROWTH = 5MB)´);
--上命令,通过 EXECUTE 执行 CREATE DATABASE 命令

实验例 2.3 创建一个 student 数据库,其中主文件组包含主要数据文件 student1_dat(该文件放在 C 盘根目录)和次要数据文件 student2_dat(其他文件均放在 SQL Server 数据缺省的安装目录中)。另有两个次要文件组:次要文件组 studentGroup1 包含 studentg11_dat 和 studentg12_dat 两个次要数据文件;次要文件组 studentGroup2 包含 studentg21_dat 和 studentg22_dat 两个次要数据文件。日志的逻辑文件名为 student_log。根据这些要求,在新建查询窗口中,输入创建数据库的完整命令如下:

IF DB_ID(N´student´) IS NOT NULL DROP DATABASE student;
--@data_path 的取值请参阅上例中的设置语句,即运行本例时上例 DECLARE、SET 语句应放此处。
EXECUTE(´CREATE DATABASE student ON PRIMARY
(NAME = student1_dat,FILENAME = ´´c:\student1_dat.mdf´´,SIZE = 5,MAXSIZE = 50,FILEGROWTH = 15%),
(NAME = student2_dat, FILENAME = ´´´ + @data_path + ´student2_dat.ndf´´, SIZE = 5, MAXSIZE = 50, FILEGROWTH = 15%),
FILEGROUP studentGroup1
(NAME = studentg11_dat,FILENAME = ´´´ + @data_path + ´studentg11_dat.ndf´´,SIZE = 5,MAXSIZE = 50, FILEGROWTH = 5),(NAME = studentg12_dat,FILENAME = ´´´ + @data_path + ´studentg12_dat.ndf´´,SIZE = 5, MAXSIZE = 50,FILEGROWTH = 5),
FILEGROUP studentGroup2
(NAME = studentg21_dat,FILENAME = ´´´ + @data_path + ´studentg21_dat.ndf´´,SIZE = 5,MAXSIZE = 50, FILEGROWTH = 5),(NAME = studentg22_dat,FILENAME = ´´´ + @data_path + ´studentg22_dat.ndf´´,SIZE = 5, MAXSIZE = 50,FILEGROWTH = 5)
LOG ON (NAME = student_log,FILENAME = ´´´ + @data_path + ´studentlog.ldf´´,
SIZE = 5MB,MAXSIZE = 25MB,FILEGROWTH = 5MB)´); -- 以执行字符串命令形式执行

提示与技巧:使用文件组对文件进行分组,以便于管理和数据的分配与放置,提高数据存取的整体性能。

实验例 2.4 附加数据库。以下示例分离实验例 2.2 中创建的数据库 Sales,然后使用 FOR ATTACH 子句附加该数据库。Sales 定义为具有多个数据和日志文件。但是由于文件的位置自创建后没有发生更改,所以只需在 FOR ATTACH 子句中指定主文件。在 SQL Server 2022 中,要附加的数据库中包含的所有全文文件也将随之一起附加。

SP_DETACH_DB Sales;
GO --注意运行本例时@data_path 的取值请参阅例 2.2,DECLARE 与 SET 语句应放 GO 语句后,下同。
EXEC(´CREATE DATABASE Sales ON (FILENAME = ´´´ + @data_path + ´saledat.mdf´´) FOR ATTACH´);
-- 执行 CREATE DATABASE 附加 Sales 数据库

实验例 2.5 创建数据库快照。以下示例创建数据库快照 sales_snapshot0800。由于数

据库快照是只读的,所以不能指定日志文件。为了符合语法要求,指定了源数据库中的每个文件,但没有指定文件组。该示例的源数据库是在实验例 2.2 中创建的 Sales 数据库。

EXECUTE (´CREATE DATABASE sales_snapshot0800 ON (NAME = Sales_dat,FILENAME = ´´´+ @data_path + ´ saledat_0800.ss´´) AS SNAPSHOT OF Sales´); --注意 Express 版本不支持 Database Snapshot

(2) 通过模板创建数据库

掌握 CREATE DATABASE 命令有困难时,还可利用 SQL Server 2022 提供的命令模板产生创建数据库的命令脚本,这样基本能傻瓜型地完成命令式数据库创建。方法如下:

① "模板资源管理器"按钮 在菜单"视图(V)"中,单击后会出现如实验图 2.3 所示的模板浏览器。

② 展开 Database,其中包含了关于数据库的一系列模板,如 Attach Database、Bring Database Online、Create Database on Multiple Filegroups、Create Database Snapshot、Create Database 等。

③ 双击一种创建数据库的模板,如 CREATE DATABASE on Multiple Filegroups,在打开的新查询窗口中已生成了含多文件组的数据库创建脚本。脚本中尖括号括起部分为模板参数,含参数的模板脚本还不能直接执行,用户可直接给参数指定值或利用"指定模板参数的值"工具按钮完成参数值的替换。

④ "指定模板参数的值"工具按钮 在"SQL 编辑器"工具条上(菜单"视图"→"工具栏"→"SQL 编辑器"能选择的"SQL 编辑器"工具条)。选择后出现"指定模板参数的值"对话框,其中主要有含"参数、类型、值"三列的一张表格,其中"值"这一列是要改动的参数值,一一修改后,选

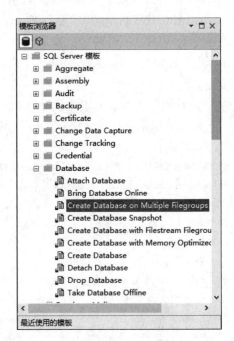

实验图 2.3　模板浏览器最近使用的模板

择"确定"按钮后便能发现参数全部替换过来了,接着查看脚本,也可直接修改命令选项,然后可选择 ✓ 按钮分析代码的语法结构,选择 ▶ 执行(X) 按钮执行脚本,顺利的话,一个需要的数据库就创建好了。

自己动手:实践例题中介绍的数据库的多种创建方法,并进行分析比较。

实验 2.2　查看数据库

1. 查看数据库元数据

可以使用各种目录视图、系统函数和系统存储过程来查看数据库、文件、分区和文件组的属性。下表列出了返回有关数据库、文件和文件组信息的目录视图、系统函数和系统存储过程。实验表 2.1 的使用举例如下。

实验表 2.1　查看数据库元数据的常用目录视图、系统函数和系统存储过程

视图	函数	存储过程和其他语句
Sys.databases	DATABASE_PRINCIPAL_ID	sp_databases
Sys.database_files	DATABASEPROPERTYEX	sp_helpdb
Sys.data_spaces	DB_ID	sp_helpfile
Sys.filegroups	DB_NAME	sp_helpfilegroup
Sys.allocation_units	FILE_ID	sp_spaceused
Sys.master_files	FILE_IDEX	DBCC SQLPERF
Sys.partitions	FILE_NAME	
Sys.partition_functions	FILEGROUP_ID	
Sys.partition_parameters	FILEGROUP_NAME	
Sys.partition_range_values	FILEGROUPPROPERTY	
Sys.partition_schemes	FILEPROPERTY	
Sys.dm_db_partition_stats	fn_virtualfilestats	

(1) 视图的使用：Select * from sys.databases

表格列出 SQL Server 实例中的每个数据库的元数据信息，一个数据库对应一行。元数据信息有：数据库名称(name)(在 SQL Server 实例中唯一)、数据库 ID(database_id)、数据库快照的源数据库 ID(source_database_id)、数据库的创建或重命名日期(create_date)、对应于兼容行为的 SQL Server 版本的整数(compatibility_level)、数据库的排序规则(collation_name)等。

(2) 函数的使用：FILE_NAME(file_ID)

返回给定文件标识(ID)号的逻辑文件名，以下示例返回 jxgl 数据库中的 file_ID=1 和 file_ID=2 的文件名。

USEjxgl; SELECT FILE_NAME(1),FILE_NAME(2);

(3) 存储过程的使用：sp_helpdb

报告有关指定数据库或所有数据库的信息。以下示例显示有关运行 SQL Server 的服务器上所有数据库的信息。

exec sp_helpdb;

2. 数据库属性的查看或设置

通过查看数据库元数据，能查看到数据库的属性，但通过命令的方式并不是那么的直观。查看数据库属性最直接的方法还是通过数据库属性对话框，其方法是在"对象资源管理器"中选择某数据库，右击快捷菜单中的"属性"菜单项。在如实验图 2.4 所示的窗口中，选择左上的选项，能直观地看到分类的属性，并且能对一些属性直接设置。这也是最方便的修改数据库的一种方法。

至于数据库中含有的逻辑内容(数据库关系图、表、视图等)的查看与修改，交互式的方法是在如实验图 1.8 所示的数据库展开的树型结构中直接地选择并通过右击弹出的快捷菜单进行操作。

实验图 2.4 "数据库属性"窗口

实验 2.3 维护数据库

创建数据库后,可以对其原始定义进行更改,包括扩展、收缩、添加或删除数据文件,分离或附加数据库,移动、重命名、删除数据库等。这些数据库的修改操作可以交互式完成,也可以通过 T-SQL 命令完成。交互式修改或操作数据库主要是通过鼠标右键的快捷菜单完成,如实验图 2.5 所示。这里主要就通过 T-SQL 命令修改数据库的实现进行简单介绍。

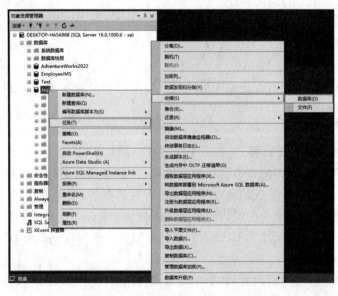

实验图 2.5 交互式操作数据库的快捷菜单

ALTER DATABASE 命令的部分语法如下：

ALTER DATABASE database_name{ < add_or_modify_files > | < add_or_modify_filegroups >}
< add_or_modify_files >::= { ADD FILE < filespec > [,...n] [TO FILEGROUP { filegroup_name }] | ADD LOG FILE < filespec > [,...n] | REMOVE FILE logical_file_name | MODIFY FILE < filespec >}
< filespec >::= (NAME = logical_file_name [, NEWNAME = new_logical_name] [, FILENAME = {´os_file_name´ | ´filestream_path´ | ´memory_optimized_data_path´ }] [, SIZE = size [KB | MB | GB | TB]] [, MAXSIZE = { max_size [KB | MB | GB | TB] | UNLIMITED }] [, FILEGROWTH = growth_increment [KB | MB | GB | TB| %]] [, OFFLINE])
< add_or_modify_filegroups >::= { | ADD FILEGROUP filegroup_name [CONTAINS FILESTREAM | CONTAINS MEMORY_OPTIMIZED_DATA] | REMOVE FILEGROUP filegroup_name | MODIFY FILEGROUP filegroup_name { < filegroup_updatability_option > | DEFAULT | NAME = new_filegroup_name | { AUTOGROW_SINGLE_FILE | AUTOGROW_ALL_FILES } }}
< filegroup_updatability_option >::= { { READONLY | READWRITE } | { READ_ONLY | READ_WRITE }}
…… -- 省略 ALTER DATABASE 的其他子句

1. 扩展数据库

SQL Server 2022 可根据创建数据库时定义的增长参数自动扩展数据库，也可以通过在现有的数据库文件上分配更多文件空间，或者在另一个新文件上分配空间来手动扩展数据库。如果现有的文件已满，则可能需要扩展数据或事务日志的空间。如果数据库已经用完分配给它的空间且不能自动增长，则会出现 1105 错误。

扩展数据库时，必须使数据库的大小至少增加 1 MB。如果扩展了数据库，则根据被扩展的文件、数据文件或事务日志文件将可以立即使用新空间。

扩展数据库时，应指定允许文件增长到的最大大小。这样可防止文件无限制地增大，以至于用尽整个磁盘空间。若要指定文件的最大大小，可使用 ALTER DATABASE 语句的 MAXSIZE 参数，或者在使用 Management Studio 中的"属性"对话框来扩展数据库时，使用"最大文件大小限制为(MB)"选项。

扩展数据库与增加数据或事务日志空间的过程是相同的。实现数据库的扩展无非如下一些办法：①增加数据库当前使用的默认文件组中文件的大小；②向默认文件组中添加新文件；③允许数据库使用的文件自动增长。

实验例 2.6 向数据库中添加文件。本例将一个 5 MB 的数据文件添加到 AdventureWorks2022 数据库。

EXECUTE (´ALTER DATABASE AdventureWorks2022 ADD FILE (NAME = Test2dat2,FILENAME = ´´´ + @data_path + ´test2dat2.ndf´´,SIZE = 5MB,MAXSIZE = 100MB,FILEGROWTH = 5MB)´);

实验例 2.7 向数据库中添加由两个文件组成的文件组。本例在 AdventureWorks2022 数据库中创建文件组 Test1FG1，然后将两个 5 MB 的文件添加到该文件组。

ALTER DATABASE AdventureWorks2022 ADD FILEGROUP Test1FG1;
EXECUTE (´ALTER DATABASE AdventureWorks2022 ADD FILE (NAME = test3dat3,FILENAME = ´´´ + @data_path + ´test3dat3.ndf´´, SIZE = 5MB,MAXSIZE = 100MB,FILEGROWTH = 5MB), (NAME = test4dat4,FILENAME = ´´´ + @data_path + ´test4dat4.ndf´´,SIZE = 5MB,MAXSIZE = 100MB,FILEGROWTH = 5MB) TO FILEGROUP Test1FG1´);

实验例 2.8 向数据库中添加两个日志文件。本例向 AdventureWorks2022 数据库中添加两个 5 MB 的日志文件。

EXECUTE (´ALTER DATABASE AdventureWorks2022 ADD LOG FILE (NAME = test2log2,FILENAME = ´´´ + @data_path + ´test2log2.ldf´´, SIZE = 5MB,MAXSIZE = 100MB,FILEGROWTH = 5MB),(NAME = test3log3,FILENAME = ´´´ + @data_path + ´test3log3.ldf´´,SIZE = 5MB,MAXSIZE = 100MB,FILEGROWTH = 5MB)´);

实验例 2.9 使文件组成为默认文件组。本例使用实验例 2.7 创建的 Test1FG1 文件组成为默认文件组。然后,默认文件组被重置为 PRIMARY 文件组。请注意必须使用括号或引号分隔 PRIMARY。

```
ALTER DATABASE AdventureWorks2022 MODIFY FILEGROUP Test1FG1 DEFAULT;
ALTER DATABASE AdventureWorks2022 MODIFY FILEGROUP [PRIMARY] DEFAULT;
```

如下命令做相反的删除操作,恢复 AdventureWorks2022 的文件组织情况。

```
ALTER DATABASE AdventureWorks2022 remove FILE test3dat3;
ALTER DATABASE AdventureWorks2022 remove FILE test4dat4;
ALTER DATABASE AdventureWorks2022 remove FILE test2log2;
ALTER DATABASE AdventureWorks2022 remove FILE test3log3;
ALTER DATABASE AdventureWorks2022 remove FILEGROUP Test1FG1;
```

2. 收缩数据库

在 SQL Server 2022 中,数据库中的每个文件都可以通过删除未使用的页的方法来减小文件大小。尽管数据库引擎会有效地重新使用空间,但某个文件多次出现无须原来文件大小的情况后,收缩文件就变得很有必要了。数据和事务日志文件都可以减小(收缩)。可以成组或单独地手动收缩数据库文件,也可以设置数据库,使其按照指定的间隔自动收缩。

文件始终从末尾开始收缩。例如,如果有个 5 GB 的文件,并且在 DBCC SHRINKDATABASE 语句中将 target_size 指定为 4 GB,则数据库引擎将从文件的最后 1 GB 开始释放尽可能多的空间。如果文件中被释放的部分包含使用过的页,则数据库引擎先将这些页重新放置到保留的部分。只能将数据库收缩到没有剩余的可用空间为止。例如,如果某个 5 GB 的数据库有 4 GB 的数据并且在 DBCC SHRINKDATABASE 语句中将 target_size 指定为 3 GB,则只能释放 1 GB。

(1) 自动数据库收缩

将 AUTO_SHRINK 选项设置为 ON 后,数据库引擎将自动收缩有可用空间的数据库。命令为:ALTER DATABASE jxgl SET AUTO_SHRINK ON WITH NO_WAIT。数据库引擎会定期检查每个数据库的空间使用情况。如果某个数据库的 AUTO_SHRINK 选项设置为 ON,则数据库引擎将减少数据库中文件的大小。该活动在后台进行,并且不影响数据库内的用户活动。

(2) 手动数据库收缩

可以使用 DBCC SHRINKDATABASE 语句或 DBCC SHRINKFILE 语句来手动收缩数据库或数据库中的文件。如果 DBCC SHRINKDATABASE 或 DBCC SHRINKFILE 语句无法回收日志文件中的所有指定空间,则该语句将发出信息性消息,指明必须执行什么操作以便释放更多空间。该过程中的任意时间都可停止 DBCC SHRINKDATABASE 和 DBCC SHRINKFILE 操作,所有已完成工作都将保留。

在使用 DBCC SHRINKDATABASE 语句时,用户无法将整个数据库收缩得比其初始大小更小。因此,如果数据库创建时的大小为 10 MB,后来增长到 100 MB,则该数据库最小只能收缩到 10 MB,即使删除数据库的所有数据也是如此。

在使用 DBCC SHRINKFILE 语句时,可以将各个数据库文件收缩得比其初始大小更小。但必须对每个文件分别进行收缩,而不能收缩整个数据库。

(3) 收缩事务日志

事务日志文件可在固定的边界内收缩。日志中虚拟日志文件的大小决定着可能减小的大小,因此不能将日志文件收缩到比虚拟日志文件还小。此外,日志文件收缩的增量大小与虚拟日志文件的大小相等。例如,一个大小为 1 GB 的事务日志文件可以由 5 个大小为 200 MB 左右的虚拟日志文件组成。收缩事务日志文件将删除未使用的虚拟日志文件,但至少会留下两个虚拟日志文件。由于此示例中的每个虚拟日志文件都是 200 MB,因此事务日志最小只能减小到 200 MB,且只能以 200 MB 的大小为增量减小。若要将事务日志文件减小得更小,可以创建一个较小的事务日志,并让其自动增长,而不要一次创建一个大型的事务日志文件。在 SQL Server 2022 中,DBCC SHRINKDATABASE 或 DBCC SHRINKFILE 操作会直接尝试将事务日志文件减小到所要求的大小(以四舍五入的值为准)。如下举例说明。

实验例 2.10 命令收缩数据库 jxgl(教学管理)。

```
USE [jxgl]; ALTER DATABASE jxgl SET RECOVERY simple; --设置数据库恢复模式为简单
DBCC SHRINKDATABASE(N´jxgl´)
ALTER DATABASE jxgl SET RECOVERY full;    --设置数据库恢复模式为完整
```

实验例 2.11 在 Management Studio 中收缩数据库 jxgl。

对象资源管理器→数据库→右击 jxgl(具体某一要收缩的数据库)→"任务"→"收缩"→"数据库"菜单项→出现"收缩数据库"对话框→设定选项→选择"确定"按钮。

提示与技巧:要有效而彻底地收缩数据库,收缩操作之前要设置数据库恢复模式为简单模式。交互式方法是:在 Management Studio 中,选择数据库名称(如 jxgl),右击属性,选择选项,在恢复模式中选择"简单",然后选择"确定"进行保存。收缩数据库完成后,建议将数据库属性重新设置为完整恢复模式。

实验例 2.12 命令收缩数据库文件 jxgl(物理文件名 jxgl.mdf)到 8 MB。

```
USE [jxgl]; DBCC SHRINKFILE(jxgl,8);
```

实验例 2.13 在 Management Studio 中收缩数据库文件 jxgl.mdf。

对象资源管理器→数据库→右击 jxgl(具体某一要收缩的数据库)→"任务"→"收缩"→"文件"菜单项→出现"收缩文件"对话框→设定选项→选择"确定"按钮。

自己动手:实践数据库的基本管理方法,特别是数据库属性的查阅、收缩数据库等。

3. 添加和删除数据文件和事务日志文件

可以添加数据和事务日志文件以扩充数据库,也可以删除它们以减小数据库。

SQL Server 在每个文件组中的所有文件间实施按比例填充策略,并使写入的数据量与文件中的可用空间成正比,这可以使新文件立即投入使用。通过这种方式,所有文件通常可以几乎同时充满。但是,事务日志文件不能作为文件组的一部分,它们是相互独立的。事务日志增长时,使用填充到满的策略而不是按比例填充策略,即先填充第一个日志文件,然后填充第二个,依次类推。因此当添加日志文件时,事务日志无法使用该文件,直到其他文件已先填充。

(1) 添加文件

添加文件后,数据库可以立即使用该文件。向数据库添加文件时,可以指定文件的大小。文件大小的默认值为 1 MB。如果未指定主文件的大小,那么数据库引擎将使用 model 数据库中主文件的大小。如果指定了辅助数据文件或日志文件但未指定文件大小,那么数据库引擎将指定文件大小为 1 MB。为主文件指定的大小应至少与 model 数据库的主文件大小相同。

如果文件中的空间已用完,可以设置该文件应增长到的最大大小。如果需要,还可以设置文件增长的增量。如果未指定文件的最大大小,那么文件将无限增长,直到磁盘满了为止。如果未指定文件增量,则数据文件的默认增量为 1 MB,日志文件的默认增量为 10%。最小增量为 64 KB。

可以指定文件所属的文件组。文件组是文件的命名集合,用于简化数据存放和管理任务(例如,备份和还原操作)。添加文件的具体操作请参阅实验 2.3 节"扩展数据库"中的例子。

(2) 删除文件

删除数据或事务日志文件将从数据库中删除该文件。只有文件中没有数据或事务日志文件时,才可以从数据库中删除文件,并且文件必须完全为空,才能够被删除。若要将数据从一个数据文件移到同一文件组的其他文件中,请使用 DBCC SHRINKFILE 语句并指定 EMPTYFILE 子句,如 DBCC SHRINKFILE(test3dat3,EMPTYFILE),test3dat3 是要迁移出数据的文件逻辑名称。由于 SQL Server 不再允许在文件中放置数据,所以可以使用 ALTER DATABASE 语句删除数据,命令如:

ALTER DATABASE AdventureWorks2022 REMOVE FILE test3dat3

将事务日志数据从一个日志文件移到另一个日志文件时不能删除事务日志文件。若要从事务日志文件中删除不活动的事务,则必须截断或备份该事务日志。事务日志文件不再包含任何活动或不活动的事务时,可以从数据库中删除该日志文件。

提示与技巧:添加或删除文件后,请立即创建数据库备份。在创建完整的数据库备份之前,不应该创建事务日志备份。

① 删除一个数据库文件 test2dat2

ALTER DATABASE AdventureWorks2022 REMOVE FILE test2dat2;

② 在 Management Studio 中添加数据或日志文件

对象资源管理器→数据库→右击 jxgl(具体某一要添加文件的数据库)→"属性"→出现"数据库属性"对话框→"选择页"中选择"文件"→选择"添加"按钮→指定文件逻辑名称及其他文件选项→选择"确定"按钮。

③ 在 Management Studio 中删除数据或日志文件

对象资源管理器→ 数据库→ 右击 jxgl(具体某一要删除文件的数据库)→"属性"→出现"数据库属性"对话框→"选择页"中选择"文件"→ 在右边窗口选择要删除的文件行→选择"删除"按钮 →选择"确定"按钮。

4. 设置数据库选项

可以为每个数据库都设置若干决定数据库特征的数据库级选项。这些选项对于每个数据库而言都是唯一的,而且不影响其他数据库。当创建数据库时,这些数据库选项设置为默认值,而且可以使用 ALTER DATABASE 语句的 SET 子句来更改这些数据库选项。此外,Management Studio 可以用来设置这些选项中的大多数,设置方法是:对象资源管理器→数据库→右击 jxgl(某一数据库)→"属性"→出现"数据库属性"对话框→"选择页"中选择"选项"→在右边针对各不同选项,直接选择或指定相应选项值→选择"确定"按钮。

若要更改所有新创建的数据库的任意数据库选项的默认值,则请更改 model 数据库中相应的数据库选项。例如,对于随后创建的任何新数据库,如果希望 AUTO_SHRINK 数据库选项的默认设置都为 ON,则将 model 的 AUTO_SHRINK 选项设置为 ON,命令如:ALTER DATABASE model SET AUTO_SHRINK ON WITH NO_WAIT。设置了数据库选项之后,将自动产生一个检查点,它会使修改立即生效。以下举例说明。

① 设置 AdventureWorks2022 示例数据库的恢复模式和数据页面验证选项如下:

ALTER DATABASE AdventureWorks2022 SET RECOVERY FULL, PAGE_VERIFY CHECKSUM;

② 将数据库或文件组的状态更改为 READ_ONLY 或 READ_WRITE 需要具有数据库的独占访问权。以下示例将数据库设置为 SINGLE_USER 模式,以获得独占访问权。然后该示例将 AdventureWorks2022 数据库的状态设置为 READ_ONLY,并将数据库的访问权返回给所有用户。

ALTER DATABASE AdventureWorks2022 SET SINGLE_USER WITH ROLLBACK IMMEDIATE;

马上启动 sqlcmd,验证发现已不能再打开 AdventureWorks2022 数据库。如实验图 2.6 所示。

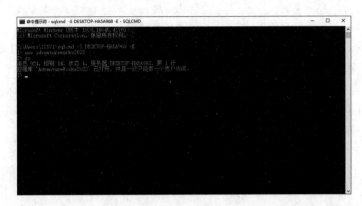

实验图 2.6　单用户下再在 SQLCMD 打开 AdventureWorks2022 数据库失败

```
ALTER DATABASE AdventureWorks2022 SET READ_ONLY;     -- 设置数据库为只读,或
ALTER DATABASE AdventureWorks2022 SET MULTI_USER;    -- 设置数据库为多用户方式
ALTER DATABASE AdventureWorks2022 SET READ_WRITE;    -- 又设置数据库为可读写
```

使数据库脱机,下面的示例使数据库 pubs 在没有用户访问时进入脱机状态。

```
ALTER DATABASE AdventureWorks2022 SET OFFLINE;    -- 设置数据库为脱机状态,或
```

使数据库联机,下面的示例使数据库 pubs 进入联机状态。

```
ALTER DATABASE AdventureWorks2022 SET ONLINE;     -- 设置数据库为联机状态,或
```

实验例 2.14　本例为 AdventureWorks2022 数据库启用快照隔离框架选项。

```
USE AdventureWorks2022;  -- 先检查 AdventureWorks2022 数据库的快照隔离框架选项状态
SELECT name,snapshot_isolation_state,snapshot_isolation_state_desc AS description  FROM sys.databases WHERE name = N´AdventureWorks2022´;
GO
ALTER DATABASE AdventureWorks2022 SET ALLOW_SNAPSHOT_ISOLATION ON;--设置快照隔离框架选项状态
--再利用上面的 SELECT 语句检查 AdventureWorks2022 数据库的快照隔离框架选项状态
--结果集显示快照隔离框架已启用。
```

5. 分离和附加数据库

可以分离数据库的数据和事务日志文件,然后将它们重新附加到同一或其他 SQL Server 实例。如果要将数据库更改到同一计算机的不同 SQL Server 实例或要移动数据库,分离和附加数据库会很有用。

(1) 分离数据库

分离数据库是指将数据库从 SQL Server 实例中删除,但使数据库在其数据文件和事务日志文件中保持不变,之后就可以使用这些文件将数据库附加到任何 SQL Server 实例,包括分离该数据库的服务器。如果存在下列 5 种情况,则不能分离数据库:

① 已复制并发布数据库。如果进行复制,则数据库必须是未发布的。必须通过运行 sp_

replicationdboption 禁用发布后,才能分离数据库。如果无法使用 sp_replicationdboption,则可以通过运行 sp_removedbreplication 删除复制。

② 数据库中存在数据库快照。必须首先删除所有数据库快照,然后才能分离数据库。要注意不能分离或附加数据库快照。

③ 数据库处于可疑状态。在 SQL Server 2022 中,无法分离可疑数据库,若要分离则必须将数据库置入紧急模式,才能对其进行分离。将数据库置入紧急模式命令如:

```
ALTER DATABASE [jxgl] SET emergency      --命令将数据库 jxgl 置入紧急状态;
ALTER DATABASE jxgl SET offline           --命令将数据库 jxgl 置入脱机状态;
ALTER DATABASE jxgl SET online            --命令将数据库 jxgl 置入联机状态。
```

④ 该数据库正在某个数据库镜像会话中进行镜像。除非终止该会话,否则无法分离该数据库。将镜像删除以终止该会话,其过程为:对象资源管理器→ 数据库→ 右击 jxgl(具体某一要删除文件的数据库)→"任务"→"镜像"→选择"删除镜像"→在弹出的提示框中选择"是",此时会话将停止,并从数据库中删除镜像。

⑤ 数据库为系统数据库。

分离数据库的方法如下。

• 通过 sp_detach_db 命令

命令语法:

```
sp_detach_db [ @dbname = ] 'database_name' [,[ @skipchecks = ] 'skipchecks' ] [,[ @keepfulltextindexfile = ]'KeepFulltextIndexFile' ]
```

其中 skipchecks、KeepFulltextIndexFile 的值可以是 TRUE、FALSE、NULL 等。

实验例 2.15 分离数据库 jxgl 的命令为

```
SP_DETACH_DB 'jxgl','true','true'
-- 分离时,跳过 UPDATE STATISTICS,不删除与数据库关联的所有全文索引文件以及全文索引的元数据。
```

• 在 Management Studio 中分离数据库

对象资源管理器→数据库→右击 jxgl(为某一要分离的数据库名)→"任务"→"分离"→出现"分离数据库"对话框→在对话框右边指定分离选项:"删除连接"或"更新统计信息"→选择"确定"按钮。

(2) 附加数据库

用户可以附加复制的或分离的 SQL Server 数据库。在 SQL Server 2022 中,数据库包含的全文文件随数据库一起附加。

如果要将数据库从一个实例移到另一个实例,则必须先将数据库与任何现有 SQL 实例分离。如果尝试附加未分离的数据库,则会返回错误。

通常,附加数据库时会将数据库重置为它分离或复制时的状态。但是,在 SQL Server 2022 中,附加和分离操作都会禁用数据库的跨数据库所有权链接(有关启用链接的信息,请参阅 cross db ownership chaining 选项)。此外,附加数据库时,TRUSTWORTHY 均设置为OFF(可通过 ALTER DATABASE 设置为 ON)。所有数据文件(MDF 文件和 NDF 文件)都必须可用。如果任何数据文件的路径不同于首次创建数据库或上次附加数据库时的路径,则必须指定文件的当前路径。同时,数据库引擎服务账户必须具有读取其新位置中的文件的权限。

附加数据库的方法如下。

1) 通过 CREATE DATABASE 命令附加

命令语法：

CREATE DATABASE database_name ON < filespec > [,...n] FOR { { ATTACH [WITH < attach_database_option > [,...n]]}|ATTACH_REBUILD_LOG }[;]

实验例 2.16 附加已分离了的数据库 jxgl。

EXECUTE ('CREATE DATABASE jxgl ON (NAME = jxgl,FILENAME = '''+ @data_path + 'jxgl.mdf'') FOR ATTACH');

2) 在 Management Studio 中附加数据库

对象资源管理器→ 数据库→"附加"→ 出现"附加数据库"对话框→ 右击"添加"按钮→在"定位数据库文件"对话框中,选择要附加的数据库的主数据文件→ 选择"确定"按钮返回→选择"确定",完成附加。

使用分离和附加操作移动数据库分为以下阶段：①分离数据库；②将数据库文件移到其他服务器磁盘上；③通过指定移动文件的新位置附加数据库。

3) 通过 sp_attach_db 命令

附加数据库 jxgl 的命令为(注意,不鼓励使用)：

EXECUTE ('EXEC sp_attach_db @dbname = N''jxgl'', @filename1 = N'''+ @data_path + 'jxgl.mdf'', @filename2 = N'''+ @data_path + 'jxgl_log.ldf'';')

自己动手：实践数据库分离和附加操作,这也是数据库备份、移动等的实用方法。

6. 重命名数据库

在 SQL Server 2022 中,可以更改数据库的名称。在重命名数据库之前,应该确保没有人使用该数据库,而且该数据库要设置为单用户模式。数据库名称可以包含任何符合标识符规则的字符。重命名数据库的方法如下。

（1）通过 ALTER DATABASE 重命名数据库

例如,重命名数据库 jxgl 为 jxgl2,命令为

Alter database jxgl MODIFY NAME = jxgl2

（2）在 Management Studio 中重命名数据库

对象资源管理器→数据库→右击 jxgl2(具体某一要重命名的数据库)→"重命名"菜单项→直接修改或输入新的数据库名称 jxgl→按 Enter 键。

7. 更改数据库所有者

在 SQL Server 2022 中,可以更改当前数据库的所有者。任何可以访问到 SQL Server 的连接的用户(SQL Server 登录账户或 Windows 用户)都可成为数据库的所有者,但无法更改系统数据库的所有权。更改数据库所有者的方法如下。

（1）通过 sp_changedbowner 更改数据库的所有者

命令语法：

sp_changedbowner [@loginame =]'login'[,[@map =]remap_alias_flag]

实验例 2.17 把数据库 jxgl 的所有者由 QXZ-2\Administrator 改为 sa。

USE jxgl;
GO
SP_CHANGEDBOWNER 'sa'

（2）在 Management Studio 中更改数据库所有者

对象资源管理器→ 数据库→ 右击 jxgl(具体某一要重命名的数据库)→"属性"菜单项→选择"数据库属性"对话框左边选择页"文件"项→ 修改对话框右上的所有者为新的用户名→

选择"确定"按钮。

8. 删除数据库

当不再需要用户定义的数据库,或者已将其移到其他数据库或服务器上时,即可删除该数据库。数据库删除之后,文件及其数据都将从服务器上的磁盘中删除。一旦删除数据库,它将被永久删除,并且不能进行检索,除非使用以前的备份。不能删除系统数据库。可以删除数据库,且不管该数据库所处的状态,这些状态包括脱机、只读和可疑。

删除数据库后,应备份 master 数据库,因为删除数据库将更新 master 数据库中的信息。如果必须还原 master,自上次备份 master 以来删除的任何数据库仍将引用这些不存在的数据库。这可能导致产生错误消息。

必须满足下列条件才能删除数据库:①如果数据库涉及日志传送操作,请在删除数据库之前取消日志传送操作;②若要删除为事务复制发布的数据库,或删除为合并复制发布或订阅的数据库,必须首先从数据库中删除复制,如果数据库已损坏,不能首先删除复制,通常仍然可以通过使用 ALTER DATABASE 将数据库设置为脱机再删除的方法来删除数据库;③必须首先删除数据库上存在的数据库快照。删除数据库的方法有如下两种。

(1) 通过 DROP DATABASE 命令删除

实验例 2.18 先删除数据库快照 sales_snapshot0800,再删除 sales 数据库。

```
DROP DATABASE sales_snapshot0800      --先删除其快照。
DROP DATABASE sales                    --再删除数据库。
```

(2) 在 Management Studio 交互式删除

对象资源管理器→数据库→右击 jxgl(具体某一需要删除的数据库)→"删除"菜单项→出现"删除对象"对话框→选择"确定"按钮,完成删除操作。

9. 备份数据库

数据库创建后,所有的对象和数据均已添加且都在使用中,有时需要对其进行维护。例如,定期备份数据库。具体数据库的备份参阅相应实验。

实验内容

本实验内容详见二维码。

实验 2 数据库的
基本操作之实验内容

实验3 表与视图的基本操作

实验目的

掌握数据库表与视图的基础知识,掌握创建、修改、使用、删除表与视图的不同方法,掌握表或与视图的导入或导出方法。

背景知识

本实验背景知识详见二维码。

实验3 表与视图的
基本操作之背景知识

实验示例

实验3.1 创建和修改表

设计完数据库后就可以在数据库中创建存储数据的表。数据通常存储于基本表中,每个表至多可定义1 024列。表和列的名称必须遵守标识符的规定,在特定表中必须是唯一的,但同一数据库的不同表中可使用相同的列名。

尽管对于每一个架构在一个数据库内表的名称必须是唯一的,但如果为每张表指定了不同的架构,则可以创建多个具有相同名称的表。例如,可以创建名为employees的两个表并分别指定Comp1和Comp2作为其架构。若必须使用某一employees表时,则可以通过指定表的架构以及表的名称来区分这两个表。

1. 创建表

SQL Server 2022提供了两种方法创建数据库表,一种方法是利用Management Studio交互式创建表;另一种方法是利用T-SQL语句中的CREATE TABLE命令创建表。

(1) 利用Management Studio创建表

在Management Studio中,对象资源管理器先连接到相应运行着的某SQL Server服务器实例,展开"数据库"节点,再展开某数据库,右击"表"节点,从弹出的快捷菜单中选择"新建表"菜单项,就会出现新建表对话框如实验图3.1所示。在该对话框中,可以定义列名称、列类型、长度、精度、小数位数、是否允许为空、缺省值、标识列、标识列的初始值、标识列的增量值等。

出现新建表对话框的同时,主菜单中出现"表设计器"菜单,以及"表设计器"工具栏。如实验图3.2所示,这些工具按钮有对应的菜单项,都是表结构设计时可直接操作与管理使用的。

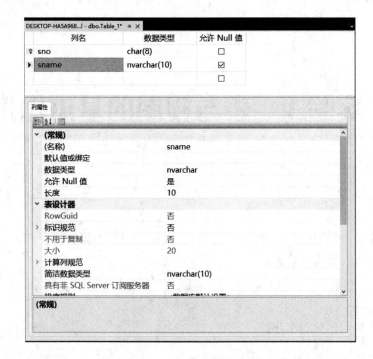

实验图 3.1　创建表结构对话框

实验图 3.2　表设计器菜单与表设计器工具栏

（2）利用 CREATE TABLE 命令创建表。

其语法为

CREATE TABLE{ database_name.schema_name.table_name | schema_name.table_name | table_name } [AS FileTable]({ <column_definition > | <computed_column_definition > | column_set_definition > | [< table_constraint >] [,... n] | [<table_index >] }[,... n]] [PERIOD FOR SYSTEM_TIME (system_start _time_column_name, system_end_time_column_name)])[ON { partition_scheme_name (partition_column_ name）| filegroup | "default" }][TEXTIMAGE_ON { filegroup | "default" }]   [FILESTREAM_ON { partition_scheme_name | filegroup | "default" }][WITH (＜table_option＞[, ... n])][;]

　　＜column_definition＞∷= column_name ＜data_type＞[FILESTREAM][COLLATE collation_name][SPARSE][MASKED WITH (FUNCTION = ′mask_function′)][[CONSTRAINT constraint_name] DEFAULT constant_expression][IDENTITY [(seed , increment)][NOT FOR REPLICATION][GENERATED ALWAYS AS { ROW | TRANSACTION_ID | SEQUENCE_NUMBER } { START | END } [HIDDEN]][[CONSTRAINT constraint_name] {NULL | NOT NULL}][ROWGUIDCOL][ENCRYPTED WITH(COLUMN_ENCRYPTION_KEY = key_name ,ENCRYPTION_TYPE = { DETERMINISTIC | RANDOMIZED } ,ALGORITHM = AEAD_AES_256_CBC_HMAC_SHA_256′)][＜column_constraint＞[, ... n]][＜column_index＞]

　　＜data_type＞∷=[type_schema_name.] type_name [(precision [, scale] | max | [{ CONTENT | DOCUMENT }] xml_schema_collection)]

　　＜column_constraint＞∷=[CONSTRAINT constraint_name]{{ PRIMARY KEY | UNIQUE }[CLUSTERED | NONCLUSTERED][(＜column_name＞[, ... n])][WITH FILLFACTOR = fillfactor | WITH (＜index_option＞[, ... n])][ON { partition_scheme_name (partition_column_name) | filegroup | "default" }] | [FOREIGN KEY] REFERENCES [schema_name.] referenced_table_name [(ref_column)] [ON DELETE { NO ACTION | CASCADE | SET NULL | SET DEFAULT }] [ON UPDATE { NO ACTION | CASCADE | SET NULL | SET DEFAULT }] [NOT FOR REPLICATION] | CHECK [NOT FOR REPLICATION] (logical_expression)}

　　＜column_index＞∷= INDEX index_name [CLUSTERED | NONCLUSTERED][WITH (＜index_option＞[, ... n])][ON { partition_scheme_name (column_name) | filegroup_name | default }][FILESTREAM_ON { filestream_filegroup_name | partition_scheme_name | "NULL" }]

　　＜computed_column_definition＞∷= column_name AS computed_column_expression[PERSISTED [NOT NULL]][[CONSTRAINT constraint_name]{ PRIMARY KEY | UNIQUE }[CLUSTERED | NONCLUSTERED][WITH FILLFACTOR = fillfactor | WITH (＜index_option＞[, ... n])][ON { partition_scheme_name (partition_column_name) | filegroup | "default" }]] | [FOREIGN KEY]REFERENCES referenced_table_name [(ref_column)][ON DELETE { NO ACTION | CASCADE }][ON UPDATE { NO ACTION }][NOT FOR REPLICATION] | CHECK [NOT FOR REPLICATION] (logical_expression)]

　　＜table_constraint＞∷=[CONSTRAINT constraint_name]{{ PRIMARY KEY | UNIQUE }[CLUSTERED | NONCLUSTERED](column_name [ASC | DESC] [, ... n])[WITH FILLFACTOR = fillfactor | WITH (＜index_option＞[, ... n])][ON { partition_scheme_name (partition_column_name) | filegroup | "default" }] | FOREIGN KEY(column_name [, ... n])REFERENCES referenced_table_name [(ref_column [, ... n])][ON DELETE { NO ACTION | CASCADE | SET NULL | SET DEFAULT }][ON UPDATE { NO ACTION | CASCADE | SET NULL | SET DEFAULT }][NOT FOR REPLICATION] | CHECK [NOT FOR REPLICATION] (logical_expression)

　　＜index_option＞等略，详情可参见 SQL Server 2022 的帮助手册。

　　说明：FileTable 表示目录和文件的一种层次结构，它为目录和其中所含的文件存储与该层次结构中所有节点有关的数据。详细参阅 SQL Server 帮助系统。

　　实验例 3.1 创建院系信息表（包含：系编号 dno、系名 dname、系主任工号 tno、成立年月 dny、地点 dsite、电话 ddh）与课程信息表（包含：课程号 cno、课程名 cname、类别 cclass、讲课学时 cjkxs、实验学时 csyxs、学分 credit、开课院系号 dno、课程描述 cdesc）。

　　参考的 CREATE TABLE 命令如下：

```
CREATE TABLE Dept(
    dno char(2) NOT NULL PRIMARY KEY CLUSTERED (dno),
    dname varchar(20) NOT NULL,
    tno char(8) NULL,
    dny char(6) NULL,
    dsite varchar(30) NULL,
    ddh varchar(50) NULL
);
CREATE TABLE Course(
    cno char(6) NOT NULL PRIMARY KEY CLUSTERED (cno),
    cname varchar(50) NOT NULL,
```

```
        cclass char(10) NULL DEFAULT ´专业基础´,
        cjkxs int NULL DEFAULT 36 CHECK (cjkxs>=0 and cjkxs<=500),
        csyxs int NULL DEFAULT 18 CHECK (csyxs>=0 and csyxs<=250),
        credit smallint NULL DEFAULT 2 CHECK (credit>=0 and credit<=50),
        dno char(2) NULL,
        cdesc varchar(200) NULL,
        CONSTRAINT FK_course_dept FOREIGN KEY(dno) REFERENCES Dept(dno));
```

实验例 3.2 创建学生信息表(包含：学号 sno、姓名 sname、类别 sclass、性别 ssex、出生日期 scsrq、入校日期 srxrq、电话 sdh、家庭地址 saddr、备注 smemo、专业编号 spno、班号 csno)及学生选课关系表(包含：学号 sno、课程号 cno、考试成绩 grade)。

参考的 CREATE TABLE 命令如下：

```
CREATE TABLE Student(
        sno char(8) NOT NULL PRIMARY KEY,
        sname char(20) NOT NULL,
        sclass char(10) NULL DEFAULT(´本科´),
        ssex char(2) NULL DEFAULT(´男´) CHECK(ssex=´男´ or ssex=´女´),
        scsrq datetime NULL,
        srxrq datetime NULL,
        sdh varchar(14) NULL,
        saddr varchar(50) NULL,
        smemo varchar(200) NULL,
        spno char(4) NULL,
        csno char(4) NULL,
        CONSTRAINT FK_student_class FOREIGN KEY(csno) REFERENCES Class(csno),
        CONSTRAINT FK_student_speciality FOREIGN KEY(spno) REFERENCES Speciality(spno));
Create Table SC(
        sno char(8) NOT NULL CONSTRAINT S_F FOREIGN KEY REFERENCES Student(sno),
        cno char(6) NOT NULL,
        grade SMALLINT CHECK ((grade IS NULL) OR (grade BETWEEN 0 AND 100)),
        PRIMARY KEY(sno,cno),FOREIGN KEY(cno) REFERENCES Course(cno));
```

注意：Student 表创建前，需要 Class 班级表、Speciality 专业表已存在，或者为简单化可以先暂时把两外码参照子句去掉后执行。

(3)临时表的创建

临时表与基本表相似，但临时表存储在 tempdb 中，当不再使用时会自动删除。

临时表有两种类型：本地和全局。它们在名称、可见性以及可用性上有区别。本地临时表的名称以单个数字符号(♯)打头，它们仅对当前的用户连接是可见的，当用户从 SQL Server 实例断开连接时被删除。全局临时表的名称以两个数字符号（♯♯）打头，创建后对任何用户都是可见的，当所有引用该表的用户从 SQL Server 断开连接时被删除。

例如，如果创建了 employees 表，则任何在数据库中有使用该表的安全权限的用户都可以使用该表，除非已将其删除。如果数据库会话创建了本地临时表 ♯employees，则仅会话可以使用该表，会话断开连接后该表就将被删除。如果创建了 ♯♯employees 全局临时表，则数据库中的任何用户均可使用该表。如果该表在创建后没有其他用户使用，则当断开连接时该表删除。如果创建该表后另一个用户在使用该表，则 SQL Server 将在断开连接并且所有其他会话不再使用该表时将其删除。

临时表的许多用途可由具有 table 数据类型的变量替换。

```
DELCARE table 数据类型变量名 table 类型
```

以下示例将创建一个 table 变量,用于储存 UPDATE 语句的 OUTPUT 子句中指定的值。在它后面的两个 SELECT 语句返回 @MyTableVar 中的值以及 Employee 表中更新操作的结果。请注意,INSERTED. ModifiedDate 列中的结果与 Employee 表的 ModifiedDate 列中的值不同,这是因为对 Employee 表定义了 AFTER UPDATE 触发器,该触发器可以将 ModifiedDate 的值更新为当前日期。不过,从 OUTPUT 返回的列将反映触发器激发之前的数据。有关使用 OUTPUT 子句的更多示例,请参阅 OUTPUT 子句。

```
USE AdventureWorks2022;
DECLARE @MyTableVar table(EmpID int NOT NULL,OldVacationHours int,
NewVacationHours int,ModifiedDate datetime);
UPDATE TOP (10) HumanResources.Employee SET VacationHours = VacationHours * 1.25
OUTPUT INSERTED.BusinessEntityID,DELETED.VacationHours,
INSERTED.VacationHours,INSERTED.ModifiedDate
INTO @MyTableVar;
SELECT EmpID, OldVacationHours, NewVacationHours, ModifiedDate
FROM @MyTableVar;                  -- 显示 table 变量所含有的记录集
GO
SELECT TOP (10) BusinessEntityID, VacationHours, ModifiedDate
FROM HumanResources.Employee;      -- 观察修改后 VacationHours 等的值的变化
```

自己动手:实践例题中介绍的表的多种创建方法,并作分析比较。

(4) 创建、重命名、使用及删除用户定义的数据类型

① 创建用户定义的数据类型。SQL Server 2022 利用 CREATE TYPE 命令来创建别名数据类型或用户自定义类型,替代原 SP_addtype 系统存储过程。其语法如下:

```
CREATE TYPE [schema_name.]type_name {FROM base_type[(precision[, scale])][ NULL | NOT NULL ] |
EXTERNAL NAME assembly_name[.class_name ] | AS TABLE ({< column_definition >|< computed_column_
definition > [ ,...n][ < table_constraint > ] [, ...n][< table_index >][, ...n ])}[;]
```

使用 T-SQL 语句创建一个名为 nametype、数据长度为 8、定长字符型、不允许为空的自定义数据类型。

```
USEjxgl —以下命令的原命令 Exec SP_addtype nametype,´char(8)´,´not null´
CREATE TYPE nametype FROM char(8) not null
```

② 重命名用户定义的数据类型。使用系统存储过程 sp_rename 能重命名用户自定义的数据类型:

```
ExecSP_rename nametype,domain_name
```

③ 使用自定义数据类型。一旦创建了用户定义的数据类型后,创建表结构时,能如使用系统标准类型一样使用自定义的类型。如创建学生表的命令为

```
CREATE TABLE ST(sno char(5) primary key,sname domain_name)
```

④ 删除用户定义的数据类型。删除用户自定义类型的命令 DROP TYPE,其语法如下:

```
DROP TYPE [schema_name.]type_name[;]
```

例如

```
DROP TYPE domain_name    --DROP TABLE ST,需要先删除表 ST 的
```

使用系统存储过程 sp_droptype 也能删除用户自定义的数据类型。

```
Exec sp_droptype domain_name
```

注意:正在被表或其他数据库对象使用的用户定义类型不能删除,必须先删除使用者才行。

2. 修改表

创建表之后，可以更改最初创建表时定义的许多选项。这些选项包括：①添加、修改或删除列，例如，列的名称、长度、数据类型、精度、小数位数以及为空性均可进行修改，不过有一些限制而已；②如果是已分区的表，则可以将其重新分区，也可以添加或删除单个分区；③可以添加或删除 PRIMARY KEY 约束和 FOREIGN KEY 约束；④可以添加或删除 UNIQUE 约束和 CHECK 约束以及 DEFAULT 定义和对象；⑤可以使用 IDENTITY 属性或 ROWGUIDCOL 属性添加或删除标识符列，虽然表中一次只能有一列具有 ROWGUIDCOL 属性，但是也可以将 ROWGUIDCOL 属性添加到现有列或从现有列删除；⑥表及表中所选定的列已注册为全文索引。

表的名称或架构也可以更改。执行此操作时，还必须更改使用该表的旧名称或架构的所有触发器、存储过程、T-SQL 脚本或其他程序代码中表的名称。

(1) 在 Management Studio 中交互方式修改表

交互方式修改表是非常直观的，如实验图 3.3 所示，在 Management Studio 中展开"某数据库服务器"→"数据库"节点→某用户数据库→"表"节点，选择某表后右击，弹出快捷菜单，可以对表做修改、重命名、删除、查看属性等。

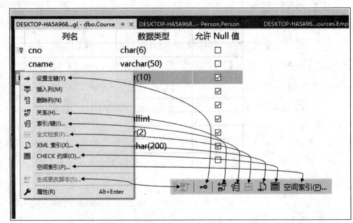

实验图 3.3 表设计器菜单与表设计器工具栏

① 若选择"修改"菜单，则能直接对表的各列做修改（包括列名、列数据类型、允许空否、列属性等），也能在任意位置插入列，选择某列后删除列及对表查看并修改表的关系、索引/键、全文本索引、XML 索引、CHECK 约束等。除通过"修改"菜单以外，也可操作"表设计器"上的工具按钮来完成对应的这些菜单功能。

② 若选择"属性"菜单，则能查看或设置表的常规、权限、扩展属性等属性。

完成全部修改后保存退出即可，但是若修改影响了本表及其他表的完整性约束条件时，就不能完成保存操作了。

(2) T-SQL 命令方式修改表

修改表相关的 T-SQL 命令主要有以下内容。

① 表结构的修改命令：ALTER TABLE，其语法如下。

```
ALTER TABLE { database_name.schema_name.table_name | schema_name.table_name | table_name }
{ALTER COLUMN column_name{[ type_schema_name.]type_name
    [({precision[,scale]|max| xml_schema_collection})] [ COLLATE collation_name ] [ NULL | NOT NULL
```

] [SPARSE]|｛**ADD**｜**DROP**｝{ ROWGUIDCOL ｜ PERSISTED ｜ NOT FOR REPLICATION ｜ SPARSE ｜ HIDDEN }|｛ **ADD** ｜ **DROP** ｝ MASKED [WITH (FUNCTION = ´mask_function´)]}[WITH (ONLINE = ON ｜ OFF)]｜[WITH { CHECK ｜ NOCHECK }]] **ADD** {<column_definition>｜<computed_column_definition>｜<table_constraint>｜<column_set_definition>}[,…n]] **DROP** [{ [CONSTRAINT][IF EXISTS]{constraint_name[WITH(<drop_clustered_constraint_option> [,…n])]} [,…n] ｜ COLUMN [IF EXISTS]{column_name} [,…n] }[,…n]] [WITH { CHECK ｜ NOCHECK }] { **CHECK** ｜ **NOCHECK** } CONSTRAINT{ ALL ｜ constraint_name [,…n] } ｜ { ENABLE ｜ DISABLE } TRIGGER{ ALL ｜ trigger_name [,…n] } ｜{ **ENABLE** ｜ **DISABLE** } CHANGE_TRACKING [WITH (TRACK_COLUMNS_UPDATED = { ON ｜ OFF })] ｜ **SWITCH** [PARTITION source_partition_number_expression]TO target_table[PARTITION target_partition_number_expression][WITH (<low_priority_lock_wait>)] ｜ SET([FILESTREAM_ON = { partition_scheme_name ｜ filegroup ｜ ˝default˝ ｜ ˝NULL˝ }]) ｜ REBUILD[[PARTITION = ALL][WITH (<rebuild_option> [,…n])] ｜ [PARTITION = partition_number[WITH (<single_partition_rebuild_option> [,…n])]]] ｜ <table_option>｜<filetable_option>｜<stretch_configuration>}[;]

    CREATE TABLE tb1(column_a INT); ALTER TABLE tb1 ADD column_b VARCHAR(20) NULL;
    EXEC sp_help tb1;

实验例 3.3   删除列。本例将修改一个表以删除列。

    ALTER TABLE tb1 DROP COLUMN column_b;--后面例题要用 column_b,请删除后能再添加本列

实验例 3.4   更改列的数据类型。本例将表中列的数据类型由 INT 更改为 DECIMAL。

    ALTER TABLE tb1 ALTER COLUMN column_a DECIMAL(5,2);

实验例 3.5   添加包含约束的列。本例给列 column_b 添加一个 UNIQUE 约束。

    ALTER TABLE tb1 ADD CONSTRAINT tb1_unique UNIQUE(column_b);

实验例 3.6   在现有列中添加一个未经验证的 CHECK 约束。本例将在表的现有列中添加一个约束,该列包含一个违反约束的值。因此,将使用 WITH NOCHECK 以避免根据现有行验证该约束,从而允许添加该约束。

    ALTER TABLE tb1 WITH NOCHECK ADD CONSTRAINT tb1_check CHECK(column_a>1);
    EXEC sp_help tb1;

实验例 3.7   在现有列中添加一个 DEFAULT 约束。本例将创建一个包含两列的表,在第一列插入一个值,另一列保持为 NULL,然后在第二列中添加一个 DEFAULT 约束。验证是否已应用了默认值,另一个值是否已插入第一列以及是否已查询表。

    ALTER TABLE tb1 ADD CONSTRAINT col_b_def DEFAULT 50 FOR column_a;
    INSERT INTO tb1 (column_b) VALUES (´10´);   SELECT * FROM tb1;

实验例 3.8   添加多个包含约束的列。本例将添加多个包含随新列定义的约束的列。第一个新列具有 IDENTITY 属性。表中的每一行在标识列中都有新的增量值。

    CREATE TABLE tb2(cola INT CONSTRAINT cola_un UNIQUE);
    ALTER TABLE tb2 ADD
      colb INT IDENTITY CONSTRAINT colb_pk PRIMARY KEY,   --添加自动增值的主键列
      colc INT NULL CONSTRAINT colc_fk REFERENCES tb2(cola),   --添加参照同表列的参照列
      cold VARCHAR(16) NULL CONSTRAINT cold_chk CHECK(cold LIKE ´[0-9][0-9][0-9][0-9][0-9][0-9][0-9]´ OR cold LIKE ´[0-9][0-9][0-9][0-9]-[0-9][0-9][0-9][0-9][0-9][0-9][0-9]´),--添加有效的电话号码格式列
      cole DECIMAL(3,3) CONSTRAINT cole_default DEFAULT 081;   --添加非空带缺省值的列
    EXEC sp_help tb2;

实验例 3.9   禁用和重新启用约束。本例将禁用对数据中接受的薪金进行限制的约束。NOCHECK CONSTRAINT 将与 ALTER TABLE 配合使用来禁用该约束,从而允许执行通常会违反该约束的插入操作。CHECK CONSTRAINT 将重新启用该约束。

    CREATE TABLE tb3(id INT NOT NULL,name VARCHAR(10) NOT NULL,salary MONEY NOT NULL CONSTRAINT

```
salary_cap CHECK(salary<100000))
    INSERT INTO tb3 VALUES(1,´李林´,65000)          --满足列约束的有效记录插入
    INSERT INTO tb3 VALUES(2,´马菲´,105000)         --不满足列约束的,记录插入失败
    ALTER TABLE tb3 NOCHECK CONSTRAINT salary_cap   --禁用列约束
    INSERT INTO tb3 VALUES(2,´马菲´,105000)         --原不满足列约束的记录能插入
    ALTER TABLE tb3 CHECK CONSTRAINT salary_cap     --重新启用列约束
    INSERT INTO tb3 VALUES(3,´张英´,110000);        --因列约束,记录插入又失败了
    select * from tb3                               --查阅,能看到有两条记录
```

实验例 3.10　删除约束。本例将删除表 tb3 中的 UNIQUE 约束 salary_cap。

```
    ALTER TABLE tb3 DROP CONSTRAINT salary_cap;
```

实验例 3.11　禁用和重新启用触发器。本例将使用 ALTER TABLE 的 DISABLE TRIGGER 选项来禁用触发器,以允许执行通常会违反此触发器的插入操作,然后使用 ENABLE TRIGGER 重新启用触发器。

```
    CREATE TABLE tb_trig(id INT,name VARCHAR(12),salary MONEY);
    GO
    CREATE TRIGGER trig_to_tb ON tb_trig FOR INSERT    --创建触发器
    AS IF (SELECT COUNT(*) FROM INSERTED WHERE salary>100000)>0
      BEGIN
        print ´TRIG1 Error: you attempted to insert a salary > $100,000´
        ROLLBACK TRANSACTION
      END;
    GO                                                 --以下命令逐条单独运行来检验
    INSERT INTO tb_trig VALUES (1,´张力´,100001);      --尝试违反触发器的插入操作
    ALTER TABLE tb_trig DISABLE TRIGGER trig_to_tb;    --禁用触发器
    INSERT INTO tb_trig VALUES (2,´李光´,100001);      --再次尝试的插入操作,成功了
    ALTER TABLE tb_trig ENABLE TRIGGER trig_to_tb;     --重新启用触发器
    INSERT INTO tb_trig VALUES (3,´王霞´,100001);      --又尝试插入操作,不成功
    SELECT * FROM tb_trig                              --查阅,能看到一条记录
```

实验例 3.12　创建包含索引选项的 PRIMARY KEY 约束。本例将创建 PRIMARY KEY 约束 PK_TransactionHistoryArchive_TransactionID,并设置 FILLFACTOR、ONLINE 和 PAD_INDEX 选项。生成的聚集索引与约束具有相同的名称,并将存储在 TransHistoryGroup 文件组中。

```
    USE AdventureWorks2022;
    ALTER TABLE Production.TransactionHistoryArchive
        DROP CONSTRAINT PK_TransactionHistoryArchive_TransactionID;
    GO
    ALTER TABLE Production.TransactionHistoryArchive WITH NOCHECK
    ADD CONSTRAINT PK_TransactionHistoryArchive_TransactionID PRIMARY KEY CLUSTERED(TransactionID)
    WITH (FILLFACTOR=75,ONLINE=ON,PAD_INDEX=ON) ON TransHistoryGroup;
```

说明:需要在数据库中先创建文件组 TransHistoryGroup。

实验例 3.13　在 ONLINE 模式下删除 PRIMARY KEY 约束,并将数据移至新的文件组。本例将删除 ONLINE 选项设置为 ON 的 PRIMARY KEY 约束,并将数据行从 TransHistoryGroup 文件组移至[PRIMARY]文件组。

```
    ALTER TABLE Production.TransactionHistoryArchive DROP
        CONSTRAINT PK_TransactionHistoryArchive_TransactionID WITH (ONLINE=ON,MOVE TO [PRIMARY]);
```

实验例 3.14　添加和删除 FOREIGN KEY 约束。本例将创建 ContactBackup 表,然后更改此表。首先添加引用 Contact 表的 FOREIGN KEY 约束,然后再删除 FOREIGN KEY 约束。

```
CREATE TABLE Person.ContactBackup (ContactTypeID int);
ALTER TABLE Person.ContactBackup ADD CONSTRAINT FK_ContactBacup_ContactType
FOREIGN KEY(ContactTypeID) REFERENCES Person.ContactType(ContactTypeID);
ALTER TABLE Person.ContactBackup DROP CONSTRAINT FK_ContactBacup_ContactType;
GO
DROP TABLE Person.ContactBackup;
```

② 重命名命令:SP_RENAME。

在当前数据库中更改用户创建对象的名称。此对象可以是表、索引、列、别名数据类型或.NET Framework 公共语言运行时(CLR)用户定义类型。其语法为：

```
SP_RENAME [@objname = ]´object_name´,[@newname = ]´new_name´[,[@objtype = ]´object_type´]
```

实验例 3.15 重命名表。本例将 SalesTerritory 表重命名为 SalesTerr,然后再恢复为 SalesTerritory。

```
EXECSP_RENAME ´Sales.SalesTerritory´,´SalesTerr´;
GO
EXECSP_RENAME ´Sales.SalesTerr´,´SalesTerritory´;    -- 再改回来
```

实验例 3.16 重命名列。本例将 SalesTerritory 表中的 TerritoryID 列重命名为 TerrID,查看后再恢复原列名。

```
EXECSP_RENAME ´Sales.SalesTerritory.TerritoryID´,´TerrID´,´COLUMN´;
SELECT * FROM Sales.SalesTerritory
GO
EXECSP_RENAME ´Sales.SalesTerritory.TerrID´,´TerritoryID´,´COLUMN´;    -- 再改回来
```

③ 更改表的架构:ALTER SCHEMA。

ALTER SCHEMA 实现在架构之间传输安全对象,语法为

```
ALTER SCHEMA schema_name TRANSFER [<entity_type>::] securable_name[;]
<entity_type>::={Object | Type | XML Schema Collection}
```

实验例 3.17 本例通过将表 Address 从架构 Person 传输到 HumanResources 架构来修改该架构,然后再恢复回来。

```
USE AdventureWorks2022;    -- 如下把表 Address 从架构 Person 传输到 HumanResources 架构
ALTER SCHEMA HumanResources TRANSFER Person.Address;
GO    -- 如下把表 Address 从架构 HumanResources 传输回 Person 架构,恢复原样
ALTER SCHEMA Person TRANSFER HumanResources.Address;
```

实验 3.2　表信息的交互式查询与维护

1. 查看表格元信息

在数据库中创建表之后,可能需要查找有关表属性的信息(例如,列的名称、数据类型或其索引的性质),但最重要的是需要查看表中的数据。

此外,还可以显示表的依赖关系来确定哪些对象(如视图、存储过程和触发器)是由表决定的。在更改表时,相关对象可能会受到影响。

查看表的定义:sp_help;查看表中的数据:SELECT 命令;获取有关表的信息:SELECT * FROM sys.tables;获取有关表列的信息:SELECT * FROM sys.columns;查看表的依赖关系:SELECT * FROM sys.sql_dependencies。

COLUMNPROPERTY 返回有关列或过程参数的信息,其语法为

```
COLUMNPROPERTY(id,column, property)
```

其中,id 为一个表达式,包含表或过程的标识符(ID);column 为一个表达式,包含列或参数的名称;property 为一个表达式,包含要为 id 返回的信息,具体略。

实验例 3.18 本例返回 Name 列的长度。

SELECT COLUMNPROPERTY(OBJECT_ID(´Person.ContactType´),´Name´,´PRECISION´) AS ´Col_Length´;

2. 查看表格数据信息

说明:后续要使用到的 S、SC、C 3 个表的创建请参阅实验 4。

① 查看表格的定义。在前面修改表结构时即能查看到表的定义信息,除此之外,如实验图 3.4 所示,能看到表的创建信息:在表上右击菜单→"编写表脚本为"→"CREATE 到"→"新查询编辑器窗口",在新打开的查询编辑器窗口中能看到生成的一系列命令,其中 CREATE 命令能看到表的结构定义信息。此外,系统存储过程 sp_help 也能查看到关于表的信息。

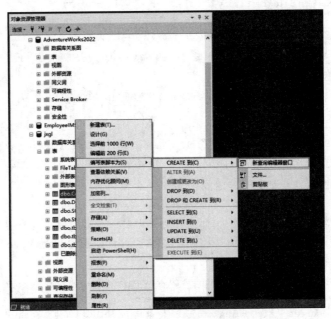

实验图 3.4 查看表创建脚本

② 查看与维护表格中的数据。在"对象资源管理器"中右击某表,从弹出的快捷菜单中选择"编辑前 200 行",即可网格方式编辑查看表格中的数据,如实验图 3.5 所示。此外,还能直接修改表中数据,在表的最后交互式添加记录,在选中一行或多行时,弹出快捷菜单能实现选中记录的删除、复制等操作。

实验图 3.5 添加、编辑、删除表记录

③ 查看表格与其他数据库对象的依赖关系。打开某数据库的"数据库关系图"能直观地创建某表与其他表间的依赖关系。实验图 3.6 是 SC、S 与 C 的依赖关系。此外,还可以在表上右击菜单,"查看依赖关系"菜单,在出现的"对象依赖关系"对话框中查看某表依赖的对象或依赖于的对象,图略。

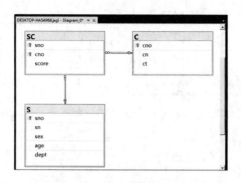

实验图 3.6 SC、S 与 C 的依赖关系

3. 对表查询

SQL Server 2022 在 Management Studio 中交互式查询的功能合并于"打开表"功能。右击某表,从弹出的快捷菜单中选择"打开表",出现打开的表如实验图 3.5 所示。同时 Management Studio 中出现"查询设计器"菜单与"查询设计器"工具栏,操作方法如实验图 3.7 所示。

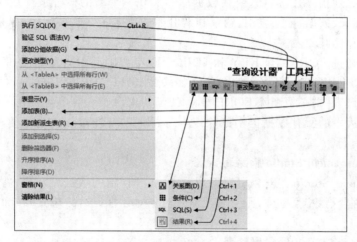

实验图 3.7 查询表的菜单、工具栏与快捷菜单

举个查询的例子,先打开 S 表;在出现的"查询设计器"工具栏上依次选择"显示关系图窗格""显示 SQL 窗格""显示条件窗格";右击关系图窗格,在弹出菜单中选择"添加表"菜单,在添加表对话框中选 SC 表,两表因已设定了参照关系,因此会自动显示出关系;在条件窗格中设置显示列、筛选条件、排序要求等等;SQL 窗格中能自动显示出对应的 SQL 命令;选择"执行 SQL"工具条按钮;结果窗格中显示出要查询的结果。最后的结果与窗格布局情况请参见实验图 3.8。自己不妨学习实践各种查询操作。

自己动手:实践表结构的维护、表记录内容的查询与维护。

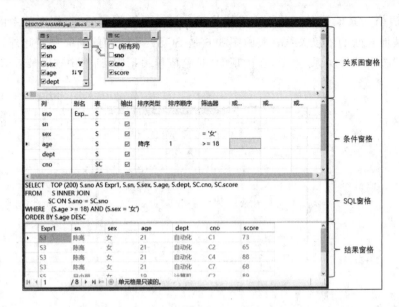

实验图 3.8　查询结果表与 4 个窗格的布局

实验 3.3　删除表

有些情况下必须删除表，例如，要在数据库中实现一个新的设计或释放空间时。删除表后，该表的结构定义、数据、全文索引、约束和索引都从数据库中永久删除，原来存储表及其索引的空间可用来存储其他表。

如果要删除通过 FOREIGN KEY 和 UNIQUE 或 PRIMARY KEY 约束相关联的表，则必须先删除具有 FOREIGN KEY 约束的表。如果要删除 FOREIGN KEY 约束中引用的表但不能删除整个外键表，则必须删除 FOREIGN KEY 约束。

如果要删除表中的所有数据但不删除表本身，则可以截断该表，也可使用 TRUNCATE TABLE 删除所有行。

1. 利用 Management Studio 删除表

在 Management Studio 的对象资源管理器中，展开指定的数据库和表，右击要删除的表，从快捷菜单中选择"删除"菜单项，则会出现删除对象对话框，选择"确定"按钮，即可真正删除选定的表。

2. 利用 DROP TABLE 语句删除表

DROP TABLE 语句可以删除一个表和表中的数据及其与表有关的所有索引、触发器、约束、和权限规范等。DROP TABLE 语句的语法形式为

DROP TABLE [database_name.[schema_name].|schema_name.]table_name[,...n][;]

实验例 3.19　删除表 employee 的命令如下。

DROP TABLE employee

提示与技巧：DROP TABLE 不能用来删除 FOREIGN KEY 约束引用的表。必须首先删除引用 FOREIGN KEY 约束或引用表。删除表时，表中的规则或默认值会失去绑定，还会自动删除与其相关的所有约束。如果重新创建一个表，则必须重新绑定适当的规则和默认值，添加所有必要的约束。在系统表中，不能使用 DROP TABLE 语句。

清空表也可用 TRUNCATE TABLE 命令，如 TRUNCATE TABLE employee。

实验 3.4　视图的创建与使用

SQL Server 2022 中有 3 种视图，它们分别是标准视图、索引视图和分区视图。其中标准视图组合了一个或多个表中的数据，使用它可以获得大多数好处，包括将重点放在特定数据上及简化对数据的操作等。

1. 创建视图

（1）利用 Management Studio 创建与修改视图

在 Management Studio 的对象资源管理器中，展开指定的数据库，右击"视图"，从弹出的快捷菜单中选择"新建视图"菜单项，出现如实验图 3.9 所示的新建视图对话框，在该对话框中，通过选定一个或多个表，指定多个字段，设定连接或限定条件，最后选择 ■ 保存工具按钮，给视图取个名称，就完成了视图的创建，请参阅实验图 3.10。

在 Management Studio 的对象资源管理器中修改视图，只要找到该视图后右击，从弹出的快捷菜单中选择"设计"或"修改"菜单项，均可即时修改，如实验图 3.10 所示。

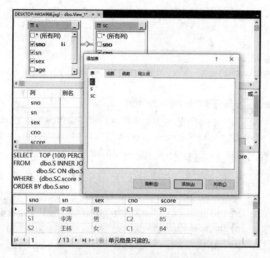

实验图 3.9　新建视图对话框

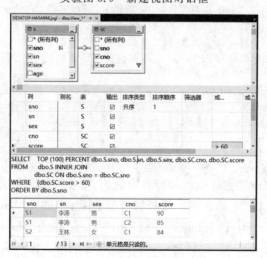

实验图 3.10　完成视图创建后的状况图

（2）使用 T-SQL 命令创建数据库

创建视图的 T-SQL 命令是 CREATE VIEW，掌握该命令的语法结构后，可直接书写命令创建视图。

1）利用 CREATE VIEW 创建视图

创建一个虚拟表，该表以另一种方式表示一个或多个表中的相关数据。CREATE VIEW 必须是查询批处理中的第一条语句。CREATE VIEW 语法如下：

```
CREATE [ OR ALTER ] VIEW [ schema_name . ] view_name [ (column [ ,...n ] ) ][ WITH < view_attribute 
> [ ,...n ] ]AS select_statement[ WITH CHECK OPTION ][ ; ]
< view_attribute > ::= {[ ENCRYPTION][SCHEMABINDING][VIEW_METADATA]}
```

实验例 3.20 创建视图 View_S_SC，要求显示出学生的学号、姓名、课程号与该课程成绩。其命令如下：

```
CREATE VIEW View_S_SC as select S.Sno,S.SN,S.SEX,SC.Cno,SC.SCORE from S inner join SC on S.Sno = SC.Sno
```

实验例 3.21 本示例使用 WITH ENCRYPTION、WITH CHECK OPTION 选项，创建加密并允许进行数据修改的视图。PurchaseOrderDetail 为采购订单明细表，其中 ReceivedQty 为实际从供应商收到的数量，RejectedQty 为检查时拒收的数量（一般为 0），DueDate 为到货日期。

```
USE AdventureWorks2022;
IF OBJECT_ID('PurchaseOrderReject','view') IS NOT NULL DROP VIEW PurchaseOrderReject;
Go
CREATE VIEW PurchaseOrderReject WITH ENCRYPTION
AS SELECT PurchaseOrderID,ReceivedQty,RejectedQty FROM Purchasing.PurchaseOrderDetail
WHERE RejectedQty/ReceivedQty > 0 AND DueDate > '06/30/2001' WITH CHECK OPTION;
```

实验例 3.22 使用分区数据，本示例将使用名称分别为 SUPPLY1、SUPPLY2、SUPPLY3 和 SUPPLY4 的表。这些表对应于位于 4 个国家/地区的 4 个办事处的供应商表。

```
--创建并插入记录
CREATE TABLE SUPPLY1(SID INT PRIMARY KEY CHECK(SID BETWEEN 1 and 150),supplier CHAR(50));
CREATE TABLE SUPPLY2(SID INT PRIMARY KEY CHECK(SID BETWEEN 151 and 300),supplier CHAR(50));
CREATE TABLE SUPPLY3(SID INT PRIMARY KEY CHECK(SID BETWEEN 301 and 450),supplier CHAR(50));
CREATE TABLE SUPPLY4(SID INT PRIMARY KEY CHECK(SID BETWEEN 451 and 600),supplier CHAR(50));
INSERT SUPPLY1 VALUES('1','加利福尼亚');      -- 其他插入记录略
INSERT SUPPLY2 VALUES('231','远东');          -- 其他插入记录略
INSERT SUPPLY3 VALUES('321','欧洲集团');      -- 其他插入记录略
INSERT SUPPLY4 VALUES('475','印度');          -- 其他插入记录略
GO
CREATE VIEW all_supplier_view AS              -- 组合各地区供应商构成分区视图
    SELECT * FROM SUPPLY1   UNION ALL   SELECT * FROM SUPPLY2 UNION ALL
    SELECT * FROM SUPPLY3   UNION ALL   SELECT * FROM SUPPLY4;
```

2）通过模板创建视图

对 CREATE VIEW 命令不熟悉的话，还可利用 SQL Server 2022 提供的命令模板，产生创建视图的命令脚本，修改参数后执行即可。方法为：①在"视图"菜单中选择"模板资源管理器"，在 Management Studio 右边出现的模板资源管理器；②展开"View"节点，其中包含了关于视图的一些模板，如 Create Indexed View、Create View、Drop View 等；③双击模板"Create View"，出现"连接到数据库引擎"对话框（或继承已有连接信息而不出现对话框），指定连接信息后选择"连接"按钮，在打开的新查询窗口中已生成了创建标准视图脚本。脚本中含有待替

换的参数；④在"SQL 编辑器"工具条上选择"指定模板参数的值"工具按钮后出现"指定模板参数的值"对话框，给各参数指定值后，选择"确定"按钮，仔细确认后可选择✓按钮分析代码的语法结构，选择 ▶ 执行(X) 按钮执行脚本，顺利的话，一个视图便创建好了。

2. 使用视图

视图的使用基本同基本表的使用，不同处是有些视图是不可更新的，只能对这些不可更新视图做查询操作，不能通过它们更新数据。

通过视图修改基表的数据，修改方式与通过 UPDATE、INSERT 和 DELETE 语句或使用 bcp 实用工具和 BULK INSERT 语句修改表中数据的方式是一样的。但是，以下限制应用于更新视图而不应用于表：①任何修改（包括 UPDATE、INSERT 和 DELETE 语句）都只能引用一个基表的列；②视图中被修改的列必须直接引用表列中的基础数据，它们不能通过其他方式派生，例如，能通过聚合函数（AVG、COUNT、SUM、MIN、MAX、GROUPING、STDEV、STDEVP、VAR 和 VARP）计算，不能通过表达式并使用列计算出其他列，使用集合运算符（UNION、UNION ALL、CROSSJOIN、EXCEPT 和 INTERSECT）形成的列得出的计算结果不可更新；③正在修改的列不受 GROUP BY、HAVING 或 DISTINCT 子句的影响。

上述限制应用于视图的 FROM 子句中的任何子查询，就像其应用于视图本身一样。通常，SQL Server 2022 必须能够明确跟踪从视图定义到一个基表的修改。例如，以下视图不可更新：

```
CREATE VIEW TotalSalesContacts
    AS    SELECT C.CardType, SUM(O.TotalDue) AS TotalSales
          FROM Sales.SalesOrderHeader O, Sales.CreditCard C
          WHERE C.CreditCardID = O.CreditCardID GROUP BY CardType
```

对 TotalSalesContacts 的 CardType 列所做的修改是不可接受的，因为该列已受到 GROUP BY 子句的影响。如果有多个具有相同名称的实例，则 SQL Server 将无法得知要 UPDATE、INSERT、DELETE 中的哪一个实例。同样，尝试修改 TotalSalesContacts 的 TotalSales 列将返回错误，因为此列是由聚合函数派生而来的，SQL Server 无法直接跟踪此列到其基表（SalesOrderHeader）。另外，还将应用以下附加准则。①如果在视图定义中使用了 WITH CHECK OPTION 子句，则所有在视图上执行的数据修改语句都必须符合定义视图的 SELECT 语句中所设置的条件。如果使用了 WITH CHECK OPTION 子句，修改行时需注意不让它们在修改完成后从视图中消失。任何可能导致行消失的修改都会被取消，并显示错误。②INSERT 语句必须为不允许空值并且没有 DEFAULT 定义的基础表中的所有列指定值。③在基础表的列中修改的数据必须符合对这些列的约束，例如，非空性、约束及 DEFAULT 定义等。例如，如果要删除一行，则相关表中的所有基础 FOREIGN KEY 约束必须仍然得到满足，删除操作才能成功。④不能使用由键集驱动的游标更新分布式分区视图（远程视图），此项限制可通过在基础表上而不是在视图本身上声明游标得到解决。

不能对视图中的 text、ntext 或 image 列使用 READTEXT 语句和 WRITETEXT 语句。如果以上限制使用户无法直接通过视图修改数据，则请考虑以下选项：①使用具有支持 INSERT、UPDATE 和 DELETE 语句的逻辑的 INSTEAD OF 触发器；②使用修改一个或多个成员表的可更新分区视图。

交互式打开视图后如实验图 3.11 所示，显示的视图记录如实验图 3.12 所示，通过如实验图 3.12 所示的视图能直接更新数据，更新的数据将最终更新到视图 View_S_SC 基于的基本表 S 或 SC 中，请尝试。

当然，也可以像对基本表一样，通过命令操作可更新视图 View_S_SC。以下是举例的命令序列,实验图 3.13 是其运行结果。

```
select * from SC where sno = ´S2´ and cno = ´C3´        --先查询 S2 学生选课程 C3 的记录情况。
select * from View_S_SC where sno = ´S2´               --通过视图查询 S2 学生的信息及选课情况。
-- 通过视图修改 S2 学生选课程 C3 的成绩,改为 82。
update View_S_SC set score = 82 where sno = ´S2´ and cno = ´C3´
-- 再次通过视图查询 S2 学生的信息及选课情况,应该发现选课程 C3 的成绩改变了。
select * from View_S_SC where sno = ´S2´
select * from SC where sno = ´S2´ and cno = ´C3´        --能发现真正的成绩修改在 SC 表中发生了。
```

自己动手:实践本节关于视图的创建与使用。

实验图 3.11　交互式打开视图

实验图 3.12　打开的视图

	sno	cno	score
1	S2	C3	82

	Sno	SN	SEX	Cno	SCORE
1	S2	王林	女	C1	84
2	S2	王林	女	C2	94
3	S2	王林	女	C3	82

	Sno	SN	SEX	Cno	SCORE
1	S2	王林	女	C1	84
2	S2	王林	女	C2	94
3	S2	王林	女	C3	82

	sno	cno	score
1	S2	C3	82

实验图 3.13　运行结果

3. 视图定义信息的查阅

(1) 使用 Management Studio 查阅视图定义信息

查看视图(未加密的)创建的脚本的方法是：选择某视图，右击菜单"编写视图脚本为"→"CREATE 到"→"新查询编辑器窗口"，如实验图 3.14 所示。

实验图 3.14　查看编写视图的脚本

如实验图 3.14 所示，通过交互式菜单能对视图实现"查看依赖关系""重命名""删除"等操作，"属性"菜单能查看到视图的多种相关信息。

(2) 命令方式查阅视图的相关信息

如果更改视图所引用对象的名称，则必须更改视图，使其文本反映新的名称。因此，在重命名对象之前，首先显示该对象的依赖关系，以确定即将发生的更改是否会影响任何视图。获取有关视图信息的系统视图有：sys.views、sys.columns 等。

查看视图定义的数据可通过 SELECT 命令、显示视图的依赖关系的系统视图 sys.sql_dependencies 等。sp_helptext 也能查阅到视图的相关信息。例如,要查看视图 View_S_SC 的创建脚本,实现命令为

```
sp_helptext ´[dbo].[View_S_SC]´
```

获取有关视图信息的 SQL 命令:

```
select * from sys.views           -- 查看视图名等信息
select * from sys.columns         -- 查看列名信息
select object_name(object_id) as ´对象´,object_name(referenced_major_id) as ´依赖对象´
from sys.sql_dependencies         -- 显示对象与依赖对象的关系
```

4. 视图的修改与删除

下面来说明如何修改视图定义以及删除视图等操作。

(1) 修改和重命名视图

视图定义之后,可以更改视图的名称或视图的定义而无须删除并重新创建视图。删除并重新创建视图会造成与该视图关联的权限丢失。在重命名视图时,请考虑以下原则:①要重命名的视图必须位于当前数据库中;②新名称必须遵守标识符规则;③仅可以重命名具有其更改权限的视图;④数据库所有者可以更改任何用户视图的名称。

修改视图并不会影响相关对象(例如,存储过程或触发器),除非对视图定义的更改使得该相关对象不再有效。例如,AdventureWorks2022 数据库中的 employees_view 视图的定义为

```
USE AdventureWorks2022
Go
CREATE VIEW employees_view AS SELECT BusinessEntityID FROM HumanResources.Employee
GO
-- 存储过程 employees_proc 的定义为:(基于视图创建存储过程)
CREATE PROC employees_proc AS SELECT BusinessEntityID from employees_view
GO
-- 将 employees_view 修改为检索 LastName 列而不是 BusinessEntityID:
ALTER VIEW employees_view AS SELECT LastName FROM Person.Person p JOIN HumanResources.Employee e ON p.BusinessEntityID = e.BusinessEntityID
GO
--此时执行 employees_proc 将失败,因为该视图中已不存在 BusinessEntityID 列。也可以修改视图以
--对其定义进行加密,或确保所有对视图执行的数据修改语句都遵循定义视图的 SELECT 语句中设定的
--条件集。例如:
SELECT * FROM sys.syscomments WHERE text LIKE ´% employees_view %´
-- 上一语句能查看到视图 employees_view 的定义信息
ALTER VIEW employees_view with ENCRYPTION AS SELECT LastName FROM Person.Person p JOIN HumanResources.Employee e ON p.BusinessEntityID = e.BusinessEntityID
GO
SELECT * FROM sys.syscomments WHERE text LIKE ´% employees_view %´
-- 加密后,上一语句已不能查看到视图的定义信息,起到了加密作用。
--重命名视图 employees_view 为 employee_view 的命令是:
EXEC SP_rename ´employees_view´,´employee_view´;
```

(2) 删除视图

在创建视图后,如果不再需要该视图,或想清除视图定义及与之相关联的权限,则可以删除该视图。删除视图后,表和视图所基于的数据并不受到影响。任何使用基于已删除视图的对象的查询将会失败,除非创建了同样名称的一个视图(并且包含所需列)。

① 在 Management Studio 中删除视图

展开某数据库后,展开"视图"节点,选择要删除的视图后右击→弹出快捷菜单→选择"删

除"菜单项→在出现的"确认删除"对话框中,选择"确认"按钮。

② 利用 DROP VIEW 语句删除视图

其语法为

DROP VIEW { view }[,...n]

实验例 3.24 删除视图 employee_view 的命令如下。

DROP VIEW [dbo].[employee_view]

实验 3.5 表或视图的导入与导出操作

多种常用数据格式(包括数据库中表或视图、电子表格和文本文件等)数据之间经常按需要相互交换,为此,表或视图数据的导入或导出操作是非常有用的,接下来说明具体操作步骤。

① 启动导入或导出功能。在 Management Studio 的对象资源管理器中,选择需导入或导出的某数据库后右击,在弹出的快捷菜单中选择"任务"→"导入数据"或"导出数据"菜单即可。

② 导出数据。选择"导出数据"功能后,启动了导出数据向导过程。首先看到的是"SQL Server 导入和导出向导"起始页,选择"下一步",进入选择数据源步骤。

③ 选择数据源。在"选择数据源"窗口中,先要选择某种数据源,此在数据源组合框中选择,其中.Net Framework Data Provider for SqlServer、SQL Native Client 10.0、SQL Server Native Client RDA 11.0 及 Microsoft Ole DB Provider for SQL Server 等都是连接 SQL Server 数据源的提供程序。这里数据源确定为.Net Framework Data Provider for SqlServer,是提供程序的 SQL Server,数据源的信息区需指定服务器名称、数据库名、用户名及用户密码等连接信息。实验图 3.15 为选择不同数据源的情况。要注意的是,当选择不同数据源时,数据源的信息区会有不同的待填信息内容,可指定不同的数据源提供程序来了解待填信息情况。

实验图 3.15 选择数据源

④ 选择目的。选择源数据源后选择"下一步",出现对话框,选择数据要复制到的目的地,如实验图 3.16 所示。同样可选择不同类型的目的数据提供程序,并输入目的数据源信息。这里,目的数据源选择 ACCESS 数据库。ACCESS 目的数据源主要需要指定 ACCESS 数据库文件,当选择"文件名"文本框右边的"文件选择"按钮时,出现选择文件对话框,并指定某 ACCESS 数据库文件。

实验图 3.16　选择数据要复制到的目的地

⑤ 指定表复制或查询复制。指定好目的数据源后,选择"下一步",指示对表或对查询复制对话框,再选择"下一步",在出现的对话框中显示出了数据源的所有用户表和视图。选择要复制的表或视图的左边的复选框。

⑥ 保存并执行包。选定表或视图后,出现"保存并执行包"对话框,决定是要"立即执行"还是"保存 SSIS 包"以后执行,选定后再选择"下一步",出现"完成该向导"对话框,表示将要开始复制了。

说明:只有在安装了 SQL Server 标准版或更高版本时,才会提供用于保存包的选项。

⑦ 正在完成 DTS 导入/导出向导。当选择"完成"按钮时,从数据源到数据目的地的表与视图的复制便开始了。复制正常将显示"执行成功"对话框,最后选择"关闭"结束导出过程。

提示与技巧:①导入与导出数据的过程是类似的,不同之处为数据源与数据目的的指定不同,数据复制的方向不同,导入往往是指从其他数据源复制到本数据库(作为数据目的),导出往往是指从本数据库(作为数据源)复制到其他数据源;②导入与导出是相对的,也就是说导入能完成导出功能,导出也能完成导入功能,关键在于指定什么样的数据源与数据目的,在数据源与数据目的均指定非 SQL Server 数据库时,导入或导出还能实现非 SQL Server 数据源间的数据复制,如 ACCESS 数据库间、ACCESS 数据库与 Excel 数据表间等的数据复制。

自己动手:把数据库 AdventureWorks2022 中 HumanResources 架构下的基本表导出到 ACCESS 数据库 HumanResources.MDB(要预先创建)中,在 SQL Server 2022 中新建数据库 AdventureWorks_HumanResources 后,再把表对象等从 HumanResources.MDB 数据库导入数据库 AdventureWorks_HumanResources 中。检查导入与导出后数据源与数据目的中对象的一致性。

实验内容

本实验内容详见二维码。

实验 3　表与视图的
基本操作之实验内容

实验4 SQL语言——SELECT查询操作

实验目的

表或视图数据的各种查询(与统计)SQL命令操作,需了解查询的概念和方法;掌握SQL Server集成管理器查询子窗口中执行SELECT操作的方法;掌握SELECT语句在单表查询中的应用;掌握SELECT语句在多表查询中的应用;掌握SELECT语句在复杂查询中的使用方法。

背景知识

SQL是一种被称为结构化查询语言的通用数据库数据操作语言,Transact-SQL是微软专有的SQL,也称T-SQL。T-SQL的大部分语句符合SQL标准,但是也有些微软扩展的部分。T-SQL对于SQL Server来说是非常重要的。因为任何应用程序,只要目的是向SQL Server数据库管理系统发出操作指令,以获得数据库管理系统响应的,最终都必须是以T-SQL语句为表现形式的命令。对用户来说,T-SQL是唯一可以和SQL Server的数据库管理系统进行交互的语言。

SELECT语句是DML中也是T-SQL中最重要的一条命令,是从数据库中获取信息的一个基本的语句。有了这条语句,就可以实现从数据库的一个或多个表或视图中查询信息。本实验将以多种不同操作实例出发,详细介绍使用SELECT语句进行简单和复杂数据库数据查询的方法。

简单查询包括:①SELECT语句的使用形式;②WHERE子句的用法;③GROUP BY与HAVING的使用;④用ORDER子句为结果排序等。

同时SELECT语句又是一个功能非常强大的语句,它有很多非常实用的方法和技巧,是每一个学习数据库的用户都应该尽力掌握的,相对复杂查询主要包括:①多表查询和笛卡尔积查询;②使用UNION关键字实现多表连接;③表或查询别名的用法;④使用SQL Server的统计函数;⑤使用COMPUTE和COMPUTE BY子句;⑥使用嵌套查询等。

实验示例

实验示例中要使用包括如下3个表的"简易教学管理"数据库jxgl:

① 学生表Student,由学号(Sno)、姓名(Sname)、性别(Ssex)、年龄(Sage)、所在系(Sdept)五个属性组成,记作Student(Sno,Sname,Ssex,Sage,Sdept),其中主码为Sno;

② 课程表Course,由课程号(Cno)、课程名(Cname)、先修课号(Cpno)、学分(Ccredit)四个属性组成,记作Course(Cno,Cname,Cpno,Ccredit),其中主码为Cno;

③ 学生选课 SC，由学号(Sno)、课程号(Cno)、成绩(Grade)三个属性组成，记作 SC(Sno，Cno，Grade)，其中主码为(Sno，Cno)。

① 在 SQL ServerManagement Studio 的查询子窗口中(要以具有相应操作权限的某用户登录)执行如下命令创建数据库。需要说明的是，不同数据库系统其创建数据库的命令或方式有所不同。

CREATE DATABASE jxgl

② 刷新数据库目录后，选择新出现的 jxgl 数据库，在 SQL 操作窗口中，创建 Student、SC、Course 3 表及表记录插入命令如下：

```
USE jxgl
Go
Create Table Student
( Sno CHAR(5) NOT NULL PRIMARY KEY(Sno),
  Sname VARCHAR(20),
  Sage SMALLINT CHECK(Sage>=15 AND Sage<=45),
  Ssex CHAR(2) DEFAULT ´男´ CHECK (Ssex=´男´ OR Ssex=´女´),
  Sdept CHAR(2));
Create Table Course
( Cno CHAR(2) NOT NULL PRIMARY KEY(Cno),
  Cname VARCHAR(20),
  Cpno CHAR(2),
  Ccredit SMALLINT);
Create Table SC
( Sno CHAR(5) NOT NULL CONSTRAINT S_F FOREIGN KEY REFERENCES Student(Sno),
  Cno CHAR(2) NOT NULL,
  Grade SMALLINT CHECK ((Grade IS NULL) OR (Grade BETWEEN 0 AND 100)),
  PRIMARY KEY(Sno,Cno),
  FOREIGN KEY(Cno) REFERENCES Course(Cno));

INSERT INTO Student VALUES(´98001´,´钱横´,18,´男´,´CS´);
INSERT INTO Student VALUES(´98002´,´王林´,19,´女´,´CS´);
INSERT INTO Student VALUES(´98003´,´李民´,20,´男´,´IS´);
INSERT INTO Student VALUES(´98004´,´赵三´,16,´女´,´MA´);
INSERT INTO Course VALUES(´1´,´数据库系统´,´5´,4);
INSERT INTO Course VALUES(´2´,´数学分析´,null ,2);
INSERT INTO Course VALUES(´3´,´信息系统导论´,´1´,3);
INSERT INTO Course VALUES(´4´,´操作系统_原理´,´6´,3);
INSERT INTO Course VALUES(´5´,´数据结构´,´7´,4);
INSERT INTO Course VALUES(´6´,´数据处理基础´,null,4);
INSERT INTO Course VALUES(´7´,´C语言´,´6´,3);
INSERT INTO SC VALUES(´98001´,´1´,87);
INSERT INTO SC VALUES(´98001´,´2´,67);
INSERT INTO SC VALUES(´98001´,´3´,90);
INSERT INTO SC VALUES(´98002´,´2´,95);
INSERT INTO SC VALUES(´98002´,´3´,88);
```

实验例 4.1 查考试成绩大于或等于 90 的学生的学号。

```
SELECT DISTINCT Sno
FROM SC
WHERE Grade>=90;
```

这里使用了 DISTINCT 短语，当一个学生有多门课程成绩大于或等于 90 时，他的学号也只列一次。在查询窗口中输入 SQL 查询命令,并选择 ▶ 执行(X) 按钮后的执行结果如实验图 4.1 所示。

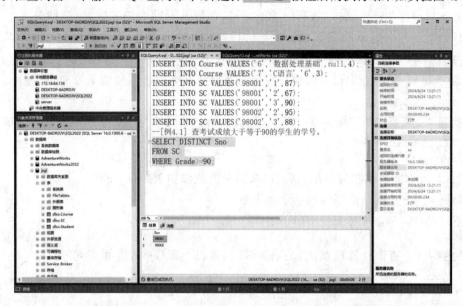

实验图 4.1　在 SSMS 查询子窗口中的查询执行情况

实验例 4.2　查年龄大于 18,并不是信息系(IS)与数学系(MA)的学生的姓名和性别。
SELECT Sname,Ssex
FROM Student
WHERESage>18 AND Sdept NOT IN ('IS','MA');

在 SSMS 打开表后(如"选择前 1000 行"方式打开某表),显示 SQL 窗格中 SQL 命令的执行情况如实验图 4.2 所示。

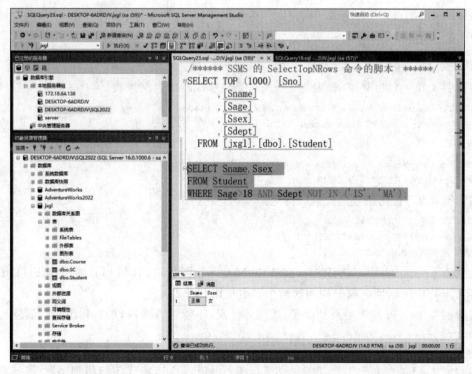

实验图 4.2　在 SSMS 打开表的显示 SQL 窗格中的查询执行情况

说明:①在 SSMS 打开表的显示 SQL 窗格中的查询执行方法:选中数据库→选中表→右击任一表→从快捷菜单中选择"选择前 1000 行",在打开返回表内容时,窗口能分为上下两部分,上面部分能输入不同的 SQL 命令来执行,执行时选择工具栏上的"执行 SQL"图标 ▷ 执行(X) 或查询菜单里选择"执行"菜单项或直接按 F5 即可;

② 限于篇幅,其他查询命令的执行窗口与运行情况类似于实验图 4.1 和实验图 4.2 将不再列出。

实验例 4.3 查以"操作系统_"开头,且倒数第二个汉字为"原"字的课程的详细情况。

```
SELECT * FROM Course
WHERE Cname LIKE ´操作系统#_%原_´ ESCAPE ´#´;
```

说明:为查询能得到相应结果,请自己按需修改或添加表数据,下同。

实验例 4.4 查询选修了课程的学生人数。

```
SELECT COUNT(DISTINCT Sno) /* 加 DISTINCT 去掉重复值后计数 */
FROM SC;
```

实验例 4.5 查询计算机系(CS)选修了 2 门及以上课程的学生的学号。

```
SELECT Student.Sno
FROM Student,SC
WHERE Sdept = ´CS´ AND Student.Sno = SC.Sno
GROUP BY Student.Sno HAVING COUNT(*)>=2;
```

实验例 4.6 查询 Student 表与 SC 表的广义笛卡尔积。

```
Select Student.*,SC.*
From Student,SC;
```

或

```
Select Student.*,SC.*
From Student Cross Join SC;
```

实验例 4.7 查询 Student 表与 SC 表基于学号 Sno 的等值连接。

```
Select *
From Student,SC
WHERE Student.Sno = SC.Sno;
```

实验例 4.8 查询 Student 表与 SC 表基于学号 Sno 的自然连接。

```
SELECT Student.Sno, Sname, Ssex, Sage, Sdept, Cno, Grade
FROM Student, SC WHERE Student.Sno = SC.Sno;
```

或

```
SELECT Student.Sno, Sname, Ssex, Sage, Sdept, Cno, Grade
FROM Student INNER JOIN SC ON Student.Sno = SC.Sno;
```

实验例 4.9 查询课程之先修课的先修课(自身连接例)。

```
SELECT FIRST.Cno, SECOND.cpno
FROM Course FIRST, Course SECOND
WHERE FIRST.cpno = SECOND.Cno;
```

这里为 Course 表取了 FIRST 与 SECOND 两个别名,这样就可以在 SELECT 子句和 WHERE 子句中的属性名前分别用这两个别名加以区分。

实验例 4.10 查询学生及其课程、成绩等情况(不管是否选课,均需列出学生信息)。

```
SELECT Student.Sno, Sname, Ssex, Sage, Sdept, Cno, Grade
FROM Student Left Outer JOIN SC ON Student.Sno = SC.Sno;
```

实验例 4.11 查询学生及其课程成绩与课程及其学生选修成绩的明细情况(要求学生与

课程均需全部列出)。
　　SELECT Student.Sno,Sname,Ssex,Sage,Sdept,Course.Cno,Grade,cname,cpno,ccredit
　　FROM Student Left Outer JOIN SC ON Student.Sno = SC.SnoFull Outer join Course on SC.cno = Course.cno;

实验例 4.12 查询性别为男、课程成绩及格的学生信息及课程号、成绩。
　　SELECT Student.*,Cno,Grade
　　FROM STUDENT INNER JOIN SC ON Student.Sno = SC.Sno
　　WHERE SSEX = '男' AND GRADE >= 60

实验例 4.13 查询与"钱横"在同一个系学习的学生信息。
　　SELECT * FROM Student
　　WHERE Sdept IN
　　　　(SELECT Sdept
　　　　 FROM Student
　　　　 WHERE Sname = '钱横');

或

　　SELECT * FROM Student
　　WHERE Sdept =
　　(SELECT Sdept
　　　FROM Student
　　　WHERE Sname = '钱横'); -- 当子查询为单列单行值时可以用"="

或

　　SELECT S1.*
　　FROM Student S1,Student S2
　　WHERE S1.Sdept = S2.Sdept AND S2.Sname = '钱横';

一般来说,连接查询可以替换大多数的嵌套子查询。

SQL-92 支持"多列成员"的属于(IN)条件表达。

实验例 4.14 找出同系、同年龄、同性别的学生。
　　Select * from Student as T
　　Where (T.sdept,T.sage,T.ssex) IN
　　　　(Select sdept,sage,ssex
　　　　 From student as S
　　　　 Where S.sno<>T.sno); -- 但 SQL Server 可能不支持

它等价于逐个成员 IN 的方式表达,如下(能在 SQL Server 中执行,请调整 Student 表的内容来检验其有效性):
　　Select * from Student T
　　Where T.sdept IN
　　　(Select sdept
　　　　From student S
　　　　Where S.sno<>T.sno and
　　　　　　T.sage IN
　　　　　　(Select sage
　　　　　　　From student X
　　　　　　　Where S.sno = X.sno and X.sno<>T.sno and
　　　　　　　　　T.ssex IN
　　　　　　　　　(Select ssex
　　　　　　　　　　From student Y
　　　　　　　　　　Where X.sno = Y.sno and Y.sno<>T.sno)));

实验例 4.15 查询选修了课程名为"数据库系统"的学生学号、姓名和所在系。

```
SELECT Sno,Sname,Sdept FROM Student    -- IN 嵌套查询方法
WHERE Sno IN
      (SELECT Sno FROM SC
       WHERE Cno IN
              (SELECT Cno FROM Course WHERE Cname='数据库系统'));
```

或

```
SELECT Sno,Sname,Sdept FROM Student    -- IN、= 嵌套查询方法
WHERE Sno IN
      ( SELECT Sno FROM SC
        WHERE Cno =
          (SELECT Cno FROM Course WHERE Cname='数据库系统'));
```

或

```
SELECT Student.Sno,Sname,Sdept          --连接查询方法
FROM Student,SC,Course
WHERE Student.Sno = SC.Sno AND SC.Cno = Course.Cno
    AND Course.Cname='数据库系统';
```

或

```
Select Sno,Sname,Sdept From Student    -- Exists 嵌套查询方法
Where Exists( Select * From SC
              Where SC.Sno = Student.Sno And
              Exists( Select * From Course
                      Where SC.Cno = Course.Cno And Cname='数据库系统'));
```

或

```
Select Sno,Sname,Sdept From Student    -- Exists 嵌套查询方法
Where Exists( Select * From course
              Where Cname='数据库系统' and
              Exists( Select * From SC
                      Where sc.sno = student.sno and SC.Cno = Course.Cno));
```

实验例 4.16 检索至少不学 2 号和 4 号两门课程的学生学号与姓名。

```
SELECT Sno,Sname FROM Student
WHERE Sno NOT IN
      (SELECT Sno FROM SC WHERE Cno IN ('2','4'));
```

或

```
SELECT Sno,Sname FROM Student
WHERE   NOT EXISTS
      (SELECT * FROM SC WHERE Cno IN ('2','4') and Sno = Student.Sno);
```

实验例 4.17 查询其他系中比信息系 IS 所有学生年龄均大的学生名单,并排序输出。

```
SELECT Sname FROM Student
WHERE Sage > All(SELECT Sage FROM Student
              WHERE Sdept='IS') AND Sdept<>'IS'
ORDER BY Sname;
```

本查询实际上也可以用集函数实现,如下:

```
SELECT Sname FROM Student
WHERE Sage >(SELECT MAX(Sage) FROM Student
              WHERE Sdept='IS') AND Sdept<>'IS'
ORDER BY Sname;
```

实验例 4.18 查询哪些课程只有女生选读(本题有多于两种表达法)。

```
SELECT DISTINCT CNAME
```

```
FROM COURSE C
WHERE ´女´ = ALL( SELECT SSEX FROM SC,STUDENT
                 WHERE SC.SNO = STUDENT.SNO AND SC.CNO = C.CNO);
```

或

```
SELECT DISTINCT CNAME FROM COURSE C
WHERE NOT EXISTS
      ( SELECT * FROM SC,STUDENT
        WHERE SC.SNO = STUDENT.SNO AND SC.CNO = C.CNO AND STUDENT.SSEX = ´男´);
```

说明:若要在结果中排除还没有被选修的课程,可以在外查询的 WHERE 子句增加 and Cno IN (SELECT Distinct Cno FROM SC)条件。

实验例 4.19 查询所有未修 1 号课程的学生姓名。

```
SELECT Sname FROM Student
WHERE NOT EXISTS
      ( SELECT * FROM SC WHERE Sno = Student.Sno AND Cno = ´1´);
```

或

```
SELECT Sname FROM Student
WHERE Sno NOT IN (SELECT Sno FROM SC WHERE Cno = ´1´);
```

但如下是错的:

```
SELECT Sname FROM Student,SC
WHERE SC.Sno = Student.Sno AND Cno <> ´1´;
```

实验例 4.20 查询选修了全部课程的学生姓名(为了有查询结果,可调整一些表的内容)。

```
SELECT Sname FROM Student
WHERE NOT EXISTS
      ( SELECT * FROM Course
        WHERE NOT EXISTS
              (SELECT * FROM SC WHERE Sno = Student.Sno AND Cno = Course.Cno));
```

由于没有全称量词,可以将题目的意思转换成等价的存在量词的形式:查询这样的学生姓名没有一门课程是他不选的。

本题的另一操作方法是:

```
SELECT Sname FROM Student,SC WHERE Student.Sno = SC.Sno
Group by Student.Sno,Sname having count( * )>= (SELECT count( * ) FROM Course);
```

实验例 4.21 查询至少选修了学号为 98001 的学生选修的全部课程的学生号码。

本题的查询要求可以做如下解释,不存在这样的课程 y,学生 98001 选修了 y,而要查询的学生 x 没有选。写成的 SELECT 语句为

```
SELECT Sno
FROM Student SX
WHERE NOT EXISTS
      ( SELECT * FROM SC SCY
        WHERE SCY.Sno = ´98001´ AND
              NOT EXISTS
                  ( SELECT * FROM SC SCZ
                    WHERE SCZ.Sno = SX.Sno AND SCZ.Cno = SCY.Cno));
```

实验例 4.22 查询选修了 1 号课程或者选修了 2 号课程的学生学号集。

```
SELECT Sno FROM SC WHERE Cno = ´1´
  UNION
SELECT Sno FROM SC WHERE Cno = ´2´;
```

注意:扩展的 SQL 中有集合操作并(UNION)、集合操作交(INTERSECT)和集合操作差(EXCEPT 或 MINUS)等。SQL 的集合操作要求相容,即属性个数、类型必须一致,属性名无关,最终结果集采用第一个结果的属性名,缺省为自动去除重复元组,各子查询不带 Order By,Order By 放在整个语句的最后。

实验例 4.23 查询计算机科学系的学生与年龄不大于 19 岁的学生的交集。

```
SELECT * FROM Student WHERE Sdept = 'CS'
   INTERSECT
SELECT * FROM Student WHERE Sage <= 19;  --SQL Server 2005 及后续版本支持
```

本查询等价于"查询计算机科学系中年龄不大于 19 岁的学生。",为此变通法为

```
SELECT * FROM Student WHERE Sdept = 'CS' AND Sage <= 19;
```

实验例 4.24 查询选修 2 号课程的学生集合与选修 1 号课程的学生集合的差集。

```
SELECT Sno FROM SC WHERE Cno = '2'
   EXCEPT   --有的数据库系统使用"MINUS"
SELECT Sno FROM SC WHERE Cno = '1';  --SQL Server 2005 及后续版本支持
```

本例实际上是查询选修了 2 号课程但没有选修 1 号课程的学生。为此变通法为

```
SELECT Sno FROM SC
WHERE Cno = '2' AND Sno NOT IN
         (SELECT Sno FROM SC WHERE Cno = '1');
```

实验例 4.25 查询平均成绩大于 85 分的学号、姓名、平均成绩。

```
Select stu_no,sname,avgr
From Student,( Select sno,avg(grade) From SC
              Group By sno) as SG(stu_no,avgr)
Where Student.sno = SG.stu_no And avgr > 85;
```

SQL-92 允许在 From 中使用查询表达式,并必须为查询表达式取名。它等价于如下未使用查询表达式的形式:

```
Select Student.Sno,Sname,AVG(Grade)
From Student,SC Where Student.Sno = SC.Sno
Group By Student.Sno,Sname HAVING AVG(Grade)> 85;
```

实验例 4.26 查出课程成绩在 90 分以上的男学生的姓名、课程名和成绩。

```
SELECT SNAME,CNAME,GRADE
FROM (SELECT SNAME,CNAME,GRADE
      FROM STUDENT,SC,COURSE
      WHERE SSEX = '男' AND STUDENT.SNO = SC.SNO AND SC.CNO = COURSE.CNO)
AS TEMP(SNAME,CNAME,GRADE)
WHERE GRADE > 90;   -- 特意用查询表达式实现,完全可用其他方式实现
```

但如下使用查询表达式的查询,则不易改写为其他形式。

实验例 4.27 查询各不同平均成绩所对应的学生人数(给出平均成绩与其对应的人数)。

```
Select avgr,COUNT( * )
From(Select sno,avg(grade) From SC
     Group By sno) as SG(Sno,avgr)
Group By avgr;
```

实验例 4.28 查出学生、课程及成绩的明细信息及课程门数、总成绩及平均成绩。

```
SELECT sno,cno,grade        -- SQL 2005/2008 COMPUTE 的使用有效
FROM sc
ORDER BY sno
COMPUTE count(cno),SUM(grade),avg(grade) BY sno
```

类似功能可以用如下两语句实现：

```
SELECT sno,cno,grade        --SQL 2012 及后续版本不支持 COMPUTE 的使用
FROM sc
ORDER BY sno;
select  sno,count(cno),SUM(grade),avg(grade)
from sc
group by sno
```

实验例 4.29 利用 rollup( )为(Sdept,Sage,Ssex)、(Sdept,Sage)、(Sdept)的每个唯一组合的值统计学生人数，并统计出总人数。

```
SELECT Sdept,Sage,Ssex,count( * )
FROM Student
group by rollup(Sdept,Sage,Ssex); -- 符合 ISO 语法的命令表示
SELECT Sdept,Sage,Ssex,count( * )
FROM Student
group by Sdept,Sage,Ssex with rollup  -- 不符合 ISO 语法的命令表示
```

说明：实验例 4.29～实验例 4.31 适用于 SQL Server 2012/SQL Server 2014 等较新版本。

实验例 4.30 利用 cube( )为"Sdept,Sage,Ssex"3 属性的所有组合($2^3-1=7$ 种组合)的每个唯一组合的值统计学生人数，并统计出总人数。

```
SELECT Sdept,Sage,Ssex,count( * )
FROM Student
group by cube(Sdept,Sage,Ssex); -- 符合 ISO 语法的命令表示
SELECT Sdept,Sage,Ssex,count( * )
FROM Student
group by Sdept,Sage,Ssex with cube  -- 不符合 ISO 语法的命令表示
```

实验例 4.31 利用 GROUPING SETS 只为 Sdept,Sage,Ssex,(Sage,Ssex)的每个唯一组合的值统计学生人数（说明：GROUPING SETS 在一个查询中指定数据的多个分组，仅聚合指定组；GROUPING SETS 可以包含单个元素或元素列表；GROUPING SETS 也可以指定与 ROLLUP 或 CUBE 返回的内容等效的分组）。

```
SELECT Sdept,Sage,Ssex,count( * )
FROM Student
group by GROUPING SETS ((),Sdept,Sage,Ssex,( Sage,Ssex),(Sdept,Sage),(Sdept,Ssex),(Sdept,Sage,Ssex));
```

如下利用 GROUPING SETS 的命令等效上例的功能：

```
SELECT Sdept,Sage,Ssex,count( * )
FROM Student
group by GROUPING SETS (cube(Sdept,Sage,Ssex)) --本例与实验例 4.30 亦等效
```

实验例 4.32 利用 FOR 子句（T-SQL）把学生选课记录生成用 XML 格式来显示与表示。

```
SELECT sno,cno,grade
FROM sc
FOR XML AUTO, TYPE, XMLSCHEMA, ELEMENTS XSINIL;
```

说明：FOR 子句的语法自查，查询结果自己运行、查阅与审视。

实验例 4.33 建立信息系学生的视图(含有学号、姓名、年龄及性别)，并要求进行修改和插入操作时仍须保证该视图只有信息系的学生。通过视图查找年龄大于或等于 18 岁的男学生。

```
CREATE VIEW IS_Student
    AS SELECT Sno,Sname,Sage,Ssex
        FROM Student
        WHERE Sdept = ´IS´ WITH CHECK OPTION
GO
SELECT * FROM IS_Student WHERE Sage >= 18 AND Ssex = ´男´;
```

实验例 4.34 设有"学生-课程关系"数据库,其数据库关系模式为:学生 S(学号 SNO,姓名 SN,所在系 SD,年龄 SA)、课程 C(课程号 CNO,课程名称 CN,先修课号 PCNO)、学生选课 SC(学号 SNO,课程号 CNO,成绩 G)。

试用 SQL 语言分别写出下列查询(只需写出 SQL 命令):

① 求学生 98001(为学号)所选的成绩为 60 以上的课程号;
② 求选修了"数据库概论",并且成绩为 80 或 90 的学生学号和姓名;
③ 求选修了全部课程的学生学号、姓名及其所在系名;
④ 找出没有学生选修的课程号及课程名称;
⑤ 列出选课数超过 3 门的学生学号、其所修课程数及平均成绩;
⑥ 删除"数据结构"课程及所有对它的选课情况。

解

① SELECT CNO FROM SC WHERE SNO=´98001´ AND G>=60;

② SELECT SNO,SN FROM S,SC,C
WHERE C.CNO= SC.CNO AND SC.SNO=S.SNO AND C.CN=´数据库概论´
    AND (G=90 OR G=80);

③ SELECT SNO,SN,SD FROM S
WHERE NOT EXISTS(SELECT * FROM C X WHERE NOT EXISTS
    (SELECT * FROM SC Y WHERE Y.CNO= X.CNO AND Y.SNO=
    S.SNO));

④ SELECT CNO,CN FROM C WHERE C.CNO NOT IN (SELECT SC.CNO FROM SC);

⑤ SELECT SNO,COUNT(CNO),AVG(G) FROM SC GROUP BY SNO HAVING COUNT(CNO)>3;

⑥ DELETE FROM SC
    WHERE SC.CNO IN (SELECT C.CNO FROM C WHERE CN=´数据结构´);
    DELETE FROM C WHERE CN=´数据结构´;

实验内容

本实验内容详见二维码。

实验 4　SQL 语言——SELECT
查询操作之实验内容

实验5 SQL语言——更新操作命令

实验目的

掌握利用 INSERT、UPDATE 和 DELETE 命令(或语句)实现对表(或视图)数据添加、修改与删除等更新操作。这里主要介绍对表的操作。

背景知识

实现数据存储的前提是要向表格中添加数据,要实现对表格的良好管理则还经常需要修改、删除表格中的数据。数据操作实际上就是指通过 DBMS 提供的数据操作语言 DML,实现对数据库中表的更新操作,如数据的插入或添加、修改、删除等操作,使用 T-SQL 操作数据的内容主要包括:如何向表中一行行添加数据;如何把一个表中的多行数据插入另外一个表中;如何更新表中的一行或多行数据;如何删除表中的一行或多行数据;如何清空表中的数据等。

实验示例

实验 5.1 INSERT 命令

1. 插入一个或多个元组的 INSERT 语句

语法格式为

INSERT [INTO]<表名或视图名>[(<属性列1>[,<属性列2>...])]{ VALUES (<常量1>[,<常量2>]...)[,...n]}

(1) 按关系模式的属性顺序安排值

实验例 5.1 如插入学号、姓名、年龄、性别、系名分别为 98011、张静、27、女、CS 的新学生。

```
USE JXGL
GO
Insert Into Student Values('98011','张静',27,'女','CS');
GO
```

实验例 5.2 按学号、姓名、年龄、性别、系名插入一组新学生的信息。

```
Insert Into Student Values ('99201','石科',21,'男','CS'),
                           ('99202','宋笑',19,'女','CS'),
                           ('99203','王欢',20,'女','IS'),
                           ('99204','彭来',18,'男','MA'),
                           ('99205','李晓',22,'女','CS');
GO
```

执行结果如实验图 5.1 所示。

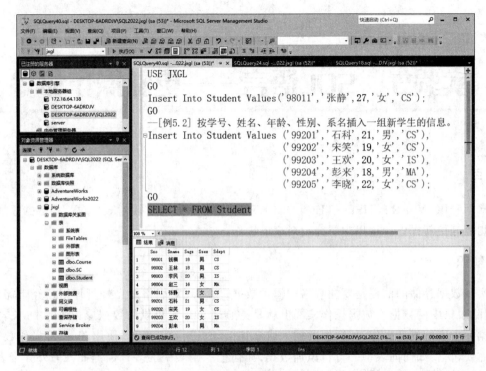

实验图 5.1 在 SSMS 查询子窗口中通过 INSERT 命令插入记录

（2）按指定的属性顺序，也可以只添加部分属性（非 Null 属性则必须明确指定值）

实验例 5.3 插入学号为 98012、姓名为李四、年龄为 16 的学生信息。

Insert Into Student(Sno,Sname,Sage) Values(´98012´,´李四´,16);
--新插入的记录在 Ssex 列上取缺省值（男），Sdept 列上取空值

执行结果如实验图 5.2 所示。

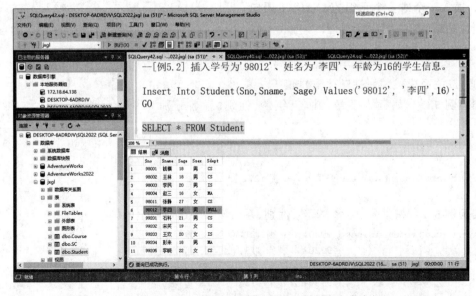

实验图 5.2 在 SSMS 中打开某表对应显示的 SQL 窗格中命令插入一记录

注意,① 从篇幅考虑,其余更新命令的执行与运行状况类似于实验图 5.1 和实验图 5.2,将不再列出。② 在 INSERT 语句中,VALUES 列表中的表达式的个数,必须与表中的列数匹配,表达式的数据类型必须可以和表格中对应各列的数据类型兼容。如果表格中存在定义为 NOT NULL 的数据列,那么该列的值必须出现在 VALUES 的列表中,否则服务器会给出错误提示,操作失败。在 INSERT 语句中,INTO 是一个可选关键字,使用这个关键字可以使语句的定义更加清楚。使用该方法一次只能插入一行数据,而且每次插入数据时都必须输入表格名字以及要插入的数据列的数值。③ 如果没有按正确顺序提供插入的数据,那么服务器有可能给出一个语法错误,导致插入操作失败,也有可能服务器没有任何反应,数据插入成功,但数据是有错的。

2. 插入子查询结果的 INSERT 语句

语法的格式为

INSERT [INTO] <表名或视图名> [(<属性列 1>[,<属性列 2>...])] 子查询;

其功能为一次将子查询(子查询为一个 SELECT-FROM-WHERE 查询块)的结果全部插入指定表中。

实验例 5.4 给 CS 系的学生开设 5 号课程,建立选课信息(成绩暂空)。

```
Insert Into SC
    Select sno,cno,null
    From Student,Course
    Where Sdept = ´CS´ and cno = ´5´;
```

实验例 5.5 设班里来了位与"赵三"同名同姓同性别同年龄的学生,希望通过使用带子查询块的 INSERT 命令来添加该新生记录,学号设定成"赵三"的学号加 1,姓名为"赵三 2",其他相同。

```
Insert Into Student
    Select cast(cast(sno as integer) + 1 as char(5)),sname + ´2´,sage,ssex,sdept
    From Student Where Sname = ´赵三´;
GO
SELECT * FROM Student;
GO
```

执行结果如实验图 5.3 所示。

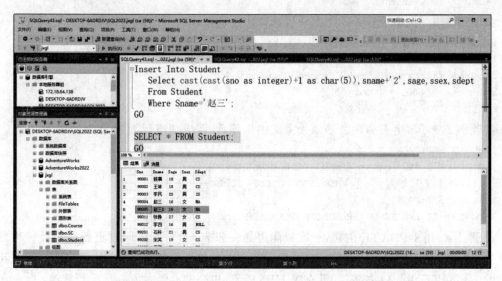

实验图 5.3 带子查询的 INSERT 命令添加新记录

注意:INSERT 表和 SELECT 子查询结果集的列数、列序和数据类型必须一致,其中数据类型一致是指两方对应列的数据类型要么相同,要么可以由 SQL Server 服务器自动转换。

实验 5.2　UPDATE 命令

UPDATE 语句基本语法如下:

UPDATE [TOP(expression)[PERCENT]]<表名或视图名> SET<列名>=<表达式>[,<列名>=<表达式>]...
[FROM {<table_source>}[,...n]][WHERE<条件>];

当需要修改表或视图中的一列或多列的值时,可以使用 UPDATE 语句。使用 UPDATE 语句可以指定要修改的列和想赋予的新值,通过给出检索匹配数据行的 WHERE 子句,还可以指定要更新的列所必须符合的条件(条件表达时可关联参照< table_source >)。

实验例 5.6　将学号为 98003 的学生姓名改为李明,年龄改为 23 岁。

```
USE JXGL
GO
SELECT * FROM Student;                              --修改前
UPDATE Student SET Sname='李明',Sage = 23 WHERE Sno='98003';   --修改中
SELECT * FROM Student;                              --修改后,通过比较体会修改效果
```

实验例 5.7　将 Student 表的学号前 3 位学生的年龄均增加 1 岁。

```
UPDATE Student SET Student.Sage = Student.Sage + 1
FROM (SELECT TOP(3) * FROM Student ORDER BY SNO) AS STU3
WHERE STU3.SNO = Student.SNO
-- 或若 Student 本是按学号升序排序的,则直接利用带 TOP 的 UPDATE 命令。
UPDATE TOP(3) Student SET Student.Sage = Student.Sage + 1
```

使用 PERCENT,指示修改表中前面 expression% 的行,小数部分的值向上舍入下一个整数值。如下表示修改 Student 表前面 3% 行的学生年龄(记录 10 个左右时就修改了 1 个学生的年龄)。

```
SELECT * FROM Student;   --修改前
UPDATE TOP(3) PERCENT Student SET Student.Sage = Student.Sage + 1
SELECT * FROM Student;   --修改后
```

实验例 5.8　将学号为 98001 的学生选修的 3 号课程的成绩改为该课的平均成绩。

```
SELECT * FROM SC;    --修改前
Update SC
Set Grade = (Select AVG(Grade) From SC Where Cno='3')
Where Sno='98001' AND Cno='3';
SELECT * FROM SC;    --修改前
```

实验例 5.9　学生王林在 2 号课程考试中作弊,该课成绩应计为零分。

```
UPDATE SC SET GRADE = 0
WHERE CNO='2' AND '王林' = (SELECT SNAME FROM STUDENT
                  WHERE STUDENT.SNO = SC.SNO);   -- 或如下:
UPDATE SC SET GRADE = 0
WHERE CNO='2' AND SNO IN (SELECT SNO FROM STUDENT WHERE SNAME='王林');
```

注意:①使用 UPDATE 语句,一次只能更新一张表,但是可以同时更新多个要修改的数据列;②使用一个 UPDATE 语句一次更新一个表中的多个数据列,要比使用多个一次只更新一列的 UPDATE 语句效率高;③没有 WHERE 子句时,表示要对所有行进行修改。

实验 5.3 DELETE 命令

删除语句的基本语法格式为

```
DELETE [TOP(expression) [PERCENT] ] [FROM] <表名或视图名>
[FROM {<table_source>} [ ,...n ] ] [WHERE <条件>]
```

DELETE 语句的功能是从指定表或视图中删除满足 WHERE 子句条件(条件表达时可关联参照<table_source>)的所有元组。如果省略 WHERE 子句,则表示删除表中全部元组,但表的定义仍在数据字典中。也就是说,DELETE 语句删除的是表中的数据,而不是表的结构定义。

实验删除操作前,先备份选修表 SC 到 TSC 中,命令为

```
SELECT * INTO TSC FROM SC   --备份到表 TSC 中
```

实验例 5.10　删除计算机系所有学生的选课记录。

```
SELECT * FROM SC            --删除前
DELETE FROM SC              --删除中
WHERE ´CS´ =
        ( SELECT Sdept FROM Student
          WHERE Student.Sno = SC.Sno);
-- 或
DELETE FROM SC FROM Student
WHERE Sdept = ´CS´ AND Student.Sno = SC.Sno;
SELECT * FROM SC    --删除后,通过比较了解删除操作情况
```

从表 TSC 恢复数据到表 SC,命令为(若为部分恢复,子查询中要有相应的 WHERE 条件):

```
INSERT INTO SC        --这是一种方便、简易地恢复数据的方法。
    SELECT * FROM TSC EXCEPT SELECT * FROM SC
```

实验例 5.11　使用 DELETE 语句删除表 SC 中的所有数据。

```
DELETE FROM SC
```

说明,使用 TRUNCATE TABLE 也能清空表格,如 TRUNCATE TABLE SC。TRUNCATE TABLE 语句可以删除表格中所有的数据,只留下一个表格的定义。使用 TRUNCATE TABLE 语句执行操作通常要比使用 DELETE 语句快。因为 TRUNCATE TABLE 是不记录日志的操作,TRUNCATE TABLE 将释放表的数据和索引所占据的所有空间。语法如下:

```
TRUNCATE table_name
```

注意:在 T-SQL 中,关键字 FROM 是可选的,这里是为了区别其他版本的 SQL 兼容而加上的,在操作数据库时,使用 DELETE 语句要小心,因为数据会永远地从数据库中删除。

实验内容

本实验内容详见二维码。

实验 5　SQL 语言——更新操作命令之实验内容

实验6　嵌入式SQL应用

实验目的

　　掌握第三代高级语言如 C 语言中嵌入式 SQL 的数据库数据操作方法，能清晰地领略到 SQL 命令在第三代高级语言中操作数据库数据的方法，这种方法在今后各种数据库应用系统开发中将被广泛采用。

　　掌握嵌入了 SQL 语句的 C 语言程序的上机过程：包括编辑、预编译、编译、连接、修改、调试与运行等内容。

背景知识

　　国际标准数据库语言 SQL 应用广泛。目前，各商用数据库系统均支持它，且各开发工具与开发语言均以各种方式支持 SQL 语言。数据库的各类操作如插入、删除、修改与查询等主要是通过 SQL 语句来完成的。广义来讲，各类开发工具或开发语言通过 SQL 来实现的数据库操作均为嵌入式 SQL 应用。

　　但本实验主要介绍 SQL 语言嵌入在第三代过程式高级语言（如 C、COBOL、FORTRAN 等）中的使用情况。不同数据库系统一般都提供能嵌入 SQL 命令的高级语言，并把其作为应用开发工具之一，如 SQL Server 支持的嵌入式 ANSI C，UDB/400 支持的 RPG Ⅳ、ILE COBOL/400、PL/1 等，Oracle 支持的 Pro * C 等。本实验主要基于 ANSI C 中嵌入了 SQL 命令实现的简易数据库应用系统——"学生学习管理系统"展开。

实验示例

　　SQL Server 支持的嵌入式 C 的详细语法等请参阅 SQL Server 联机帮助，这里只是示范性介绍对数据库数据进行插入、删除、修改、查询、统计等基本操作的具体实现，通过一个个功能的示范与介绍来体现用嵌入式 C 实现一个简单系统的概况。

实验6.1　应用系统背景情况

　　应用系统开发环境是 SQL Server 支持的嵌入式 C 语言及某版本 SQL Server 数据库管理系统，具体包括：

　　① 开发语言：嵌入式 ANSI C。
　　② 编译与连接工具：VC++ 6.0 等。
　　③ 子语言：MS SQL Server 嵌入式 SQL。

④ 数据库管理系统:目前适用于 SQL Server 2000 及其以上版本。
⑤ 源程序编辑环境:VS.NET、VC++ 2010、文本文件编辑器等。
⑥ 运行环境:控制台窗口,如 Windows 命令窗口或 MS DOS 子窗口。

本应用系统也可采用其他大型数据库系统所提供的嵌入式第三代语言环境,如 Oracle 及其支持的 Pro * C。

要说明的是 MS SQL Server 嵌入式 SQL 语法基本同 T-SQL,SQL Server 支持的嵌入式 C 及嵌入式 SQL 详细语法等请参阅 SQL Server 联机帮助。常用的嵌入式 SQL 命令在应用系统中已基本体现。

实验 6.2　系统的需求与总体功能要求

为简单起见,假设该学生学习管理系统要处理的信息只涉及学生、课程与学生选课方面的信息。因此,系统的需求分析是比较简单明了的。本系统只涉及学生信息、课程信息及学生与课程间选修信息。

本系统功能需求有以下内容。

(1) 在 SQL Server 中,建立各关系模式对应的库表并初始化各表,确定各表的主键、索引、参照完整性、用户自定义完整性等。

(2) 能对各库表提供输入、修改、删除、添加、查询、打印显示等基本操作。

(3) 能明细实现如下各类查询:①能查询学生基本情况、学生选课情况及各课考试成绩情况;②能查询课程基本情况、课程学生选修情况、课程成绩情况;③能实现动态输入 SQL 命令查询。

(4) 能统计实现如下各类查询:①能统计学生选课情况及学生的成绩单(包括总成绩、平均成绩、不及格门数等)情况;②能统计课程综合情况、课程选修综合情况(如课程的选课人数、最高成绩、最低成绩、平均成绩等)、课程专业使用状况;③能动态输入 SQL 命令统计。

(5) 能实现用户管理功能,包括用户登录、注册新用户、更改用户密码等功能。

(6) 所设计系统采用 Windows 命令窗口操作界面,按字符实现子功能切换操作。

系统的总体功能安排如系统功能菜单所示,如下:

```
0-exit.
1-创建学生表      7-修改学生记录    d-按学号查学生    i-统计某学生成绩
2-创建课程表      8-修改课程记录    e-显示学生记录    j-学生成绩统计表
3-创建成绩表      9-修改成绩记录    f-显示课程记录    k-课程成绩统计表
4-添加学生记录    a-删除学生记录    g-显示成绩记录    l-通用统计功能
5-添加课程记录    b-删除课程记录    h-学生课程成绩表  m-数据库用户表名
6-添加成绩记录    c-删除成绩记录                      n-动态执行 SQL 命令
```

实验 6.3　系统概念结构设计与逻辑结构设计

实验 6.3.1　数据库概念结构设计

本简易系统的 E-R 图(不包括登录用户实体)如实验图 6.1 所示。

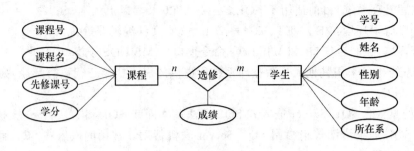

实验图 6.1　系统总体 E-R 图

实验 6.3.2　数据库逻辑结构设计

1. 数据库关系模式

按照实体-联系图转换为关系模式的规则,本系统的 E-R 图可转换为如下 3 个关系模式:
① 学生(学号、姓名、性别、年龄、所在系);
② 课程(课程号、课程名、先修课号、学分);
③ 选修(学号、课程号、成绩)。

另需辅助表:用户表(用户编号、用户名、口令、等级)。

表名与属性名对应由英文表示,则关系模式为
① student(sno、sname、ssex、sage、sdept);
② course(cno、cname、cpno、ccredit);
③ sc(sno、cno、grade);
④ users(uno、uname、upassword、uclass)。

2. 数据库及表结构的创建

设本系统使用的数据库名为 xxgl,根据已设计出的关系模式及各模式的完整性的要求,可以在 SQL Server 数据库系统中实现这些逻辑结构。下面是创建数据库及其表结构的 T-SQL 命令(SQL Server 中的 SQL 命令):

```
CREATE DATABASE xxgl;
GO
USE xxgl;
CREATE TABLE student (
    sno char(5) NOT null primary key,
    sname char(6) null ,
    ssex char(2) null DEFAULT ´男´ CHECK (ssex = ´男´ or ssex = ´女´),
    sage int null ,
    sdept char(2) null);
CREATE TABLE course (
    cno char(1) NOT null primary key,
    cname char(10) null ,
    cpno char(1) null ,
    ccredit int null DEFAULT 2 CHECK (ccredit >= 0 and ccredit <= 20));
CREATE TABLE sc (
    sno char(5) NOT null ,
    cno char(1) NOT null ,
    grade int null ,
```

```
CONSTRAINT FK_sc_course FOREIGN KEY(cno) REFERENCES course(cno),
CONSTRAINT FK_sc_student FOREIGN KEY(sno) REFERENCES student(sno));
CREATE TABLE users(uno char(6) NOT NULL PRIMARY KEY    CLUSTERED (uno),uname char(10) NOT NULL,
upassword varchar(10) NULL,uclass char(1) NULL DEFAULT 'A');
```

实验 6.4 典型功能模块介绍

实验 6.4.1 数据库的连接(CONNECTION)

实验 6.4.1 数据库的连接
(CONNECTION)

数据库的连接在 main()主程序中,相关程序见二维码。

本系统运行主界面图如实验图 6.2 所示。

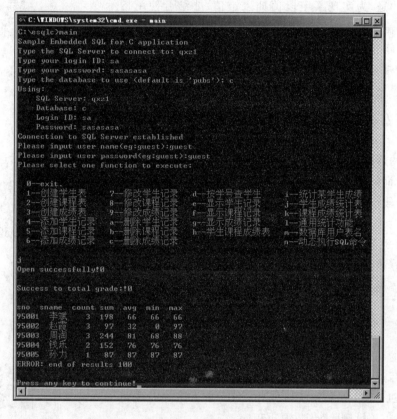

实验图 6.2 学生学习管理系统运行菜单图

实验 6.4.2 表的初始创建(CREATE & INSERT)

系统能在第一次运行前初始化用户表。程序在初始化前,先判断系统库中是否已存在学生表,若存在则询问是否要替换它,得到肯定回答后,便 DROP 已有表,create table 创建 student 表,接着通过"begin transaction…多条 insert into…commit transaction"作为一个完整的事务,完成插入记录。

函数程序见二维码。

实验 6.4.2 表的初始创建
(CREATE & INSERT)

对 SQL Server 的操作往往能使用存储过程来实现,如果数据库中已创建存储过程 insert_to_student:create procedure insert_to_student @sno char(5),@sname char(6),@ssex char(2),@sage int,@sdept char(2) as insert into student values(@sno,@sname,@ssex,@sage,@sdept)。

则插入一条记录可使用如下命令:
EXEC SQL exec insert_to_student ~95005~,~李斌~,~男~,16,~MA~

实验 6.4.3　表记录的插入(INSERT)

表记录的插入程序功能比较简单,主要通过循环结构,可反复输入学生记录的字段值,用 "insert into…"命令完成插入工作,直到不再插入时退出循环为止。要注意的是,为实现某字段值插入空值,要结合使用指示变量,指示变量输入负数表示某字段值插入空值。该程序可进一步完善,使程序能在插入前,先判断输入学号的学生记录是否已存在,并据此作相应的处理(请自己完善)。

实验 6.4.3　表记录的插入(INSERT)

函数程序见二维码。

实验 6.4.4　表记录的修改(UPDATE)

表记录的修改程序:首先要求输入学生所在系名("＊＊"代表全部系),然后逐个列出该系的每个学生,询问是否要修改,若要修改则再要求输入该学生的各字段值,字段输入中结合使用指示变量可控制是否要保留字段原值、设置为空还是要输入新值,逐个字段值输入完毕用 UPDATE 命令完成修改操作,询问是否修改时也可输入"0"来直接结束该批修改处理,退出程序。

实验 6.4.4　表记录的修改(UPDATE)

函数程序见二维码。

实验 6.4.5　表记录的删除(DELETE)

表记录的删除程序:首先要求输入学生所在系名("＊＊"代表全部系),然后逐个列出该系的每个学生,询问是否要删除,若要删除则调用 DELETE 命令完成该操作,询问是否删除时也可输入"0"来直接结束该批删除处理,退出程序。

实验 6.4.5　表记录的删除(DELETE)

函数程序见二维码。

实验 6.4.6　表记录的查询(SELECT&CURSOR)

表记录的查询程序,先根据 select 查询命令定义游标,打开游标后,再通过循环逐条取出记录并显示出来。所有有效的 select 语句均可通过本程序模式查询并显示。

实验 6.4.6　表记录的查询(SELECT&CURSOR)

函数程序见二维码。

实验 6.4.7　实现统计功能(TOTAL SELECT&CURSOR)

表记录的统计程序与表记录的查询程序如出一辙,只是 select 查询语句带有分组子句 group by,并 select 子句中使用统计函数。

函数程序见二维码。

实验 6.4.7　实现统计功能 (TOTAL SELECT&CURSOR)

实验 6.4.8　SQL 的动态执行(EXECUTE)

SQL 的动态执行主要是对 insert、delete、update 命令来讲的,输入一条有效的 SQL 命令,调用"execute immediate…"命令即可动态执行。

函数程序见二维码。

实验 6.4.8　SQL 的动态执行 (EXECUTE)

实验 6.4.9　通用统计功能

通用统计功能可以动态执行含有单一统计列的 select 语句。先任意输入一条含有两列(其中一列含统计函数)的 select 命令,再利用动态游标来执行与显示,动态游标一般由"declare…prepare…open…fetch…"命令序列来完成。

函数程序见二维码。

其他功能程序可参照以上典型程序自己设计完成。

完整的系统程序请参见二维码。

实验 6.4.9　通用统计功能

完整的系统程序 main.sqc

实验 6.5　系统运行情况

① 新建 C:\esqlc 目录,把 SQL Server 7.0 或 SQL Server 2000 等早期安装盘上的\devtools\include 目录、\devtools\x86lib 目录、\x86\binn 目录与\devtools\samples\esqlc 中的例子复制到 c:\esqlc 目录中,嵌入了 SQL 的 C 语言程序(文件扩展名为.sqc)也放于此目录中。

② 启动"Windows 命令窗口"(Windows 运行 cmd 命令打开 Windows 命令窗口),执行如下命令,使当前盘为 C,当前目录为 esqlc

C:
cd\esqlc

③ 设置系统环境变量值,执行如下批处理命令:

setenv

④ 预编译、编译、连接嵌入 SQL 的 C 语言程序(例如,main.sqc),执行如下批处理命令(有语法语义错时可修改后重新运行):

run main

⑤ 运行生成的应用程序(main.exe),输入程序名即可(如实验图 6.3 所示):

main

说明:

实验图 6.3 ③～⑤步的运行情况

① 嵌入 SQL 的 C 语言程序可用任意文本编辑器进行编辑修改(如记事本、WORD 等)。

② 运行发现错误时,可先用如下命令进行预编译,发现问题后再用文本编辑器进行编辑修改后重新预编译(能先保证对 main.sqc 预编译没有问题):

nsqlprep main /NOSQLACCESS

③ 数据库中应有 student、sc、course 等所需的表(或通过嵌入 SQL C 语言运行时执行创建功能来程序创建)。

④ 需要有 VC++6.0 等的 C 程序编译器 cl.exe 及相关的动态连接库与库文件等。

⑤ setenv.bat 文件内容:

echouse setenv to set up the appropriate environment for
echo building Embedded SQL for C programs
set path = ˜C:\Program Files\Microsoft SQL Server\MSSQL\Binn˜;˜C:\esqlc\binn˜;˜C:\program files\microsoft visual studio\vc98\bin˜
set INCLUDE = C:\esqlc\include;C:\Program Files\Microsoft Visual Studio\VC98\Include;%include%
set LIB = C:\esqlc\x86lib;C:\Program Files\Microsoft Visual Studio\VC98\Lib;%lib%

⑥ 嵌入 SQL 的 C 语言程序编译环境要求(即 SETENV.BAT 文件内容):

需 VC 安装目录下的\bin、\include、\lib 子目录;SQL Server 安装目录下的\binn 子目录;SQL Server 安装盘(早期 SQL Server 2000 等才有)上目录\x86\binn、\devtools\include、\devtools\x86lib、\devtools\samples\esqlc(可能是压缩文件需要先释放)等。为此,SETENV.BAT 文件目录情况应按照实际目录情况调整。

⑦ run.bat 文件内容为:

nsqlprep %1 /NOSQLACCESS
cl /c /W3 /D˜_x86_˜ /Zi /od /D˜_DEBUG˜ %1.c

```
cl /c /W3 /D"_x86_" /Zi /od /D"_DEBUG" gcutil.c
link /NOD /subsystem:console /debug:full /debugtype:cv %1.obj gcutil.obj kernel32.lib libcmt.
lib sqlakw32.lib caw32.lib ntwdblib.lib
```

需要说明的是，%1.c 代表预编译后生成的 C 程序，gcutil.c 是 SQL Server 安装目录\devtools\samples\esqlc 中的实用程序，主要实现对 GetConnectToInfo()函数的支持。

⑧ 以上实验的运行环境最早为 Windows98＋SQL Server 7.0＋VC++ 6.0，后来 Windows 7＋SQL Server 2014＋VC++ 6.0 也可以，目前 Windows10＋SQL Server 2022＋VC++ 6.0 或 VC++其他版本也同样可行。在不同环境下批处理文件内容应有相应变动，编译、连接、运行中可能要用到动态连接库文件，如 mspdb60.dll、sqlakw32.dll、sqlaiw32.dll、ntwdblib.DLL 等（需要时查找下载并复制它们到编译、运行环境如"C:\esqlc"中）。

实际上，本系统可以在 Windows XP、Windows 2000、Windows 2003、Windows 7 或 Windows10 等较新操作系统环境的 Windows 命令窗口（MS-DOS 窗口）中运行，并能连接与操作 SQL Server 7.0、SQL Server 2000、SQL Server 2005、SQL Server 2008、SQL Server 2012、SQL Server 2014、SQL Server 2016、SQL Server 2017、SQL Server 2019、SQL Server 2022 等不同版本的微软数据库管理系统上的数据库。

嵌入式 SQL-C 运行环境与程序等.rar

本节嵌入式 SQL-C 运行环境与程序等的下载见二维码。

实验 6.6　其他高级语言中嵌入式 SQL 的应用情况

1. Pro*C 程序概述

Pro*C 是 Oracle 提供的一种开发工具，它有效地结合了过程化语言 C 和非过程化语言 SQL，具有完备的过程处理能力，且能完成任何数据库的处理任务，使用户可以通过编程完成各种类型的报表。在 Pro*C 程序中可以嵌入 SQL 语言，利用这些 SQL 语言可以完成动态地建立、修改和删除数据库中的表，也可以查询、插入、修改和删除数据库表中的行，还可以实现事务的提交和回滚。在 Pro*C 程序中还可以嵌入 PL/SQL 块以改进应用程序的性能，特别是在网络环境下，可以减少网络传输和处理的总开销。

2. Pro*C 程序的组成结构

通俗来说，Pro*C 程序实际是内嵌有 SQL 语句或 PL/SQL 块的 C 程序，因此它的组成很类似 C 程序。但因为它内嵌有 SQL 语句或 PL/SQL 块，所以它还含有与之不同的成分。

每一个 Pro*C 程序都包括两部分：应用程序首部与应用程序体。

① 应用程序首部：定义了 Oracle 数据库的有关变量，为用 C 语言操作 Oracle 数据库做好了准备。

② 应用程序体：基本上由 Pro*C 的 SQL 语句调用组成，主要指 select、insert、uodate、delete 等语句。

3. Pro*C 程序举例

例如，example.pc 程序能完成输入雇员号、雇员名、职务名和薪金等信息，并插入雇员表 emp（Oracle 缺省安装后含该表）中的功能。

```c
#define USERNAME "SCOTT"    //连接Oracle的用户名
#define PASSWORD "TIGER"    //连接Oracle的用户口令
#include <stdio.h>
#include <string.h>
#include <stdlib.h>
#include <sqlda.h>
#include <sqlcpr.h>
EXEC SQL INCLUDE sqlca;
EXEC SQL BEGIN DECLARE SECTION;
    char * username = USERNAME;
    char * password = PASSWORD;
    varchar sqlstmt[80];
    int empnum;
    varchar emp_name[15];
    varchar job[50];
    float salary;
EXEC SQL END DECLARE SECTION;
void sqlerror();
main()
{ EXEC SQL WHENEVER SQLERROR DO sqlerror();//错误处理
  EXEC SQL CONNECT :username IDENTIFIED BY :password;//连接本机Oracle
  sqlstmt.len = sprintf(sqlstmt.arr,"INSERT INTO EMP(EMPNO,ENAME,JOB,SAL) VALUES(:V1,:V2,:V3,:V4)");
  EXEC SQL PREPARE S FROM :sqlstmt;//SQL命令区S动态准备
  for(;;)
  {   printf("\nenter employee number:");
      scanf(" %d",&empnum);
      if (empnum = = 0) break;
      printf("\nenter employee name:");
      scanf(" %s",emp_name.arr);
      emp_name.len = strlen(emp_name.arr);
      printf("\nenter employee job:");
      scanf(" %s",job.arr);
      job.len = strlen(job.arr);
      printf("\nenter employee salary:");
      scanf(" %f",&salary);
      printf(" %d-- %s-- %s-- %f",empnum,emp_name.arr,job.arr,salary);
      EXEC SQL EXECUTE S USING :empnum,:emp_name,:job,:salary;
  } // 以下通过命令区S参数化动态执行SQL命令
  EXEC SQL COMMIT WORK RELEASE;
  exit(0);
}
void sqlerror(){   //错误处理程序
  EXEC SQL WHENEVER SQLERROR CONTINUE;
  printf("\nOracle error detected:\n");
  printf("\n% .70s\n", sqlca.sqlerrm.sqlerrmc);
  EXEC SQL ROLLBACK WORK RELEASE; // 出错回滚,取消操作。
```

```
    exit(1);
}
```

通过 example.pc 程序可对 Pro*C 操作数据库有初步了解,有关 Pro*C 的详细内容请参阅相关的 Oracle 资料。

4. Pro*C 的编译和运行

Pro*C 预编译、编译与连接步骤。

(1) 先用 Oracle 预编译器 PROC 对 PRO*C 程序进行预处理,该编译器将源程序中嵌入的 SQL 语言翻译成 C 语言,产生一个 C 语言编译器,该编译器能直接编译的 C 语言源文件,其扩展名为.c。

(2) 用 C 语言编译器 CC 对扩展名为.c 的源文件编译,产生的目标码文件的扩展名为.o。

(3) 使用 MAKE 命令,连接目标码文件,生成可运行文件。

例如,对上面的 example.pc 进行编译运行,执行命令为

① 预编译命令:

PROC iname = example.pc

② 编译命令:

CC example.c

③ 连接生成可执行命令:

MAKE EXE = example OBJS = "example.o"

④ 运行:

example

若利用 VC++6.0 等微软的编译器编译与连接 C 语言程序,则过程与命令如下(执行见实验图 6.4):

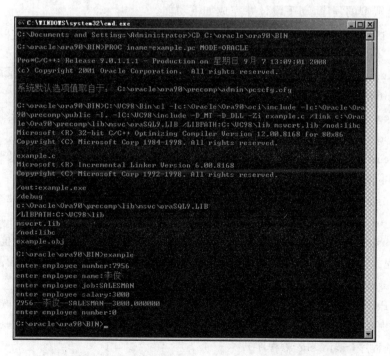

实验图 6.4 example.pc 预编译、编译、连接与运行执行情况

(1) 对嵌入 SQL 的 Pro*C 源程序 example.pc 进行预编译的命令是:

```
PROC iname = example.pc MODE = ORACLE
```
预编译后会产生 example.c 程序

（2）编译与连接命令如下：

```
C:\VC98\Bin\cl -Ic:\Oracle\Ora90\oci\include -Ic:\Oracle\Ora90\precomp\public -I. -IC:\VC98\include -D_MT -D_DLL -Ziexample.c /link c:\Oracle\Ora90\precomp\lib\msvc\oraSQL9.LIB /LIBPATH:C:\VC98\lib msvcrt.lib /nod:libc
```

（3）运行：

example

执行后，通过 SQL * Plus 工作单查询到了添加的记录，如实验图 6.5 所示。

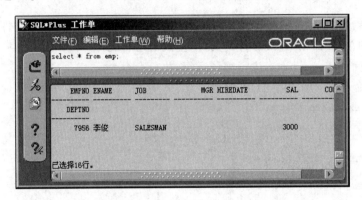

实验图 6.5　在 SQL * Plus 工作单查询添加的记录

实验内容（选做）

参阅以上典型的程序，动手设计并完成如下功能。

① 模拟 create_student_table() 实现创建 SC 表或 Course 表。即实现 create_sc_table() 或 create_course_table() 子程序的功能。

② 模拟 insert_rows_into_student_table() 实现对 SC 表或 Course 表的记录添加。即实现 insert_rows_into_sc_table() 或 insert_rows_into_course_table() 子程序的功能。

③ 模拟 current_of_update_for_student() 实现对 SC 表或 Course 表的记录修改。即实现 current_of_update_for_sc() 或 current_of_update_for_course() 子程序的功能。

④ 模拟 current_of_delete_for_student() 实现对 SC 表或 Course 表的记录删除。即实现 current_of_delete_for_sc() 或 current_of_delete_for_course() 子程序的功能。

⑤ 模拟 using_cursor_to_list_student() 实现对 SC 表或 Course 表的记录查询。即实现 using_cursor_to_list_sc()() 或 using_cursor_to_list_course 子程序的功能。

⑥ 模拟 using_cursor_to_total_s_sc() 实现对各课程选修后的分析统计功能，即实现分课程统计出课程的选修人数、课程总成绩、课程平均成绩、课程最低成绩与课程最高成绩等。即实现 using_cursor_to_total_c_sc() 子程序的功能。

⑦ 利用 Pro * C + Oracle 来实现本系统。Pro * C 与 SQL Server 支持的嵌入式 ANSI C 非常相似，特别是与嵌入式 SQL 命令的操作表示非常相近。可尝试利用 Pro * C 来改写学生学习管理系统程序（main.sqc 源程序）。

可选用嵌入式 SQL 技术来设计其他简易管理系统，并以此作为数据库课程设计任务，用嵌入式 SQL 技术实践数据库课程设计能更清晰地体现 SQL 命令操作数据库数据的真谛。

实验7　数据库索引及存取效率

实验目的

对数据库表做索引基本操作。了解不同实用数据库系统数据存放的存储介质情况、数据库与数据文件的存储结构与存取方式(尽可能查阅相关资料及系统联机帮助等),实践索引的使用效果,实践数据库系统的效率与调节。

背景知识

本实验背景知识详见二维码。

实验示例

本实验示例详见二维码。

实验内容(选做)

本实验内容详见二维码。

实验7　数据库索引及存取效率之背景知识

实验7　数据库索引及存取效率之实验示例

实验7　数据库索引及存取效率之实验内容

实验8　存储过程的基本操作

实验目的

学习与实践对存储过程的创建、修改、使用、删除等基本操作。

背景知识

SQL Server 提供了一种方法，它可以将一些固定的操作集中起来由 SQL Server 数据库服务器来执行，以实现某个任务，这种命名的操作集合就是存储过程。存储过程的主体构成是标准 SQL 命令，同时包括 SQL 的扩展：语句块、结构控制命令、变量、常量、运算符、表达式、流程控制、游标等，使用存储过程能有效地提高数据库系统的整体运行性能。

在 SQL Server 中有多种可用的存储过程，主要有用户定义的存储过程（分 T-SQL 与 CLR）、扩展存储过程、系统存储过程。这里主要实践用户定义的存储过程（T-SQL）。

实验示例

本实验示例详见二维码。

实验内容(选做)

本实验内容详见二维码。

数据库 KCGL 的下载见二维码。

实验8　存储过程的基本操作之实验示例

实验8　存储过程的基本操作之实验内容

KCGL.rar

实验9　触发器的基本操作

实验目的

学习与实践对触发器创建、修改、使用、删除等基本操作。

背景知识

触发器是一种特殊类型的存储过程。触发器主要是通过事件进行触发而被执行的,而存储过程可以通过存储过程名称而被直接调用。触发器是一个功能强大的工具,它使每个站点可以在有数据修改时自动强制执行其业务规则。触发器可以用于 SQL Server 约束、默认值和规则等完整性检查。触发器可以强制限制,这些限制比用 check 约束所定义的更复杂。

触发器有两大类型:数据操作语言(DML)触发器和数据定义语言(DDL)触发器。

DML 触发器又分为 After(或 For)和 Instead of 触发器,其中 DML 触发器之 After 触发器又分为 INSERT 触发器、DELETE 触发器、UPDATE 触发器及其混合类型触发器。

Instead of 触发器用于替代引起触发器执行的 T-SQL 语句。Instead of 触发器可用于对一个或多个列执行错误或值检查,然后在插入、更新或删除行之前执行其他操作。例如,当在工资表中小时工资列的更新值超过指定值时,可以将触发器定义为产生错误消息并回滚该事务,或在将记录插入工资表中之前将新记录插入审核记录。Instead of 触发器的主要优点是可以使不能更新的视图支持更新。例如,基于多个基表的视图必须使用 Instead of 触发器来支持引用多个表中数据的插入、更新和删除操作。Instead of 触发器还有一个优点是在允许批处理的其他部分成功的同时拒绝批处理中的某些部分。只能为每个触发操作(insert、update、delete)定义一个 Instead of 触发器,Instead of 触发器可对 insert 和 update 语句中提供的数据值执行增强的完整性检查。

After 触发器在一个 Insert、Update 或 Delete 语句之后执行,如果该语句因错误而失败,那么触发器将不会执行。不能为视图指定 After 触发器,只能为表指定该触发器。可以为每个触发操作(insert、update、delete)指定多个 After 触发器。

SQL Server 为每个 DML 触发器都创建了两个专用表:Inserted 表和 Deleted 表。这两个表由系统来维护,它们存在内存中而不是数据库中。这两个表的结构总是与被该触发器作用的表的结构相同,触发器执行完成后,与该触发器相关的这两个表也将被删除,其有效性与表内容见实验表 9.1。

实验表 9.1 Inserted 表和 Deleted 表的有效性及其表内容

对表的操作	Inserted 逻辑表	Deleted 逻辑表
增加记录(insert)	存放增加的记录	无
删除记录(delete)	无	存放被删除的记录
修改记录(update)	存放更新后的记录	存放更新前的记录

实验示例

本实验示例详见二维码。

实验内容(选做)

本实验内容详见二维码。

实验 9　触发器的基本操作
之实验示例

实验 9　触发器的基本操作
之实验内容

实验10 数据库安全性

实验目的

熟悉不同数据库的保护措施——安全性控制。重点实践 SQL Server 的安全性机制,掌握 SQL Server 中有关用户、角色及操作权限等的管理方法。

背景知识

数据库的安全性是指保护数据库以防止不合法的使用导致的数据丢失、破坏。由于一般数据库中都存有大量数据,而且是多个用户共享数据库,所以安全性问题更为突出。安全性涉及计算机系统的多个方面,这里主要讨论数据库系统的内部安全性及其存取控制,如用户管理、权限管理等。一般数据库的安全性控制措施是分级设置的,用户需要利用用户名和口令登录,经系统核实后,由 DBMS 分配其存取控制权限。对同一对象,不同的用户会有不同的许可。

在 Microsoft SQL Server 中工作时,用户要经过两个安全性阶段:身份验证和授权(权限验证)。如果身份验证成功,则用户即可连接到 SQL Server 实例。此外,用户还需要访问服务器上数据库的授权,权限验证阶段控制用户在 SQL Server 数据库中所允许进行的活动。

SQL Server 中的安全环境通过用户的层次结构系统进行存储、管理和强制执行。为简化对很多用户的管理,SQL Server 使用组和角色。

将用户分组或分角色可以更方便地对许多用户同时授予或拒绝权限。对组定义的安全设置适用于该组中的所有成员。当某个组是更高级别组中的成员时,除为该组自身或用户账户定义的安全设置之外,该组中的所有成员还将继承更高级别组的安全设置。

SQL Server Database Engine 可以帮助你保护数据免受未经授权而访问的泄露和篡改。SQL Server Database Engine 安全功能包括高粒度身份验证、授权和验证机制,增强加密,安全上下文切换和模拟以及集成的密钥管理等。

本实验示例分为 SQL Server 安全性概述、SQL Server 的验证模式、登录管理、用户管理、角色管理、权限管理及系统加密机制等部分。请读者边学习边实践。

实验示例

本实验示例详见二维码。

实验10 数据库安全性
之实验示例

实验内容(选做)

本实验内容详见二维码。

实验10 数据库安全性
之实验内容

实验 11 数据库完整性

实验目的

熟悉数据库的保护措施——完整性控制。选择若干典型的数据库管理系统产品,了解它们所提供的数据库完整性控制的多种方式与方法,上机实践并加以比较。重点实践 SQL Server 的数据库完整性控制机制。

背景知识

数据完整性是指存储在数据库中的所有数据均正确的状态,它是为防止数据库中存在不符合语义规定的数据和因错误信息的输入输出导致无效操作或错误信息而提出的。

数据完整性约束是数据库数据模型三要素之一,也可以说是数据库系统都应遵循与实现的指标之一。为此,不管小型、中型或大型数据库系统,数据完整性方面的要求与保障能力有其共性。一般来说,实体完整性与参照完整性都是要完全支持的,用户自定义完整性及其他完整性方面的支持方式与程度有差异,中大型数据库系统数据完整性保障得较好。这里将以 SQL Server 为例说明实际数据库系统中数据完整性控制情况。

SQL Server 中数据完整性有 4 种类型:实体完整性、域完整性、引用完整性、用户定义完整性。另外,触发器、存储过程等也能以一定方式控制数据完整性。

实验示例

本实验示例详见二维码。

实验内容(选做)

本实验内容详见二维码。

实验 11 数据库完整性
之实验示例

实验 11 数据库完整性
之实验内容

实验12 数据库并发控制

实验目的

了解并掌握数据库的保护措施——并发控制机制。重点以 SQL Server 2022 版为平台进行操作实践,要求认识典型并发问题的发生现象并掌握其解决方法。

背景知识

本实验背景知识详见二维码。

实验示例

本实验示例详见二维码。

实验内容(选做)

本实验内容详见二维码。

实验12 数据库并发控制
之背景知识

实验12 数据库并发控制
之实验示例

实验12 数据库并发控制
之实验内容

实验13　数据库备份与恢复

实验目的

熟悉数据库的保护措施之一——数据库备份与恢复。在掌握备份和恢复基本概念的基础上，掌握在 SQL Server 中进行各种备份与恢复的基本方法。

背景知识

本实验背景知识详见二维码。

实验示例

本实验示例详见二维码。

实验内容(选做)

本实验内容详见二维码。

实验13　数据库备份与恢复之背景知识

实验13　数据库备份与恢复之实验示例

实验13　数据库备份与恢复之实验内容

实验14 数据库应用系统设计与开发

实验目的

掌握数据库设计的基本方法，了解C/S与B/S结构应用系统的特点与适用场合，了解C/S与B/S结构应用系统的不同开发设计环境与开发设计方法，可以综合运用前面实验掌握的数据库知识与技术设计开发一个小型数据库应用系统。

背景知识

"数据库原理及应用"课程主要的学习目标是能利用课程中学习到的数据库知识与技术，较好地设计开发出数据库应用系统，以满足各行各业信息化处理的要求。本实验的目的主要在于巩固对数据库基本原理和基础理论的理解，掌握数据库应用系统设计开发的基本方法，进一步提高综合运用所学知识的能力。

数据库应用设计是指在给定的应用环境下，构造最优的数据库模式，建立数据库及其应用系统，有效存储数据，满足用户信息要求和处理要求。

为了使数据库应用系统开发设计合理、规范、有序、正确、高效进行，现在广泛采用工程化6阶段开发设计过程与方法，这6个阶段分别是需求分析阶段、概念结构设计阶段、逻辑结构设计阶段、物理结构设计阶段、数据库实施阶段、数据库系统运行与维护阶段。以下实验就是按照这6个阶段开发设计过程展开的，以求给读者一个开发设计数据库应用系统的示例。

本实验旨在让读者较好地掌握数据库知识与技术，以及熟练掌握一种Web开发语言和开发框架。这里分别采用JAVA、JavaScript、JSP、Spring、SpringMVC、MyBatis来实现一个简单的应用系统。

如果对本实验所采用的开发工具不熟悉也无妨，因为实验示例重点是展示开发设计过程及如何利用嵌入的SQL命令来操作数据库数据，而利用其他工具或语言开发设计系统的过程及操作数据库的技术是相同的，完全可以利用自己掌握的工具或语言来实现相应的系统。

实验示例

本实验示例详见二维码。

基于Java实现的Web系统的参考程序下载见二维码。

Python实现系统的参考程序下载见二维码。

实验内容(选做)

本实验内容详见二维码。

实验 14　数据库应用系统设计与开发
之实验示例

企业员工管理(Java).rar

企业员工管理(Python).rar

实验 14　数据库应用系统设计与开发
之实验内容(或课程设计实验内容)

参考文献

[1] 王珊,萨师煊. 数据库系统概论[M]. 5版. 北京:高等教育出版社,2014.

[2] 施伯乐,丁宝康,汪卫. 数据库系统教程[M]. 3版. 北京:高等教育出版社,2008.

[3] 徐洁磐. 现代数据库系统教程[M]. 北京:北京希望电子出版社,2002.

[4] 钱雪忠,王月海. 数据库原理及应用[M]. 4版. 北京:北京邮电大学出版社,2015.

[5] 钱雪忠,陈国俊,周頔. 数据库原理及应用实验指导[M]. 3版. 北京:北京邮电大学出版社,2015.

[6] 钱雪忠,王燕玲,林挺. 数据库原理及技术[M]. 北京:清华大学出版社,2011.

[7] 钱雪忠,李京. 数据库原理及应用[M]. 3版. 北京:北京邮电大学出版社,2010.

[8] 钱雪忠,陈国俊. 数据库原理及应用实验指导[M]. 2版. 北京:北京邮电大学出版社,2010.

[9] 钱雪忠,罗海驰,陈国俊. 数据库原理及技术课程设计[M]. 北京:清华大学出版社,2009.

[10] 钱雪忠,黄建华. 数据库原理及应用[M]. 2版. 北京:北京邮电大学出版社,2007.

[11] 钱雪忠,罗海驰,程建敏. SQL Server 2005实用技术及案例系统开发[M]. 北京:清华大学出版社,2007.

[12] 钱雪忠,罗海驰,钱鹏江. 数据库系统原理学习辅导[M]. 北京:清华大学出版社,2004.

[13] 钱雪忠. 新编Visual Basic程序设计实用教程[M]. 北京:机械工业出版社,2004.

[14] Abraham Silberschatz,Henry F. Korth,S. Sudarshan. 数据库系统概念[M]. 杨东青,李红燕,唐世渭,译. 6版. 北京:机械工业出版社,2019.

[15] Ramez Elmasri,Shamkant B. Navathe. 数据库系统基础 初级篇(英文注释版·第4版)[M]. 孙瑜,译. 北京:人民邮电出版社,2008.

[16] 钱雪忠,王燕玲,张平. MySQL数据库技术与实验指导[M]. 北京:清华大学出版社,2012.

[17] 钱雪忠,林挺,张平. Oracle数据库技术与实验指导[M]. 北京:清华大学出版社,2012.

[18] 钱雪忠,赵芝璞,宋威,等. 新编C语言程序设计实验与学习辅导(第2版)[M]. 北京:清华大学出版社,2021.

[19] 钱雪忠. 新编C语言程序设计[M]. 2版. 北京:清华大学出版社,2021.

[20] Microsoft Corporation. Transact-SQL参考(数据库引擎)[EB/OL]. (2024-07-06)[2024-08-01]. https://learn.microsoft.com/zh-cn/sql/t-sql/language-reference?view=sql-server-ver16.

[21] Microsoft Corporation. SQL Server 2022中的新增功能. (2024-07-24)[2024-08-01] https://learn.microsoft.com/zh-cn/sql/sql-server/what-s-new-in-sql-server-2022?view=sql-server-ver16.